中国海洋空间丛书

杨国桢 等 著

中国海洋空间简史

海洋出版社

2019年·北京

图书在版编目（CIP）数据

中国海洋空间简史／杨国桢等著. —北京：海洋
出版社，2018.12
（中国海洋空间丛书）
ISBN 978 – 7 – 5210 – 0279 – 9

Ⅰ. ①中… Ⅱ. ①杨… Ⅲ. ①海洋 – 历史 – 研究 – 中
国 Ⅳ. ①P7 – 092

中国版本图书馆 CIP 数据核字（2018）第 283011 号

策划编辑：高朝君　　冷旭东
责任编辑：高朝君　　肖　炜
责任印制：赵麟苏

海洋出版社出版发行

http：//www. oceanpress. com. cn
北京市海淀区大慧寺路 8 号　　邮编：100081
北京朝阳印刷厂有限责任公司印刷
2019 年 3 月第 1 版　　2019 年 3 月北京第 1 次印刷
开本：787mm×1092mm　1/16　印张：18
字数：242 千字　　定价：68.00 元
发行部：62132549　邮购部：68038093
总编室：62114335　编辑部：62100038

总　序

　　党的十九大报告提出："坚持陆海统筹，加快建设海洋强国。"进入 21世纪，随着中国经济的腾飞和全球经济一体化进程的不断加深，以及实现中华民族伟大复兴的中国梦的提出，海洋对中国崛起的重要性日益提高，海洋霸权主义者遏制中国海洋空间的声音和行动日益增多，吸引了中国人对"海洋空间"的关注。什么是海洋空间？中国的海洋空间在哪里？需要一个科学的回答。

　　"海洋空间"是 20 世纪 70 年代以后流行起来的名词。海洋空间是一种广义的自然与人文的物质存在体，包含客观存在形式的自然主体——海洋，也包含生活在海洋世界中作为建构主体的人类的行为范畴——人文活动，亦即海洋空间包括自然海洋空间与人文海洋空间两个不可分割的组成部分。从自然科学的角度讲，海洋空间过去通常指地球表面陆地之外的连续咸水体，现代则指由海洋水体、海岛、岛礁、海洋底土、周边海岸带及其上空组合的地理空间和生态系统。海水包围的海岛、岛礁，水下的底土，南北极的极地，水陆相交的大陆海岸带陆域，以及海上的天空，与海洋水体形成"生命共同体"，都被视为是海洋空间的组成部分。从人文社会科学的角度讲，海洋空间是人类生存发展的第二空间，是人类以自然海洋空间为基点的行为模式、生产生活方式及交往方式施展的场域，是人类海洋性实践活动和文化创造的空间，是一个与大陆文明空间存在形式的农耕世界、游牧世界并存的海洋世界文明空间。

　　海洋空间的内涵丰富，首先是海洋自然空间，但自然的每一个角落都深受人文的作用与影响，因此海洋空间的维度与广度与人类发展息息相关，从纵向看，它贯穿人类海洋活动的所有时间，从远古至于今，直到未来；从横向看，它包含人类海洋活动的一切领域，直接和间接从事海洋活动的空间体系，有政治、经济、社会、军事、文化等不同的层次。所以，海洋空间研究既是海洋自然科学又是海洋人文社会科学研究的大题目，目前尚未见到综合研究的成果，而中国海洋空间的整体研究还是空白，需要我们不断地探索、创新和开拓。

献给读者的这套书，是我和博士生们运用海洋人文社会科学"科际整合"方法的尝试。主要研究海洋对国民生存的历史影响与未来改变，探索新的生存空间的构建，从海洋社会的角度诠释我国自己独特的政治制度、社会制度和国情文化，为合理开发利用海洋提供理论支撑，唤醒国民的海洋意识，使国民认识海洋、关心海洋、热爱海洋。我们结合博士学位课程"海洋史学学术前沿追踪"的学习和讨论，从前人和当下不同学科的学者对海洋空间的解释吸取知识和灵感，确立观察的视点，建构中国的海洋空间体系。广泛搜集资料和吸收中外专家学者的研究成果，接触了以往未曾碰摸过的领域和知识，不断完善自己的思路，构建新的叙事方法，以过去·现在·未来的时空布局，分为四册：第一册《中国海洋空间简史》（杨国桢、章广、刘璐璐著），追溯过往，讲述中国海洋空间的历史变迁；第二册《中国海洋资源空间》（杨国桢、王小东、朱勤滨著）和第三册《中国海洋权益空间》（杨国桢、徐鑫、徐慕君著），立足现实，主要讲述现在的中国海洋空间；第四册《中国海洋战略空间》（杨国桢、陈辰立、李广超著），展望未来，重点讲述中国海洋空间的发展前景。

海洋空间是中华民族生存发展的重要领域，中华民族在中国海洋空间领域上创造了举世瞩目的繁盛的海洋文明。在第一册里，我们跳出传统王朝体系史学书写的束缚，以海洋发展为本位，叙述中国海洋空间发展的历史，梳理海洋空间发展的脉络，展示中国海洋空间形成、发展、演变的进程。

海洋有丰富的资源，这是海洋能成为人类第二生存空间的基础，海洋资源量的变化直接体现了海洋资源空间的大小。在第二册里，我们站在陆海整体以及人类可持续发展的角度，从海洋地理资源空间、海洋物质资源空间、海洋能资源空间、海洋文化资源空间和海洋资源空间拓展几个方面来探讨中国的海洋资源空间。摆脱了过往研究割裂资源与空间、自然资源与人文资源联系的缺陷，书中将上述两组对象放置一起，对中国海洋资源空间的现状、海洋资源空间开发利用中存在的问题，以及资源空间的开拓都作了比较全面的解说。

海洋既是人类生存的基本空间，也是国际政治斗争的重要舞台，海洋政治的实质是海洋权益之争。海洋权益是与海洋权利紧密相连的法律术语，它直接体现出"利益"的诉求，并强调在合法权利的基础上实现海洋利益的维护。海洋权益空间不仅仅只属于某一个或某几个海洋大国，而应该有广泛的参与性。在第三册里，我们把海洋权益空间划分为四类：主权海洋权益空间、公共海洋权益空间、移动的海洋权益空间、特殊的海洋权益空间，指出中国的海洋权益空间所在，以及当下中国维护海洋权益的伟大实践。

海洋是支撑人类未来发展的重点战略空间，是中华民族实现伟大"中国梦"不可或缺的战略空间。海洋战略空间既指海洋战略实践的具体场所与基本方面，又指对现有海洋战略发展趋势的预测以及对未来海洋战略的谋篇规划。在第四册里，我们对中国海洋战略发展和走向作了分析，指出中国海洋战略发展的愿景是和平崛起，各国共享世界海洋空间一起发展，相互带来正面而非负面的外溢效应，平等相待，互学互鉴，兼收并蓄，推动人类文明实现创造性发展。

这样的叙事架构，似乎可以体现主要内容，比较深入浅出地回答中国的海洋空间在哪里的问题，但是否能满足社会期待，在引导舆论、服务大局、传承文明上发挥作用，有待读者的检验，敬祈不吝指教。

杨国桢
2018 年 11 月 1 日于厦门

目　录

第一章　往事越千年：中国历史中的海洋空间 ……………… **001**

　　海洋空间的历史演进 …………………………………… 002

　　中国海洋空间的时代划分 …………………………… 010

第二章　漂流与意象：东夷百越时代的海洋空间 ……………… **027**

　　漂流与史前海洋文化遗迹 …………………………… 028

　　海洋王国时代的族群与社会 …………………………… 038

　　海洋意象下的海洋空间开发 …………………………… 051

第三章　扬帆远海：港口、航路与贸易空间 ………………… **071**

　　汉武帝平南越与通往印度洋 …………………………… 072

　　唐定东北亚与南海贸易 …………………………………… 083

　　黄巢洗劫广州后的港埠 …………………………………… 099

第四章　泛舶东西洋：传统海洋空间拓展的盛世 ……………… **107**

　　海上丝绸之路的繁荣 …………………………………… 108

　　明初海上力量与战略空间的收缩 ……………………… 125

　　郑和七下西洋的空间拓展 …………………………… 138

第五章 空间秩序：海国竞逐下的东亚海域 ················· **151**

西方海洋势力的东来 ··························· 152

明嘉靖、万历时期倭患与海洋空间秩序 ·············· 159

郑氏海上力量的崛起与收复台湾 ·················· 172

第六章 有海无防：内外焦灼与海洋空间危机 ··········· **187**

禁海迁界与海洋空间的退缩 ····················· 188

列强侵略与中国海洋危机 ······················ 204

近代海军的建立与甲午梦坠 ····················· 223

第七章 乱世英华：民国时期的海洋空间与海洋事业 ······· **247**

民国时期海洋空间的发展状况 ···················· 248

民国时期海洋事业的初兴 ······················ 266

第一章

往事越千年：中国历史中的海洋空间

海洋空间是人类生存发展的第二空间。从人类历史的发展进程来看，海洋世界自身的演变，可分为区域海洋(古代)、全球海洋(近代)、立体海洋(现代)三大阶段，海洋空间亦从区域到全球，再走向立体，不断拓展变化。中国是一个海陆兼具的国家，海洋文明是中华文明一个重要的有机组成部分。中华民族的海洋发展符合人类海洋文明发展的大趋势，经历了兴起、繁荣、顿挫和复兴四个阶段，海洋空间展现出动态的绚丽光彩。

海洋空间的历史演进

对于海洋空间，我们应该并不陌生。在地球表面，海洋占71%，陆地占29%，海洋面积(约为3.6亿平方千米)远远大于陆地面积(约1.49亿平方千米)，故有人将地球称为一个"大水球"。面对广袤的海洋空间，不禁使人感慨陆地空间的局促。因此，可以毫不夸张地说，人类是生活在海洋空间中的狭小"岛屿"上。人类文明从诞生起就与海洋空间有着不解之缘，海洋空间亦逐步从区域走向全球、再向立体，不断深入发展。

一、海洋空间史概述

海洋空间史，作为一种历史存在与事实，它首先是指历史上海洋空间形成、发展和演变的进程；而作为人文学科研究角度的海洋空间史，是指人们对海洋空间有系统的记录、诠释和研究，探索海洋空间发展的历史规律。

远古时代，许多人类文明已在沿海地区产生，人们在海边捕鱼捞蚌维持生存，他们所认识的海洋空间仅是居住范围内的狭小区域。随着文明的进步发展，人类对海洋的认识逐渐深入，开始利用海洋进行生产和贸易，通过海上人员的往来和移民促进、维护社会的发展。但人们的认识仍然是区域性的，各区域海洋空间之间的交流与认知还比较少，对整体海洋空间的认识则更不充分。在地理大发现时期，人们通过航行发现并命名了以前未知的大洲、大洋，通过海洋探险和考察，才使全球的海洋空间真正展现在人类面前，各区域海洋空间的交流愈益频繁，海洋空间的发展也愈益迅速。工业革命之后，世界历史发生巨大变化，海洋空间从平面走向立体，成为人类生存发展的巨大依托，因此，世界各国对海洋空间的竞逐日趋激烈。随着人类科技的发展，海洋空间不单是异于陆地空间的地理环境空间，更是各国经济发展的潜力空间和政治竞逐的焦点空间，也是世界体系扩张和发展过程中的一个关键空间。

纵观几千年的海洋空间发展演变历史，海洋空间对人类发展发挥着越来越重要的作用。因此，研究海洋空间史，探索海洋空间发展演变规律，对于现代开发和利用海洋空间是十分有意义的。

二、全球海洋空间的历史演进

在上古时代，近海居民就开始逐步认识和利用海洋空间。如约五千年前就居住在地中海东岸的今巴勒斯坦、叙利亚沿海地区的腓尼基人，他们从沿海海域的一种海螺中提取可以做染料的紫红色物质，用来浸染衣物并运往各地销售。腓尼基人在沿海建立了许多城邦国家，每个城邦都有自己的港口，从事航行与海洋贸易。腓尼基通过海洋贸易，从海外输入亚麻、铜、铁和锡，输出象牙制品、纺织品和雪松，成为十分富庶的国家。腓尼基同地中海西部地区的贸易十分活跃，与北非、西班牙以及地中海的许多岛屿都有密切的商业联系。腓尼基人还开辟了从直布罗陀海峡通往大西洋的航线，发现了加那利群岛。公元前 6 世纪，在古埃及法老尼科的支持下，腓尼基人乘船通过红海，进行了环绕非洲的航行。

古希腊文明是西方文明的源泉，它的产生和发展与海洋有十分密切的关系。古希腊文明最初是发源于爱琴海地区的青铜文明，以克里特岛和迈锡尼两地为主。克里特文明在新王宫时期(约公元前 1700 年至前 1450 年或前 1380 年)最为繁荣，发达的海洋贸易以及强大的海军，使新王宫时期的米诺斯王朝建立了当时爱琴海的海上霸权。古希腊历史学家希罗多德在其著作的《历史》中，称赞米诺斯国王"是一个征服了许多土地并且是一个在战争中经常取胜的成功的国王"。后来在古希腊地区建立了许多城邦国家，这些国家多数进行海外殖民和贸易，殖民地遍布整个地中海地区，并通过博斯普鲁斯海峡进入黑海地区。雅典是最著名的海洋城邦，它组建和领导了强大的古希腊海军，并在公元前480年的萨拉米斯海战中战胜了波斯帝国，逐渐解除了波斯对古希腊发展的威胁。雅典在战争中还通过海上同盟确立了海上霸权，把自身推上发展的顶峰，就像海神波塞冬一样在海洋中呼风唤雨。

古希腊在城邦时代之后，由马其顿的亚历山大建立了地域广阔的亚历山大帝国。但不久后亚历山大去世，帝国分为马其顿、托勒密和塞琉古三个国家。继亚历山大之后建立起庞大帝国的是古罗马。古罗马帝国兴起于地中海的亚平宁半岛，在公元前6世纪末建立了贵族共和国，通过一系列战争逐渐征服意大利地区。公元前264年至前146年，通过三次布匿战争，战胜了腓尼基人建立的海洋强邦迦太基，征服了西地中海地区。之后，通过三次马其顿战争等系列战争，战胜了马其顿、托勒密、塞琉古三大帝国，控制了东地中海地区，建立了横跨欧洲、亚洲、非洲，环绕地中海的大帝国，把地中海变成了其"内湖"。随着海外扩张而来的是罗马帝国海外贸易的繁荣，罗马商人随着帝国的扩张遍布整个地中海地区，他们从事海洋贸易，往来兴贩。有些商人跟随罗马军团服务，提供军需品，收购和贩卖战利品以及奴隶。为获得中国的丝绸，罗马商人不远万里通过海路与中国沟通。据《后汉书》记载："桓帝延熹九年，大秦王安敦遣使自日南徼外献象牙、犀角、瑇瑁①，始乃一通焉。"大秦指罗马，东汉延熹九年即公元166年，当时正是罗马帝国安敦尼王朝皇帝马可·奥勒留统治时期（公元161—180年）。

在西欧，也有一个活跃的海上族群，他们是欧洲北部的诺曼人，属于日耳曼人的一支，包括丹麦人、瑞典人和挪威人。在9世纪时，诺曼人成为著名的海盗，成群结队地出海四处劫掠。诺曼人的船只是尖底无甲板的木船，能载四五十人，吃水浅，速度快，因此便于他们从海口沿河深入陆地城市进行掠夺。丹麦人主要袭击英格兰和法兰西地区，挪威人则进攻苏格兰和爱尔兰地区。诺曼人的入侵使西欧国家遭受重创，法兰西国王查理三世被迫与北欧海盗首领罗洛订立条约，封他为公爵，将塞纳河河口地区划归

----

① 即玳瑁。

他统治。后来，大批诺曼人前来定居，逐渐形成诺曼底公国。1066年，诺曼底公爵威廉率军横渡英吉利海峡，征服英国。挪威人和丹麦人还向西远航到达了冰岛，并从冰岛航行至格陵兰岛地区以及北美洲北部沿海地区，这比哥伦布发现美洲早500年，但他们并没有长期居留，因而未产生广泛的影响。

中国早期的航海活动主要是由东部沿海地区的东夷百越族群主导的。东夷百越先民通过航海迁徙，逐渐形成"亚洲地中海"文化圈和"南岛语族"文化圈。当时的齐、吴、越、闽越等国利用海洋发展"鱼盐之利"，成为其国家发展甚至称霸中原的重要基础，形成了重要的海洋文化区。汉武帝即位后，派兵统一百越地区，把这些地区纳入中央王朝的管辖范围，中国海洋空间发展进入王朝管辖的传统时代。传统海洋时代虽然受到王朝统治的束缚，但中国在造船技术、航海技术、远洋航路、远洋贸易、对外交流以及近海经济发展、港口贸易等方面取得了诸多辉煌成就，郑和下西洋即是传统海洋时代诸多成就合力形成的世界壮举。

而与此相对的是，欧洲在罗马帝国灭亡后，逐渐进入中世纪。在被称为"黑暗的中世纪"时代，人们的思想受到重重束缚，对海洋空间的认知基本处于迟滞状态。而阿拉伯人和印度人对海洋的认识则在不断进步，航海技术愈益成熟，海洋贸易十分发达。但是，各个地区的海洋空间活动基本只限于区域性的活动，跨区域的交流还比较少。像欧洲国家大部分活动局限于地中海、波罗的海、北海地区，阿拉伯和印度多在地中海、印度洋周边地区活动，中国在环中国海以及东南亚海域的活动较为频繁。直到近代地理大发现时代，人们才对海洋空间有了进一步的认识，逐渐突破区域的限制，走向全球化的海洋空间时代。

1453年，奥斯曼土耳其帝国攻占君士坦丁堡，控制了当时的东西方交通和贸易要道。奥斯曼帝国肆意抢劫商旅，还对过境商品课以重税，这就导致东方的商品到达欧洲的数量减少，价格暴涨。许多商品，如欧洲人饮食中的生活必需品香料，主要是从东南亚转运而来，君士坦丁堡的陷落阻塞了这条主要通道，导致香料在欧洲贵如黄金。因此，欧洲人开始寻求其他渠道获取这些商品。最先探寻通往东方新航路的是葡萄牙人。早在1416

年，葡萄牙的亨利亲王就创立航海学校，促进了航海探险活动的开展。
1487 年，葡萄牙航海家迪亚士沿非洲西岸航行，因遇到风暴漂流至非洲最
南端，进入了印度洋。在返回途中，他们发现了非洲最南端的一个海角，
这个海角海浪异常，被迪亚士称为"风暴角"。他回到里斯本向葡萄牙国王
若昂二世陈述"风暴角"的见闻时，若昂二世认为绕过这个海角，就有希望
到达梦寐以求的印度，因此将"风暴角"改名为"好望角"。1497 年，达·伽
马率船队沿迪亚士的航线继续东进，绕过好望角，到达非洲东海岸。他在
马林迪雇用了一个阿拉伯水手导航，船队穿越印度洋，于 1498 年 5 月到达
印度卡里卡特，从此开辟了连接大西洋和印度洋的航线。

当葡萄牙人沿非洲海岸向印度探航时，西班牙航海家却朝另一方向开
辟新航路。在意大利出生的航海探险家哥伦布，梦想向西航行到达东方的
中国、印度，寻找他梦寐以求的黄金。1492 年 8 月，哥伦布受雇于西班牙，
率领三艘船出航。经过两个月的航行，他们终于抵达一个岛，这一刻是世
界史上的重要时刻，因为他们"发现"了美洲新大陆，但哥伦布至死都认为
那是亚洲的一个岛屿。哥伦布"发现"新大陆激发了欧洲人航海探险的热情，
也刺激欧洲出台了残酷的海外殖民政策。

葡萄牙开辟东方的新航路后，基本垄断了香料贸易，因此，西班牙迫
切希望找到新的通往东方的航路。1519 年 9 月，葡萄牙人麦哲伦在西班牙
政府资助下，率领船队作首次环球航行，希望找到盛产香料的地方。他们
从西班牙出发，渡过大西洋，于 1520 年 3 月抵达南美洲的巴塔哥尼亚，10
月到达南美洲大陆南端的海峡（后来被称为麦哲伦海峡），驶入浩瀚无际的
太平洋。1521 年 3 月到达菲律宾后，麦哲伦因干预岛上事务被原住民杀死，
其副手继续航行，于 1522 年 9 月回到西班牙。麦哲伦的环球航行，是一次
伟大的壮举。

除葡萄牙和西班牙的探航外，其他西欧国家也进行了一系列的航海活
动。16 世纪，荷兰人巴伦支为探寻一条由北方通向中国和印度的航线，曾
在北冰洋地区作了三次航行。17 世纪初，英国人哈得逊曾屡次探索经北冰
洋通向中国的航路。荷兰人塔斯曼于 1642—1643 年环航澳大利亚，到达新

西兰和塔斯马尼亚。这些航海活动在扩大和丰富海洋地理知识的同时，也或多或少做了一些有关洋流、风系等的科学考察工作，但直到英国人詹姆斯·库克领导的航海探险，才真正拉开海洋科学考察的序幕。

詹姆斯·库克从 1768 年开始到 1779 年去世，曾四次跨越大洋进行海洋地理考察。1768 年，库克指挥"奋进"号出发，向西横越大西洋后，经南美洲南端的合恩角进入太平洋，先后抵达大洋洲的大溪地、社会群岛、新西兰等地区。1772 年 7 月，库克开始了第二次太平洋探险，虽然他抵达了南极圈以内，但错失发现南极新大陆的机会。之后他留在太平洋，发现和考察了大量岛屿。1776 年 7 月，库克进行了第三次太平洋探险考察。1778 年 1 月，他们发现夏威夷群岛，之后抵达了北美洲西岸地区，并沿此一直到达白令海峡。1778 年 8 月，他们驶入北极圈，由于条件恶劣，不得不返航。12 月时，船队回到了夏威夷岛。但在 1779 年 2 月，因与岛上土著人的矛盾和冲突，库克被打死。库克是继哥伦布之后在地理学上发现最多的人，南半球的海陆轮廓很大一部分是由他探明的。他在海上精确地测量经纬度，获取了大量表层水温、海流、大洋测深及珊瑚礁等科学考察资料。

随着地理大发现和海洋探险考察的深入，人们逐渐认识了地球上海洋、岛屿与陆地的分布，对海洋空间有了更多的研究。新海洋、新大陆的发现与新航路的开辟，改变了整个世界的发展历程，各区域之间海洋空间的交流与接触愈益频繁，形成了全球化的海洋空间。

在新的海洋空间下，兴起了一系列海洋强国，葡萄牙和西班牙成为海上殖民掠夺的第一代霸主。葡萄牙最先开辟了通往东方的新航路，并通过"教皇子午线"的划定，垄断了这条航线，从而垄断了东方的香料贸易，大发横财。葡萄牙在 1511 年侵占马六甲海峡，并于 1557 年租占了中国澳门，在亚洲、非洲、拉丁美洲拥有大量殖民据点。西班牙发现美洲新大陆后，开始对美洲进行殖民统治，开采了大量的黄金和白银。西班牙还组建了拥有 100 多艘军舰的舰队，装备有 3000 余门大炮，号称"无敌舰队"。1580 年，西班牙吞并了葡萄牙，开始独霸海洋，但不久就被后来居上的英国打败。英国步葡萄牙和西班牙的后尘，开始大规模殖民扩张运动。1588 年，英国在英吉利海峡大败西班牙"无敌舰队"，打破了西班牙的海洋霸权，获得了巨大的发展时机。在英国兴起时，刚独立的荷兰成为其强劲的对手。荷兰的造船业和海岸贸易十分发达，仅阿姆斯特丹的船队就有 16 000 多艘商船，总吨位相当于当时英国、法国、葡萄牙和西班牙四国的总和。荷兰船队往来于世界各地进行贸易，并承担各国贸易的中介人和货物运输，被称为世界的"海上马车夫"。荷兰殖民地也遍布各洲，在 1624 年还侵占了中国台湾。荷兰崛起后，与英国产生了极大的冲突。英国爆发革命后，要求保护本国资产阶级的利益，于 1651 年颁布了针对荷兰的《航海条例》，规定从各地运送到英国的货物必须由英国或英国殖民地的船只运输，英国出口货物的运送也一律由英国船承担。条例的颁布引起荷兰的极大不满，先后与英国爆发了三次大规模的海战，但荷兰均告失败。之后，英国率先开始工业革命，以其强大的经济、军事实力，先后战胜欧洲诸国，成为称霸海洋的一代霸主，建立起名副其实的"日不落帝国"。

在中国的郑和远航之后，正值地理大发现时代，中国海洋空间发展进入海国竞逐时代。在海国竞逐时代前期，即明代中后期，中国封建王朝虽然实行禁海政策，阻遏了海洋空间的发展，但是民间海洋贸易仍然十分繁荣，基本形成了以白银贸易为轴的国际贸易圈，并成为名副其实的"世界经济中心"。中国海上力量亦十分强大，如明军在料罗湾海战中大败荷兰殖民者，郑芝龙的海上力量甚至一度控制了环中国海的海洋贸易。但清王朝取代明王朝后，为了政治目的实行严格的禁海和迁界政策，使中国海洋空间发展遭受重创。东南沿海虽然还有郑成功海上力量的抗衡，并打败荷兰殖民者收复台湾以及一度控制海洋贸易，但也是强弩之末。失去国家根本的中国海洋空间逐渐走向萎缩，落后于世界潮流。清王朝最终在 1840 年鸦片战争中惨败，固有的海洋权益被西方列强、日本等国家掠夺。

工业革命和科技革命，揭开了世界现代史的帷幕。19 世纪下半叶，随着科技的发展，海洋空间在全球化的同时也逐渐从海平面扩展到海空与海底，呈现立体化的发展，海洋空间的地位也日益凸显。海洋空间对于国家安全与权益、经济发展等至关重要，因此对海洋空间的争夺日渐激烈，其中突出表现在海权与海洋空间资源的争夺。

海权的争夺成为近现代战争的重要领域。"无敌舰队"的战败，使西班牙丧失海权，国势也江河日下，逐渐将世界霸权拱手让给了英国。拿破仑帝国时期，在特拉法尔加海战中，法西联合舰队被英国海军打败，主帅维尔纳夫与21艘战舰被俘。英军主帅纳尔逊虽然在战斗中阵亡，但此役之后法国海军精锐尽丧，从此一蹶不振，拿破仑被迫放弃进攻英国本土的计划，被反法联盟牢牢地控制在陆地上。因此，"海权论"的创始人马汉说，特拉法尔加海战失败的不是维尔纳夫，而是拿破仑。丧失海权的拿破仑被制约在欧洲大陆，失去对海洋空间的利用，是其最终失败的一个重要原因。1916年爆发的日德兰海战是第一次世界大战中规模最大的一次海战，英国皇家海军舰队虽然比德国海军损失更多的军舰，但是成功地将对方封锁在港口，掌握了制海权，从而取得了战略上的胜利，使德国试图突破协约国在北海封锁的努力以失败告终。德国与一个世纪前的法国一样，失去所有的海洋空间，加速了其灭亡。在第二次世界大战中，山本五十六指挥的日本联合舰队成功偷袭美国珍珠港，沉重打击了美国太平洋舰队，太平洋战争由此爆发。虽然日本在海上暂时获得优势，但是随着美国的参战，日本的海军舰队及航空队在太平洋的一系列海战中基本被摧毁了，逐步丧失了制海权、制空权。盟军舰队直接逼近日本，海空军可以直接袭击日本本土，这是迫使日本投降的重要因素。在战争与国防中，海洋空间既是国家的战略防御与进攻的屏障空间，又是重要的资源补给空间，因此是海权争夺的焦点。控制海权，保证足够的海洋空间，直至今日仍是国家安全的重要战略支点。

海洋空间是人类发展的第二空间，海洋空间资源对于人类的发展十分重要。海洋石油资源量约占全球石油资源总量的34%，探明率约为30%，尚处于勘探早期阶段。据《油气杂志》统计，截至2006年1月1日，全球石油探明储量为1757亿吨，天然气探明储量173万亿立方米。全球海洋石油资源量约1350亿吨，探明约380亿吨；海洋天然气资源约140万亿立方米，探明储量约 40 万亿立方米。[①] 石油是工业的血脉，各国对其资源的争夺愈演愈烈，甚至造成冲突和战争，海湾战争就是突出的例子。海洋还有储量丰富的金属矿产资源，目前探明最具开发价值的是多金属结核（锰结核）、富钴结壳等。多金属结核主要赋存于水深 3000~6000 米的大洋底面，富含锰、铜、镍、钴等 76 种元素，主要分布在太平洋，其次为印度洋和大西洋。据估计，全世界大洋底多金属结核储量约 3 万亿吨，仅太平洋就有 1.7 万亿吨，其中有工业开采价值的储量约 700 亿吨。太平洋多金属结核中锰、铜、镍、钴等金属的储量远高于陆地上的相应储量，分别为：锰 200 倍，铜 50 倍，镍 600 倍和钴 3000 倍。而且结核矿还以每年约 1000 万吨的速度增长。富钴结壳在水深 800~2400 米的海山上产出，最大厚度 24 厘米，富含钴、铂等战略金属。太平洋富钴结壳平均成分为锰 23.06%、钴 0.73%、镍 0.47%、铜 0.16%，钴的平均含量较陆地原生矿高几十倍。据不完全统计，太平洋西部火山构造隆起带上，富钴结壳潜在资源量达 10 亿吨，含钴 600 万~700 万吨，总经济价值超过 1000 亿美元。[②] 丰富的海洋空间资源也使海洋成为国际政治风云多变的地区，各国都加紧了对海洋空间资源的勘探和开采，甚至武力侵占。

海洋空间从区域海洋到全球海洋，再到立体海洋的发展演变历史是人类对海洋认识的不断深入，也是海洋空间对人类发展越来越发挥重要作用的结果。"知古鉴今"，研究海洋空间历史，探知海洋空间发展演变规律，将为现代海洋空间的发展提供有益的历史经验与参照。

中国海洋空间的时代划分[③]

中国是一个大陆国家，又是一个海洋国家，陆地与海洋的结合具有特殊的历史文化内涵。在中华文明之中，海洋文明是一个重要的有机组成部

---

① 转引自江怀友等：《世界海洋油气资源现状和勘探特点及方法》，载《中国石油勘探》，2008 年第 3 期，第 27 页。
② 参见牛京考：《大洋多金属结核开发研究述评》，载《中国锰业》，2002 年第 2 期，第 20 页。
③ 本文对中国海洋空间的时代划分根据杨国桢的《中华海洋文明的时代划分》，见李庆新：《海洋史研究》第五辑，北京：社会科学文献出版社，2013 年。

分，虽然在王朝历史中往往迷失一隅，但其在中国历史上的地位是不容小觑和不可抹杀的。以往学界对中华海洋文明史以及各种涉海专门史的时代划分问题鲜有讨论，通常采用中国通史体例，以王朝兴替作为划分时期的标志事件和关键年代，没有体现出海洋发展的内在逻辑；从陆地看海洋，把王朝陆地思维制定和实施的"华夷国际秩序""朝贡体系"，当成海洋文明史的主要内容和本质，不能彰显中华海洋文明的特性。因此，打破王朝体系，确立海洋文化共同体是中华文明"多元一体"中"一元"的地位，站在世界海洋文明历史发展的高度，审视中华海洋文明的历史嬗变，是十分必要的。中华民族的海洋发展符合人类海洋文明发展的大趋势，根据各阶段的发展特征，中国海洋空间可划分为东夷百越时代、传统海洋时代、海国竞逐时代和海洋复兴时代四个时段。

一、中国历史中的海洋文明与海洋空间

中国是一个大陆国家，又是一个海洋国家，但这一认知却迷失在漫长的历史之中。中国传统史学文本传递的中国海洋信息不多，有之也是经过农业文明体系吸纳的部分，由传统思维方法记录下来的。海洋在传统精英文化及主流文化中没有地位，又使大量的海洋人文信息失去了历史的记忆，或残存某些记忆的碎片。而封建王朝对海洋的漠视，特别是自明代官方从海洋退缩，实行严厉的海禁政策以后，从事海洋活动被视为"交通外国"，出国逾期不归或移民更是背叛国家的"奸民""弃民"。官方的海洋活动，在郑和下西洋之后，被认为是对国家无益的秕政而废止。为了杜绝后代帝王兴起经略海洋的念头，连郑和的航海档案也一并烧毁，"以拔其根"。向外用力的海洋文明社会实践，被排拒而转化为体制外的循环。客观的政治背景，造成海洋史料的大量遗失，更加剧了传统史学的"海洋迷失"。①

中国文化是多元的，文化的形成是累积的。最下或最古的基层的文化，就包括发生和成长于亚洲地中海沿岸的海洋文化。早在有文字记载以前的

---

① 参见杨国桢：《海洋迷失——中国史的一个误区》，载《东南学术》，1994 年第 4 期，第 30 - 31 页。

史前时代，环中国海周边的族群就已通过舟筏漂流的海洋探险活动持续接触和交流，形成互动的文化和语言圈。上古时代，在今属中国的大陆边缘带上的东夷、百越，与西太平洋岛屿带上的部族具有亲族关系。[①] 新石器时代的贝丘、沙丘遗址和独木舟，有段石锛、印纹陶、原始刻符文字、干栏式建筑、土墩墓等遗存，是文明之初的印记。东夷族群和百越族群，不畏惊涛骇浪，善于用舟，依赖丰富的海洋生物资源，形成中华海洋文明的萌芽形式——以鱼贝为主要食物来源的濒海聚落。上古时代，在辽东半岛、山东半岛和朝鲜半岛环绕的黄渤海地区，东夷族群从山东沿岸航行至辽东、朝鲜半岛，并延伸至日本列岛等；在江、浙、闽、粤沿海地区，百越族群通过舟山群岛、台湾岛以及中南半岛等地向东南亚、南太平洋岛屿漂航，将东夷百越海洋文明传播到了海外，形成了环中国海海洋文明圈。秦汉时期在东夷百越漂航基础上形成的海上丝绸之路，对于东西方海洋文明的交流起到了巨大作用。隋唐时，跨越黄海，对渡山东与百济，是中日使节和商人常走的航线。东海海岸地区，在唐代开通了广州前往印度洋的航线，以及从江南对渡日本九州西岸的航线，扬州、宁波、福州是对外开放的港口。随着远洋海舶的制造和航海技术的进步，中国海洋商业活动群体开始逐利于西洋，宋元时期已形成往返东西洋的航海网络。到郑和下西洋时期，中国的海洋活动空间更达到极盛，马六甲成为郑和船队的中转、补给基地，印度洋与红海贸易也因郑和分艏船队的到来更加活跃。郑和下西洋是世界航海史上第一次大规模的越洋远航。其所集结的船只和人员之多，航行范围之广，持续时间之长，证明中国是当时世界上最大的海上力量。[②] 郑和远航的壮举，足以证明当时中国海洋文明的发达。但明代中后期以及清代，统治者实行海禁政策，限制和打击海洋贸易，期间虽然有郑芝龙、郑成功民间和地方性海洋力量的强大，但仍不能避免中国海洋文明的衰落，并逐渐落后于世界潮流。

---

① 凌纯声：《中国古代海洋文化与亚洲地中海》，见《中国边疆民族与环太平洋文化》，台北：台北联经出版公司，1979 年，第 335 页。
② 杨国桢：《从中国海洋传统看郑和远航》，见王天有，徐凯，万明：《郑和远航与世界文明——纪念郑和下西洋 600 周年论文集》，北京：北京大学出版社，2005 年，第 277 页。

中国海洋文明虽然遭遇过挫折与衰落，其存在与发达却是无可争辩的事实。中国古代的海洋活动，发现海岛和航线，形成传统渔区、航行区、政治军事活动区以及海洋经济贸易、海洋文化信仰等，这些都是中国先民创造的丰富的海洋文明，是中国海洋空间发展的历史积淀。

二、东夷百越时代的海洋空间

东夷百越时代，指迄今 5000 ~ 8000 年前至西汉元鼎六年（公元前 111 年）平南越的历史时期，这是中国海洋文明兴起的时代，也是中国海洋空间的开辟阶段。东夷百越时代与古希腊海洋文明的起点相同，具有同一文明类型的共性，中国海岸区域是世界海洋文明的发祥地之一。

早期中华海洋文明时代，是东夷、百越族群建立的"海洋国家"（方国、王国）为海洋活动行为主体的时代。秦始皇统一中国前，著名的有齐国、燕国、莱国、莒国、吴国、越国等。到西汉时，在今浙江南部、福建、广东、广西以至越南沿海，仍有百越族群复立的东瓯国、闽越国、东越国、南越国，海洋性格突出，不受中央王朝的控制。他们和海洋发生积极的关系，海洋也深层次地影响了他们的文化。齐国称"海王之国""历心于山海而国富"，成为霸主。吴国大夫伍子胥称中原各国是"陆人居陆之国"，吴、越是"水人居水之国"，点出南方与北方的差异。吴国"不能一日而废舟楫之用"，越国"以船为车，以楫为马，往若飘风，去则难从"，发展出适应海洋生活的工具和手段，能够随心所欲地凌波往来，无异于踏陆行走，沟通外部联系。东夷与百越海洋族群善于经商，他们航海而来，把海产品运到中原，被视为贡献而零星记录下来。南海的龟甲用于占卜，贝壳用作货币，是其显例。殷墟妇好墓出土大量海贝，还有鲸的胛骨。越灭吴后，范蠡装其轻宝珠玉，自与其私徒属乘舟浮海入齐，隐于海畔，终成富甲一方的巨商。而航运到海域周边国家的商品实物遗存，也陆续有考古发现。走向渤海的探寻，导致仙山神话和燕齐方士文化的盛行。东夷百越还是向太平洋传送海洋文明的族群，先民们分别通过早期的漂流和后来的航海活动，逐岛迁徙，将海洋文明扩散到朝鲜半岛、日本、东南亚与南太平洋岛屿，奠定了"亚洲地中海"文化圈和"南岛语族"文化圈的初期格局。

早在 20 世纪 30 年代，林惠祥教授将中国东南、东南亚的史前土著文化称为"亚洲东南海洋地带"，这是现代学术文献中对环中国海土著海洋文化的首次考古学概括。他将台湾史前文化看成"东南闽粤一带是同一系统"，将这种同一性的原因归为大陆人文从海上"漂去"。[①] 在关于福建武平县的研究报告中，他将印纹陶遗存的特殊存在作为东南文化与华北文化差异的考古表征，更将东南地区看成文化史上的"亚洲东南海洋地带"，并从具体的文化因素论证印纹陶文化在环中国东南海洋地带的空间分布特征，"武平的曲尺纹陶也见于马来半岛的陶器上，有段石锛见于中国台湾、南洋各地，武平也有，由此可见武平的石器时代文化与中国台湾、香港地区和南洋群岛颇有关系"[②]。20 世纪 50 年代，凌纯声教授在《中国古代海洋文化与亚洲地中海》等文章中，将中国文化分成西部的"大陆文化"和东部的"海洋文化"两大类，他主要从原住民族史的角度将西部华夏农业文明推为大陆性文化的主流，将东部沿海蛮夷的渔猎文化推为海洋文化主体，即"亚洲地中海"文化圈，并以"珠贝、舟楫、文身"概括其主要特征，区别于"金玉、车马、衣冠"为特征的华夏大陆性文化。[③]

当前，学术界又提出了"环中国海"海洋文化圈的观点，试图突破海洋文化研究中陆地国别隔膜的跨界海洋文化视野，纠正建立在中原农耕文化基础上的古代中原北方帝国话语、王朝"正史"特征的"中国历史"框架下的海洋观偏颇。"环中国海"是指以中国东南沿海为中心的古代海洋文化繁荣发达地带，包括中国东南沿海及东南亚半岛的陆缘地带、中国台湾地区、日本、菲律宾、印度尼西亚等岛弧及相邻的海域。以中国东南沿海为中心的"环中国海"是古代世界海洋文化繁荣发展的主要区域之一。传统史学以中原遥望四方、从陆地鸟瞰海洋的"中心"自居，代表了以农耕文化为基础的古代帝国的话语，忽视了中国古代文化大陆性与海洋性二元共存的史实，

---

① 林惠祥：《台湾石器时代遗物的研究》，载《厦门大学学报（社会科学版）》，1955 年第 4 期。
② 林惠祥：《福建武平县新石器时代遗址》，载《厦门大学学报（社会科学版）》，1956 年第 4 期。
③ 凌纯声：《中国古代海洋文化与亚洲地中海》，见《中国边疆民族与环太平洋文化》，台北：台北联经出版公司，1979 年，第 337－339 页。

造成海洋文明史认识上的"边缘""附庸"和"汉人中心论"的偏颇，无法捕捉到"海洋世界"的真实历史及其人文价值。以几何印纹陶遗存为核心的中国东南史前、上古考古学文化，与东南亚、大洋洲土著人文关系密切，展现了"善于用舟"的"百越－南岛"土著先民文化传播、融合的海洋性人文空间，明显区别于北方华夏的大陆性文化体系，是失忆于汉文史籍的环中国海海洋人文土著生成的考古证据。汉唐以来，"环中国海"成为世界海洋商路网络中最繁忙的区域，被视为"海上丝绸之路""陶瓷之路""香料之路""香瓷之路""茶叶之路"的起点，从海洋族群变迁、东南港市发展与基层海洋人文的土著特征看，被传统史学誉为"汉人主导"的"大航海时代"，实际上是对史前、上古东南土著海洋文化内涵的传承与发展。①

三、传统海洋时代的海洋空间

传统海洋时代，始于西汉元鼎六年（公元前 111 年）汉武帝平南越，讫于明宣德八年（1433 年）郑和下西洋结束，历 1544 年，是王朝主导下中华传统海洋文明的上升阶段，也是海洋空间的拓展时期。同时，传统海洋时代以唐乾符六年（879 年）黄巢洗劫广州事件为标志，前 990 年是发展期，后 554 年是繁荣期。

在传统海洋时代，中国的贸易港口、远洋航路与海洋贸易迅速发展。秦汉时期在东夷百越漂航的基础上形成了通往东南亚、印度的海上航路，这条航路上兴起了番禺、徐闻、合浦等港口。据《汉书·地理志》记载，番禺是各地贸易产品的集散地，是当时的一大都会；从徐闻、合浦开船出发，可以到达东南亚的都元国（今印度尼西亚苏门答腊北部或马来西亚西部地区）、邑卢没国（今缅甸地区）、堪离国、夫甘都卢国、黄支国（今印度马德拉斯西南）等国家。黄支国物产丰富，珠玉精美，在汉武帝时曾来进献贡物。汉平帝元始年间，王莽辅政，"欲耀威德，厚遗黄支王，令遣使献生犀牛"。黄支国之南有已程不国（今斯里兰卡），汉代使者、商人基本到此之后

---

① 参见吴春明：《"环中国海"海洋文化圈的土著生成与汉人传承论纲》，载《复旦学报（社会科学版）》，2011 年第 1 期。

即返回。除往南的航路外，当时往东抵达朝鲜、日本的航路也很畅通。朝鲜有陆路与海陆可通，日本则通过海路经朝鲜抵达中国。日本在中国古代文献中称为"倭"，当时尚未建立统一国家。在汉武帝时，与汉朝相通的国家就有三十余个。东汉建武中元二年（公元57年），日本人遣使朝贡，光武帝刘秀赐以"汉倭奴国王"金印绶。

东汉之后，中国进入了魏晋、南北朝的长期动乱时期，但海洋空间活动并没有停止，中国与东南亚、南亚、朝鲜和日本的海上交流与经济贸易进一步展开。245—250年间，孙吴派中郎将康泰和宣化从事朱应出使东南亚林邑（今越南南部）、扶南（今柬埔寨地区）等国。康泰和朱应分别将所见所闻写成《外国传》《扶南异物志》，惜已散佚。东南亚国家也与中国保持密切联系，扶南曾遣使来中国达三十余次，林邑（今越南中圻）国王曾多次接受南朝的册封，并前后遣使来朝也达二十余次。与印度的交往中，最突出的事件是法显前往印度求取佛法。法显从长安出发，西行取经，途经阿富汗到达印度。他游历印度各地，回国时走海路，途经狮子国（也称师子国，今斯里兰卡）和耶婆提国（印度尼西亚的苏门答腊），历经艰险后才回到中国。法显取经前后达14年之久，回国后与尼泊尔高僧佛驮跋陀罗一起翻译佛经，并将西行经历著成《佛国记》，记叙了古代中亚、印度、斯里兰卡以及东南亚国家的地理、历史、人文风情，至今仍是研究和了解这些国家历史的重要文献。狮子国与中国也有往来，东晋时狮子国国王刹利柯摩遣使到江南赠送玉佛，在宋文帝元嘉五年（428年）、十二年（435年）及梁武帝大通元年（527年），均遣使前来建康贡献方物。

南北朝之后，隋朝暂时建立了一个统一的帝国，但是很快被灭亡，随之而起的唐王朝成为当时的世界强国。唐朝社会经济繁荣、文化发达、国力强盛，当时世界很多地区都与唐朝保持频繁的交流。唐代的对外交通十分发达，除陆上丝绸之路外，海上交通也愈益发展和繁荣。去日本的航路就有三条，分别从山东登州、江苏楚州（今淮安）和扬州、浙江明州（今宁波）出海，横跨渤海、东海等海域。日本向唐朝派遣了大量使者、留学生和学问僧，他们学成回国后，对日本的政治、文化影响深远，如日本的"大化改新"就有留学生的参与，并根据唐朝政治制度设置日本的政治制度，仿照中国设立太学，还一度实行科举考试制度。在文字方面，日本在8世纪前直接使用汉字进行记叙，留学生吉备真备用汉字楷体偏旁制成"片假名"，学问僧空海仿照汉字草书制成"平假名"，至此日本才有自己的文字。前往东南亚、南亚等地的航路主要从广州出发，经南海、东南亚，可抵达印度、斯里兰卡等国。东南亚与唐朝往来十分频繁，越南的林邑与唐朝遣使往来达15次，越南人姜公亮还做过唐朝的翰林学士，深受唐德宗的器重。真腊（今柬埔寨）继扶南立国后，便遣使与中国通好。唐朝天宝时真腊王子率团访问，被唐玄宗赠以"果翼都尉"的称号。前往西亚的航路也从广州出发，经东南亚越印度洋、阿拉伯海，可至波斯湾各国，甚至埃及、东非沿岸。穆罕默德在《古兰经》里对他的门徒说："为了追求知识，虽远在中国也应该去。"海洋交通的发达也促进了沿海港口的繁荣，如登州、扬州、明州、泉州、广州都成为当时世界著名的港口。唐代在各地港口设置市舶司进行贸易管理，进一步促进了海洋贸易的发展。

安史之乱后，唐朝走向衰落。唐乾符元年（874年）爆发了王仙芝、黄巢领导的农民起义。乾符五年（878年），黄巢领导军队连克虔州、吉州、衢州、建州、福州，不久南下攻克岭南重镇广州。广州是唐代后期最大的对外贸易港口，是唐朝的重要赋税供应基地。黄巢起义后，一个强盛的封建王朝随之落幕，但沿海民间和地方的海洋发展却因朝廷的失控赢得自由选择的机会，随之而来的是一个海洋空间空前发展繁荣的时代。

五代十国是中国历史上又一个分裂、对峙时期，东南沿海各国为维持国力，都较为重视海洋经济与海外贸易的发展。宋太祖赵匡胤扫平各国，建立宋朝，宋朝虽然在对外战争中屡屡失利，但国内外经济贸易却繁荣发展。宋朝在北方与西夏、辽、金等政权征战不断，导致陆路交通严重阻隔甚至中断，因此海上交通更显重要，这是中国海洋空间发展的一个重要契机。中国经济重心在宋代转移到南方地区，南方成为经济发展新的核心地带。海上交通与贸易的发展促进了造船业的进步，南方尤其是沿海地区成为造船业的中心，据记载："海舟以福建为上，广东、西船次之，昌、明州船又次之。"福建建造的船只称为福船，代表了南方远洋木帆船的优秀船型，虽在形态结构上与广船（即广东船）有许多相似之处，但在唐宋以来环中国海的海洋实践中扮演了更为重要的角色。[①] 宋代海上交通最大的进步是指南针的使用与推广。北宋已经掌握了人工磁化技术，比天然磁针的性能更稳定，并改进了指南针的装置方式，指南针最迟也在北宋时用于航海。南宋开始出现标有刻度和方位的罗盘指南针，在白天和黑夜都可以用于海上导航。在经过长期的航海实践以及吸收中外优秀航海技术的基础上，宋代还出现了特定航线的指南针导航路线图"指南针经"，也称为"水路簿""罗经针簿""针经"等，使航行更加稳定和安全。海洋贸易输出的主要产品除传统的丝绸外，瓷器、茶叶逐渐占据重要地位。在北宋，有五大官窑为主的瓷器生产体系，无论质量、数量和品种都远超前代。南宋虽然失去北方几个重要的瓷器生产基地，但设立于北宋景德年间的新平官窑异军突起，成为最重要的瓷器生产和出口基地，这里的瓷器即闻名中外的景德镇瓷器。茶叶栽培和饮茶习俗在南北朝及隋唐有了较大的发展，南宋偏安江南，饮茶之风更盛，当时各大都市无不茶馆林立，茶叶也成为重要的出口贸易商品。宋代为增加财政收入，重视发展和管理海洋贸易。北宋开宝四年（971年），宋太祖在广州设置了市舶司管理海洋贸易，之后陆续在杭州、明州、泉州以及密州的板桥镇（今山东胶东地区）、秀州的华亭县（今上海松江地区）设置了市舶司或市舶务。南宋在温州、江阴军两处增设市舶务。市舶司的官员最初由知州兼任，北宋元丰三年（1080年）开始设置专官，称"提举市舶司"，"掌蕃货海舶征榷贸易之事，以来远人，通远物"[②]。造船与海外交通以及国内经济的发展，宋王朝市舶司的设置，使宋代海外贸易十分繁荣，据《岭外代答》《诸蕃志》等书的记载，亚非各国与中国有贸易往来的国家和地区达五十余个，主要有高丽、日本、交趾（也称交阯）、真腊、蒲甘、三佛齐和大食（阿拉伯帝国）等。除经济贸易的交流外，中国的造纸术、炼丹

---

① 吴春明：《环中国海沉船——古代帆船、船技与船货》，南昌：江西高校出版社，2003年，第79页。

② 《宋史》卷一六七《职官志七》。

术、火药和指南针等也经阿拉伯人传入非洲和欧洲等地区。宋代海洋贸易的发展为元代的繁荣奠定了深厚基础。

元朝是蒙古人建立的一个横跨亚欧的大帝国，蒙古贵族重视商业，国内外交通四通八达，商旅不绝，使元朝商业达到空前的繁荣。蒙古贵族实行重商政策，"重利诱商贾"，对商业持支持与鼓励的态度。对于海外贸易，元朝认为是"军国之所资""国家大得济的勾当"，因此政府本身就全力经营海外贸易，如专掌海运的行泉府所统辖的航海船只就有15 000艘。对从事海外贸易的商人，元朝还给予"除免杂役"的优待，促进了元代私人海外贸易的繁荣，一些大商人"挂十丈①之竿，建八翼之橹"，实力十分雄厚。海外贸易的繁荣促使沿海港口兴旺起来，沿海港口城市如广州、泉州、福州、温州、庆元等的发展方兴未艾。其中泉州在当时号称"世界第一大港"，摩洛哥旅行家伊本·白图泰在其游记中说："泉州为世界最大港之一，实则可云唯一之最大港，余见是港有大海船百艘，小者无数。"元代人汪大渊在《岛夷志略》中提到与泉州有往来的国家和地区达百余个，是当时世界往来的一大都会。在上述港口（福州除外），元朝仍设立市舶司和提举司进行管理，市舶司的税收收入占全国收入的很大一部分。海外贸易的发达还使元朝的纸币充当国际货币的角色，《马可·波罗行纪》中说，元朝纸币与纯金相等，不仅在国内流通，还在东南亚地区通行。汪大渊的《岛夷志略》就记载有元朝纸币与各地货币兑换的比率。

元朝对外贸易繁荣，但国内矛盾不断，终于被农民起义推翻。朱元璋建立的大明王朝实行与元朝相悖的政策，厉行海禁，规定"片板不许下海""禁濒海民不得私出海"②，禁止私人海洋贸易。明建文四年（1402年），朱棣夺取了侄子朱允炆的皇位，改元永乐，是为明成祖。朱棣为"耀兵异域，示中国富强"③，同时也为探寻建文帝的下落，于明永乐三年（1405年）派遣宦官郑和出使西洋。从永乐三年（1405年）至明宣德八年（1433年），郑和

---

① 1丈约为3.33米。
② 《明太祖实录》卷七十，洪武四年十二月丙戌。
③ 《明史》卷三〇四《宦官传一·郑和》。

先后七次率领规模庞大的船队下西洋，历时 29 年，横越亚、非两大洲，跨越太平洋、印度洋，对东南亚各国以及南亚的印度、斯里兰卡等国，中亚的阿拉伯国家以及非洲南岸国家等地区进行了友好访问。郑和下西洋是大航海时代前人类历史上最伟大的航海活动，比达·伽马和哥伦布的航行早了半个多世纪。郑和船队规模庞大，据明钞本《三宝征夷集》记载，第一次航行时有宝船 63 艘，水手、舟师、卫兵、工匠、医生、翻译等 27 670 人。最大的宝船长 44 丈(约 146 米)，宽 18 丈(约 60 米)，是当时世界上体积最大的船舶。哥伦布航行美洲时最大的船长约 24 米，宽约 8 米，远远小于郑和的船只。郑和船队满载瓷器、茶叶、丝绸等货物，前往各国换取象牙、香料、宝石等奇珍异宝，因此船只被称为"宝船"。郑和下西洋带动了国家间的政治交流与经济贸易，亚洲和非洲的许多国家纷纷派遣使节跟随船队进行朝贡和贸易，民间海洋贸易也随之得以较大的恢复和发展。朱棣虽然没有取消禁海的政策，但也不得不面对新的形势，在一定程度上放开海禁，允许民间海洋贸易的存在。郑和在第七次下西洋途中病逝于印度古里，船队在宣德八年(1433 年)七月回到南京。此时的明王朝已经开始走下坡路，郑和下西洋耗费巨大，遭到许多朝廷官员的反对。宣德十年(1435 年)正月初二日，明宣宗敕令在工部及南京守备襄城伯李隆、太监王景弘等："南京工部凡各处采办买办，一应物料并营造物料，悉皆停罢，军夫工匠人等，当放者即放回，其差去一应内外官员人等，即便回京，不许托故稽迟。"①下西洋至此戛然而止，而明宣宗也在次日突然死去。传统海洋时代结束了，海洋中国的巨大优势逐渐被西方东进的新形势所冲破。

四、海国竞逐时代的海洋空间

海国竞逐时代，从明宣德十年(1435 年)明宣宗罢下西洋到 1949 年，共 515 年，是中华海洋文明从传统向现代转型的跌宕坎坷的下降阶段。以清康熙元年(1662 年)郑成功收复台湾为界，前期的 228 年，中华海洋文明出现向近代转型的发展机遇期，在中西海洋文明的相遇和角逐中，产生新的海

----

① 《明实录》卷一百十五，宣德十年正月甲戌。

洋文明因素和海上社会力量，维持"亚洲地中海"的稳定，但海洋发展却因王朝国家力量的压制裹足不前，陷于停顿。后期的287年，中华海洋文明在内有锁国禁锢、外有列强入侵的不利条件下，转型艰难，曲折前进，遭受一次又一次挫折，陷入低潮。

　　下西洋停止后，"万国来朝"的局面不久即失去往日光华，来明朝朝贡的国家日渐减少。明成化年间（1465—1487年），明宪宗想再现往日辉煌，打算派人再度下西洋。相传，兵部尚书项忠派人去库中索取郑和下西洋水程案卷，但被车驾郎中刘大夏事先藏匿起来。项忠没有得到案卷，责令手下继续寻找，但终无所获。后来台谏讨论停止下西洋之事，项忠询问大内档案岂能丢失，刘大夏在旁说："三保下西洋，费钱粮数十万，军民死且万计。纵得奇宝而回，于国家何益？此特一弊政，大臣所当切谏者也，旧案虽存，亦当毁之，以拔其根，尚何追究其有无哉。"①于是，明宪宗启动下西洋的计划便不了了之。随后，世界历史发生了巨大转变。在明宪宗去世那年，葡萄牙人迪亚士发现了通往印度洋的航路；10年之后，达·伽马沿着迪亚士的航线穿越印度洋，到达印度，开辟了欧洲前往东方的新航路，拉开了大航海时代的序幕。葡萄牙不久便占领了印度沿岸的几个据点，垄断了香料贸易，于1511年侵占马六甲海峡，并在亚洲、非洲和拉丁美洲占有许多重要的殖民据点。西班牙、荷兰和英国等欧洲国家也随之加入殖民行列，纷纷涌向东方及美洲新大陆。西班牙、荷兰还先后侵占中国台湾，在中国沿海进行殖民活动。世界形势的转变，使传统海洋中国卷入世界海洋强国竞逐的时代，也给中华海洋文明带来向近代转型的发展机遇。

　　明代中后期政治的腐败与衰落，使中国逐渐失去海上军事优势，但是繁荣的经济仍然如旋风一样将世界各地的商人、资本卷入到中国。明代虽然实行海禁，但不可能遏制住民间海洋贸易的发展，至明代中期，民间海洋贸易已经十分繁荣。海禁使从事海洋贸易的商人得不到合法地位，许多商人亦商亦盗，在政策宽松时从事较为正当的海洋贸易，政策严厉时则从

---

① 严从简：《殊域周咨录》卷八《琐里·古里》，北京：中华书局，1993年，第307页。

事海洋走私和海盗掠夺活动,有些大商人和大海盗甚至勾结日本倭寇劫掠沿海地区以及海上商旅,严重危害沿海社会秩序和经济发展。像徽商王直、徐海、陈东等利用经济实力建立起强大的海上武装,并勾结倭寇攻击明军、抢劫沿海地区。海盗与倭寇的祸患威胁东南海疆的稳定与发展,因此嘉靖时对倭乱进行严厉打击,经过俞大猷、戚继光等著名将领的努力,终于在明嘉靖四十年(1561 年)时基本肃清了沿海的倭乱。

倭乱基本结束后,明朝对海禁开放与否仍存在分歧,但越来越多的有识之士逐渐认识到"市通则寇转而为商,市禁则商转而为寇",主张开放海禁,通过开海来减轻倭乱。明隆庆元年(1567 年),福建巡抚涂泽民上疏"请开市舶,易私贩为公贩",允许私人海洋贸易。涂泽民的请求得到明穆宗的同意,他宣布开放海禁,"准贩东西二洋"。然此次开海只限于福建漳州月港(今漳州海澄)一地,以开寓禁,对出海物品、数量、出海人员进行严格的限制。但开海毕竟使私人海洋贸易合法化,海外贸易迅速发展繁荣,同时开海"奉旨允行,几三十载,幸大盗不作,而海宇宴如"①。开海使国外白银源源不断地输入国内,对促进国内的发展发挥了重要的作用,中国在世界的经济地位更加重要。贡德·弗兰克在《白银资本:重视经济全球化中的东方》一书中说:"当时的全球经济可能有若干个'中心',但是如果说在整个体系中有哪一个中心支配着其他中心,那就是中国(而不是欧洲)这个中心……整个世界经济秩序当时名副其实地是以中国为中心的。"②

私人海洋贸易的兴起与蓬勃发展,使明末涌现了众多实力雄厚的海上力量,其中郑芝龙无疑是持续时间最长、影响最深远的一个。郑芝龙是泉州南安人,出身于海洋贸易世家。他早年跟随舅父黄程经商,后来继承了大海商李旦的资本,"富甲八闽",是其之后发展的基础。郑芝龙一直在东南沿海活动,一边经商,一边扩充队伍,在海上收取保护费,称为"报水",但他并不刻意与明军为敌。郑芝龙海上力量的扩张引起明朝的恐慌,但无

---

① 许孚远:《疏通海禁疏》,《明经世文编》卷四百《敬和堂集》。
② [德]贡德·弗兰克:《白银资本:重视经济全球化中的东方》,刘北成译,北京:中央编译出版社,2011 年,第 109 – 110 页。

力剿灭，因此不断对其进行招抚。明崇祯元年（1628 年）九月，郑芝龙接受招抚，被授予海上游击官衔。郑芝龙虽然受抚，但仍保持自身的独立性，按照自身的利益行事。他先后剿灭李魁奇、钟斌、刘香等海商海寇集团，独霸东南海洋。郑芝龙成为海洋霸主后，基本垄断了东南海洋贸易，其他海商必须向他缴纳税费才能进行贸易，"海舶不得郑氏令旗，不得往来。每一舶例入二千金，岁入以千万计。芝龙以此富敌国"①。但清军入关后，郑芝龙投降了清朝，先被软禁，后被杀。其子郑成功坚持抗清，并以海洋贸易为基础，前后坚持数十年之久。

　　清军入关与清王朝的建立，可以说是中国海洋空间演变的一个重要转折点。清王朝建立伊始就实行海禁政策，清顺治十三年（1656 年）招抚郑成功失败，顺治帝发敕谕给浙江、福建、广东、江南、山东、天津各地督抚，严申海禁，要求"各官相度形势，设法拦阻，或筑土坝，或树木栅，处处严防，不许片帆入口，一贼登岸"②。清顺治十八年（1661 年），为困死郑成功抗清力量，禁绝内地对郑成功的支援，清政府根据降将黄梧的建议，正式下令迁界。迁界是将沿海居民内迁，一般以三十里③筑墙为界，"三十里以外，悉墟其地"，有些地区"初立界犹以为近也，再远之，又再远之，凡三迁而界始定"④。迁界后，沿海地区居民不能出界进行耕种、捕鱼、经商等活动，有出界的"不论官民，俱以通贼处斩，货物家产俱给告讦之人"⑤。迁界使沿海居民数十年生计毁于一旦，所携带的衣食用尽之后，大部分人"谋生无策，丐食无门，卖身无所，展转待毙，惨不堪言"⑥。同时，海禁导致海外贸易和交通中断，这对沿海社会的影响也是十分严重的。康熙收复台湾后，于清康熙二十三年（1684 年）九月正式发上谕解除海禁，允许"开海贸易"。康熙二十四年（1685 年）前后，设立了闽、粤、江、浙四海关，实行四口通商政策。但整个康乾时期，开海的规模十分有限，清政府对出海

----

① 黄宗羲：《赐姓始末》，明季稗史本。
② 《清世祖实录》卷一〇二，顺治十三年六月癸巳。
③ 1 里 = 500 米。
④ 王沄：《漫游纪略》卷三《粤游》，《笔记小说大观》本。
⑤ 《钦定大清会典事例》卷七七六，《刑部·兵律·关津》。
⑥ 陈鸿：《清初莆变小乘》，北京：中华书局，1985 年，第 81 页。

船只、出海人员、出口货物、商船御敌器械等方面实行严格的控制，限制海洋贸易的自由发展。康熙五十五年（1716 年），清政府担心下南洋的商民与海盗及外敌勾结，于次年发布南洋禁航令，禁止商民前往南洋贸易。雍正虽然恢复南洋贸易，但对海洋贸易仍然采取严格的限制措施。乾隆即位后，以天朝上国自居，无视世界形势的发展，故步自封，使中国逐渐落后于世界潮流。乾隆视海外华人为弃民，清乾隆五年（1740 年）荷兰殖民者制造"红溪惨案"，他却说这些人是"在天朝本应正法之人，其在外洋生事被害，孽由自取"①。乾隆二十二年（1757 年），改四口通商为广州一口通商，实行"十三行"的管理制度，进一步限制海洋贸易。清代前期，国家力量几乎退出海洋贸易与海洋空间的争夺，作为中国传统海洋贸易重地的南亚、东南亚地区逐渐被欧洲殖民国家所占据，排斥和打击中国商民，断送了中华海洋文明向近代转型的良好机遇，使中国海洋空间愈益压缩和退却，这正好是与世界潮流相悖的。

19 世纪，欧洲一些国家逐渐完成或正在进行工业革命，经济、军事实力迅速膨胀，新兴资产阶级急需寻找新的原料产地和产品市场，在全球展开了激烈的殖民争夺。清道光二十年（1840 年），英国以清朝禁烟为借口，悍然发动鸦片战争，清军节节败退。两年后，清政府代表在南京城下签订了中国近代第一个不平等条约——《南京条约》。英国以武力打开了中国大门，使中国开始沦为半殖民地半封建社会。此后，欧美列强以及日本纷纷从海上入侵，蚕食中国的海洋空间。尤其是在北洋海军甲午梦坠之后，国门安全难御，更谈不上海洋贸易与海洋空间发展，海洋空间退缩至历史最低点。

1911 年，辛亥革命爆发，推翻了统治中国近 300 年的清王朝。在半殖民地半封建社会建立起来的中华民国的境遇是十分艰难的，列强对中国的态度并未有多大改观，反而为了维护既得利益顽固支持袁世凯夺取革命果实，中外不平等条约直到第二次世界大战时期才予以废除。民国时期派系

---

① 《史料旬刊》第 22 期，第 803－806 页。

纷争、军阀混战，加之日本的侵略与威胁，国力弱小，拓展海洋空间困难重重，但也做了一些有益的工作。民国初期，海军成立海道测量局，开始了近海海洋测绘与海洋调查。1935 年，中央研究院动植物研究所借海军"定海"号军舰在渤海、黄海进行科学考察，在青岛至秦皇岛一线设 31 个观测站，对渔业资源、水文、气象进行观察研究。特别是在日本投降后，国民党海军在林遵的率领下，出动"太平"号、"中业"号两艘军舰接收南沙群岛，将南沙主岛按林遵所乘军舰的舰名改称为"太平岛"，并在岛上竖立纪念碑；姚汝钰在西沙群岛同样竖起主权碑，命名两个大岛屿为"永兴岛"和"中建岛"，有力地捍卫了中国对南海岛屿的主权。不平等条约以及外国特权的废除，也有利于中国海洋空间的自我管辖以及海洋贸易的进行与发展。

五、海洋复兴时代的海洋空间

从 1949 年起，中国海洋发展进入复兴时代。1949—1978 年改革开放前是恢复时期，中国开始有计划地进行海军建设、近海海洋调查、近海资源开发等，恢复中国海洋空间的正常管理与发展。改革开放后到 2012 年是发展时期，中国逐步参与国际海洋的开发与管理，维护中国海洋发展的安全与权益，制定海洋发展的国家战略，建设迈向全球的海洋强国。由于我们界定的海洋复兴时代属于当代，这一时代的海洋空间，拟在第二册《中国海洋资源空间》、第三册《中国海洋权益空间》和第四册《中国海洋战略空间》中展开论述，这里就不赘述了。

中国的海洋空间从东夷百越时代发展到了现代，几度灿烂辉煌，也曾黯然失色。无论是发展成就还是挫折坎坷，都对今天我们实现国家富强、民族复兴有重要的借鉴意义。

第二章

漂流与意象：东夷百越时代的海洋空间

中国海洋文化在史前时期就已经产生，中国东部考古发掘出大量的新石器时代东夷百越先民的海洋文化遗迹。在继承史前文化的基础上，海洋王国时代的东夷百越族群进一步认识和利用海洋空间，创造了面向海洋、面向外部世界的开放的海洋文化，是中国海洋文化与海洋空间发展的基础。

漂流与史前海洋文化遗迹

在史前时期，中国东部古人类遗址大部分都在滨海地区。东部古人类是东夷百越的先民，他们依海而生，创造出丰富的海洋文化，现代考古发掘出大量的古人类海洋文化遗迹，如广泛存在的贝丘遗址、捕捞的海洋生物、航行的舟楫等。

一、史前中国的海岸线

从距今 6500 万年的古近纪开始，欧亚板块东缘的太平洋海盆下陷，引起大陆边缘剧烈的构造活动，渤海、黄海陷落而成拗陷盆地。当时东海盆地和日本海盆地可能由一半岛分割开来，这个半岛包括现在的琉球群岛在内，而在始新世和渐新世时期的黄海、东海同日本部分陆地相连。此后，大陆架下沉而成为边缘浅海。琉球、台湾地区都沉降为前缘深海，并和太平洋连成一片。上新世末期，日本海盆和东海盆地由于地壳的扩张作用，发生断裂、挠曲等现象，当时黄海和部分东海依然是大陆或存在部分完整的大陆架。闽浙构造带本是阻碍黄海出口的褶皱构造堤，在喜马拉雅运动初期，出现过强烈断块和部分陷落。新近纪和第四纪，受古长江三角洲的埋盖突出部分的影响，复经海水动力的冲刷，尚残留星罗棋布的岩岛和礁石。台湾海峡在渐新世时期和大陆相连，之后由于火山活动，形成澎湖群岛，同时发生强烈断陷，被海水分隔成了台湾岛。

末次冰期（距今约 8 万—1.1 万年间）时，气候转冷，大量海水变为巨厚海冰和大陆冰川。当时整个海洋平面应比现在低 100～120 米，因此中国边缘发生了海退。台湾和海南岛均同大陆相连，朝鲜半岛向南连接着中国大陆，福建、广东沿海连同北部湾及巽他大陆架的海底亦大部分露出水面。

菲律宾与台湾之间一系列的海底山脉、辽东和山东之间的长山群岛都变成
了连峰。从大约距今 11 000 年的全新世开始，末次冰期结束，海平面逐渐
上升，海岸低级阶地和溺谷、三角港都遭到了淹没。海侵初时，在海滨和
浅滩上，堆积了滨海相砂质沉积物，夹有大量潮间带和半咸水的贝壳，接
着海侵规模扩大，海水加深，淹没了整个大陆架。在海侵作用高潮的影响
下，华北地区的海岸线在昌黎—滦县—文安—任丘—献县—德州—济南一
线。在江苏、浙江，海侵使海岸线最广在今东海—沐阳—泗阳—洪泽—扬
州—常州一线，而常州连续到杭州、绍兴、嵊县一线。扬州、镇江当时为
长江的出海口，长江以南的无锡、苏州、嘉兴、杭州、绍兴等地区还沉浸
在海水之中。浙江南部、福建沿海平原都处于海水之下。因此，许多著名的
考古遗址，如北京山顶洞人遗址（距今约 11 000 年）、山东龙山文化遗址（距
今约 4600 年）、浙江河姆渡文化遗址（距今约 7000 年），当时都是滨海地带。

二、史前海洋文化遗迹

贝丘又称贝冢，作为一种文化现象，它是一个考古学名词，指的是上
古时代在沿海地区居住的人类所遗留的贝壳堆积，其中往往包含有陶器、
石器等文化遗物，是旧石器时代晚期至新石器时代较为典型的海洋文化遗
存。[①] 中国沿海发现贝丘遗址最多的，当推辽东半岛、长山群岛、山东半岛
及庙岛群岛。此外，在河北、江苏、福建、台湾、广东和广西的沿海地带
也有广泛分布。在内陆的河流和湖泊沿岸还发现有淡水性贝丘遗址，前者
以广西南宁邕江沿岸的贝丘遗址为代表；后者则以云南滇池东岸的贝丘遗
址为代表。辽东半岛的贝丘遗址，主要分布在半岛东西两翼的黄海与渤海
沿岸，并一直延伸到附近海域中的许多岛屿。目前，在辽东半岛地区已发
现了贝丘遗址 40 余处，它们均属于海岸型贝丘遗址，主要有：大连市旅顺
口区的郭家村、于家村、小磨盘山遗址，长海县广鹿岛的小珠山、吴家村、
柳条沟东山、大长山岛上马石、清化宫等遗址，东港市的后洼遗址、孤山
阁坨子等遗址，瓦房店市长兴岛三堂村、交流岛蛤皮地等遗址。这些遗址

---

① 《辞海》编辑委员会：《辞海》，上海：上海辞书出版社，1979 年，第 1427 页。

的绝对年代经碳－14 测定，为距今 4000～7000 年。贝壳种类主要是生长在辽东半岛海域的牡蛎、贻贝、海螺和海蚬子等，有的堆积厚度达1～2 米。从贝丘遗址中还出土了各种陶器残片，残断的石斧、石锛、石凿、石刀和具有辽东半岛特色的彩陶以及骨器和玉器。① 山东半岛发现的贝丘遗址也非常多，考古工作者曾对蓬莱市南王绪、大仲家，烟台市福山区邱家庄、牟平区蛤堆顶、蛎碴塂，威海市义和，荣成市东初、北兰格、乔家、河口 10 处贝丘遗址的考古材料进行了整理。据暴露的贝壳分析，这 10 处遗址可分为 4 种类型：第一类以牡蛎为主，如南王绪遗址；第二类以蚬为主，如邱家庄遗址；第三类以蛤仔为主，如大仲家、蛤堆顶、蛎碴塂、义和、北兰格等遗址；第四类以泥蚶为主，如河口、乔家遗址。这些贝丘遗址虽遭到破坏，但遗存仍较大，如南王绪遗址东西宽约 80 米、南北长约 110 米，东部断崖的文化层厚约 0. 3～2 米，西部为 0. 3～2. 2 米，北部为 1. 8～3 米；大仲家遗址东西宽约 200 米、南北长约 400 米，文化层厚 1～2 米。在遗址中出土了种类多样的石器、陶器、骨器等物品，这些器物有其独特的渊源和发展脉络，构成了一个独立的考古学文化实体。② 辽东和山东半岛的贝丘遗址大部分属于龙山文化时期。东南地区的贝丘遗迹也非常丰富，如著名的福建昙石山文化遗址即发现大量白色蛤蜊壳堆积层，第二次发掘时发现的蛤蜊层厚 0. 6～1. 8 米，出土有石器、骨器和陶片等；第三、第四次发掘时发现的蛤蜊层堆积厚 0. 2～1. 15 米，出土遗物有石锛、石镞、网坠、砺石、陶盘、陶钵、陶纺轮、陶工具、麻龟板和兽骨等。③ 台湾地区新石器时代的文化遗址基本都有贝丘遗迹，如大坌坑文化、圆山文化、植物园文化、凤鼻头文化等。大坌坑文化在中国东南沿海也有分布，如金门县的富国墩遗址，其贝丘遗迹有贝类 20 余种。

---

① 参见王禹浪，崔广彬：《辽东半岛的贝丘、积石冢与大石棚文化》，载《大连大学学报》，2005 年第 1 期。

② 参见烟台市文物管理委员会等：《山东省蓬莱、烟台、威海、荣成市贝丘遗址调查简报》，载《考古》，1997 年第 5 期。

③ 参见福建省文物管理委员会，厦门大学人类学博物馆：《闽侯昙石山新石器时代遗址第二至四次发掘简报》，载《考古》，1961 年第 12 期。

贝类大部分生长在近海岩石、潮间带沙滩中，中国沿海滩涂广阔，贝类种类多、产量丰富，是最为方便获取的海洋产品。除贝类外，史前人类还进行海洋渔猎活动，捕获大的鱼类食用。如胶东半岛的遗址中，出土的鱼类骨骼经鉴定有红鳍东方鲀、真鲷、黑鲷、梭鱼、马鲛鱼等。位于福建南部海中的东山县贝丘遗址中发现的鱼类骨片大多为双凹锥体，其直径大多为 1 ~ 2 厘米，有的直径达 3.5 厘米，推断古人类捕获的鱼类单个已达数十斤。① 传说东夷先民伏羲氏即"做结绳而为网罟，以佃以渔"，而考古也发现早在 6000 ~ 7000 年前的新石器时代后期，人们就已经使用渔网捕鱼了。从各地出土的鱼钩、叉、网坠、镞等工具来看，史前人类从事的海洋渔猎活动，除采取赤手捕捉外，借助工具进行垂钓、以弓箭或鱼叉捕杀、近海施网捕捞等也成为重要的渔猎方式，也可能已经利用舟船进行捕鱼作业。

中国东部尤其是东南部地区，河、湖、海交叉，为人类利用水资源进行生活与生产提供了极大的便利，而舟楫便应运而生了。上古时代就有"燧人氏以匏济水，伏羲氏始乘桴"的传说，匏就是大葫芦，放在水中可以产生很大的浮力，类似于之后的羊皮筏子，可以用于渡水；桴即小木筏或小竹筏，其制作已经较匏更为进步了。最初的渡水工具应该就是类似的天然漂浮物体，如葫芦、树干、竹竿、芦苇等，利用天然漂浮物制造人工浮物，是古人类在舟船制造上迈出的一大步。《易经·系辞下》云："刳（剖开挖空之意）木为舟，剡（削、刮）木为楫，以济不通，致远以利天下。"刳木为舟虽然记载是传说时代黄帝时期的事情，距今约 5000 年，但考古研究发现，新石器时代的偏刃石锛和有段石锛都是古代加工独木舟的专用工具②，而偏刃石锛和有段石锛分别是新石器时代山东龙山文化与东南百越文化的代表性器物之一，因此黄帝时期的刳木为舟应该是真实的事情。考古材料也能证明新石器时代舟楫的产生，如距今 6000 ~ 7000 年前的浙江河姆渡和罗家角新石器时代遗址都发现有废弃的独木舟板材，河姆渡遗址还出土了一件陶塑的独木舟模型，两头尖、圆底，艉部微翘起，平面梭形，此外还出土

---

① 徐起浩：《福建东山县大帽山发现新石器贝丘遗址》，载《考古》，1988 年第 2 期。
② 参见林惠祥：《中国东南区新石器文化特征之一：有段石锛》，载《考古学报》，1958 年第 3 期。

了 6 只木船桨。① 在距今约 4000 年的广东珠海宝镜湾新石器时代晚期岩刻画上，描绘着艏艉尖翘的独木舟②；在黑龙江省海林县牡丹江右岸石器时代岩画上还有古人在独木舟上进行渔猎的画面。③ 舟楫的产生为滨海地区古人类生活、生产的发展以及跨区域的文化传播提供了便利的工具。

三、漂流与史前文化的传播

匏桴、舟楫的出现与利用，使古人类文化穿越海洋、跨区域传播成为可能。现代考古学、人类学等研究表明，在环太平洋地区，中国史前文化除在本土不同地区之间传播外，还通过舟楫的漂流穿越海洋，向周围的朝鲜、日本、东南亚以至太平洋岛屿、美洲大陆传播。

山东大汶口－龙山文化是中国重要的古文化之一。大汶口文化于 1959 年在山东泰安、宁阳两县交界处的大汶口被发现，与早在 1928 年于山东章丘龙山镇城子崖发现的龙山文化属于同一个体系，而且龙山文化是从大汶口文化基础上发展演变而来的。大汶口文化距今约 6300 年，龙山文化距今约 4600 年。大汶口文化主要分布在山东、江苏淮河以北、安徽北部等地区，而龙山文化的分布区域进一步扩展，除原来的大汶口文化区域外，还分布到了陕西、河北、辽东半岛等地区。1958 年，考古学者在与山东半岛隔海相望的辽东半岛上的大连发现大台山和王庄寨遗址，其类型明显具有龙山文化的特征。在大连皮子窝贝丘遗址中发现的陶器，与山东龙口贝丘遗址中的陶器在风格上十分相似。之后，在渤海、黄海沿岸以及岛屿上，陆续发现了龙山文化遗存。这说明，龙山文化穿越海洋传播到辽东半岛和沿海岛屿上了。但文化的传播与影响是相互的，辽东半岛文化对山东半岛文化也有影响。"辽东半岛与山东半岛间的文化关系，过去认为辽东半岛是山东龙山文化一个跨海向北的分布区，此说不是不可以，但只是强调了山东半岛对辽东半岛的影响。经过 20 世纪 70 年代的发现和分析，都进一步认

----

① 浙江省文物管理委员会：《河姆渡遗址第一期发掘报告》，载《考古学报》，1978 年第 1 期。
② 徐恒彬等：《高栏岛宝镜湾石刻岩画与古遗址的发现与研究》，载《珠海考古发现与研究》，广州：广东人民出版社，1991 年。
③ 黑龙江省博物馆：《黑龙江省海林县牡丹江右岸古代摩崖壁画》，载《考古》，1972 年第 5 期。

为两半岛的文化交流和关系是相互的，在山东的长山列岛发现了明显带有辽东半岛文化要素的遗存。但亦应指出，这种关系并不是对等的，根据已掌握的资料，到目前为止，辽东半岛古文化对山东半岛的影响还只限于山东岛屿，尚未见有登上半岛进入内陆的迹象。而山东半岛对辽东半岛的影响则要强烈、深厚得多，其遗存迹象不仅在长山群岛的大长山岛、广鹿岛等岛屿上处处可见，即在辽东半岛南端以至延伸到山地也可见到。原因就在于，山东半岛的大汶口文化和龙山文化较辽东半岛的土著文化要发达、先进。"①其他学者也认为，"胶东半岛与辽东半岛史前文化的交流，早在距今 7000 年左右就开始了，而且可能是先从生产工具开始的。尽管这种交流的程度还不强，但反映了当时人们已经有了比较成熟的航海技术，可以越过海洋天堑"②。

中国东南新石器文化以河姆渡文化为代表，也是东南百越文化的代表。河姆渡文化于 1973 年首次在浙江余姚河姆渡被发现，主要分布在杭州湾南岸的宁绍平原及舟山群岛，经测定，它的年代距今 5300～7000 年。河姆渡文化首先向沿海地区以及近海岛屿传播，如在舟山群岛的十字路、唐家墩、岙山岛等的考古发掘，都发现有明显的河姆渡文化特征的遗存物，距今已有 5500 多年。河姆渡文化还跨越台湾海峡，向台湾地区传播。台湾北圆山贝丘文化遗址、芝山岩文化遗址都出土了大量河姆渡文化遗存物，最典型的是有段石锛、石斧和炭化稻谷等。据林惠祥等学者的考证，这些遗存物是从台湾对岸的浙江、福建、广东地区传播过去的。③ 而通过对遗存的稻谷进行研究表明，台湾芝山岩文化遗存所体现的稻谷栽培技术，显然是从浙江河姆渡一带通过近海岛屿传播过去的。④

除了穿过近海、漂流传播到本土其他半岛和岛屿，中国史前文化还通过远洋跨海，传播到了朝鲜、日本、东南亚以及太平洋诸岛、美洲地区。通过对中国、朝鲜、日本史前剥片尖状石器的比较，一些日本学者认为，

---

① 孙守道，郭大顺：《辽宁环渤海地区的考古发现与研究》，见《考古学文化论集》（四），北京：文物出版社，1997 年，第 9 页。
② 王锡平：《试论环渤海地区史前文化的关系与文明》，见《考古学文化论集》（四），北京：文物出版社，1997 年，第 101 页。
③ 参见林惠祥：《中国东南区新石器文化特征之一：有段石锛》，载《考古学报》，1958 年第 3 期。
④ 参见董楚平：《越文化的海外传播》，见《太平洋文集》，北京：海洋出版社，1988 年。

"2万年前越过日本海，在九州地区出现的具有剥片尖状器的石叶石器文化，大概是从中国北部地区传来的"①。而通过对日本、渤海湾周围地区细石叶石器的比较，有日本学者也认为，渤海湾周围地区的细石叶制作技术的变化过程与日本列岛有些器物是有区别的，但与日本列岛南半部后期的细石叶制作技术的变化过程基本一致，这至少反映出在细石叶制作技术方面，日本列岛南半部与渤海湾周围地区有某种联系，这也显示出仅由后期形成的日本列岛南半部的最早的细石叶制作技术可能是由大陆传来的。② 关于水稻栽培文化传来的途径，在日本学术界有几种不同的意见：一种认为水稻栽培文化是沿中国大陆海岸经由山东和辽东半岛而到达朝鲜半岛北部，然后从那里南下进入日本的；一种则认为是从福建省或福建到江苏省北部的海岸地区直接渡海传入日本的；还有一种认为有一股文化与经由山东和辽东半岛的文化分道而直接越海通过朝鲜南部进入日本的。③ 中国史前文化传播到日本，不管是直接传播还是经过朝鲜半岛传播过去，都必须借助舟楫，通过日本海等海域漂流过去。而朝鲜的史前文化也与中国史前文化有很大联系，朝鲜半岛南部一些遗址文化是通过船只从辽东半岛地区传播过去的。美国学者通过将中国与朝鲜的史前遗址进行比较分析，认为朝鲜半岛南部新石器文化是从中国辽东半岛传播过去的，而在朝鲜定居多数在岛屿、海岸以及河湾之地，"这一事实表明，人口最初流动是通过船只而不是陆地"④。近代以来，考古学界在朝鲜、日本、阿拉斯加和太平洋东岸发现有龙山文化的有孔石刀、石斧和陶器，证明龙山人通过海洋漂流将龙山文化传播到了环北太平洋地区。

东南地区百越文化的跨海漂流传播地区更为广泛，在整个环中国海地区以及环太平洋地区，通过考古学、人类学、历史语言学和遗传学等的研

① [日]加藤晋平：《剥片尖状器文化的扩散——2万年前日本列岛和东亚大陆的文化交流》，袁靖译，见《考古学文化论集》（四），北京：文物出版社，1997年，第18页。
② [日]加藤真一：《对日本、渤海湾周围地区细石叶文化的几点认识》，袁靖译，见《考古学文化论集》（四），北京：文物出版社，1997年，第25页。
③ [日]菅谷文则：《东夷和百越：日本方面考古资料的考察》，载《东南文化》，1991年第1期，第127页。
④ [美]南莎娜，单明明：《朝鲜西海岸篦纹是从辽东地区传入的吗？——对考古证据进行重新分析》，见《考古学文化论集》（四），北京：文物出版社，1997年，第36页。

究都能找到证据。有段石锛和印纹陶是东南地区以及环太平洋区考古发现的代表性器物，"考古学上对东南土著海洋文化的探索，就是率先从有段石锛、印纹陶等东南考古学文化特质在台湾、东南亚群岛乃至太平洋上的海洋'扩展'中得到启发的"①。作为中国东南地区典型的石器有段石锛，在东南亚的菲律宾群岛、苏拉威西岛和北婆罗洲等地区，以及太平洋夏威夷群岛、库克群岛、波利尼西亚群岛、新西兰、复活节岛等地区都有大量发现。经过长期研究，中外学者一致认为有段石锛的原产地在中国东南沿海，中国东南地区多初级和中级石锛，而其他地区则是高级石锛较多，初级、中级较少，甚至缺乏初级的发展阶段，在东南亚、太平洋地区发现的有段石锛是通过百越先民漂流传播过去的。② 印纹陶在各地也有同样的发现，"武平的曲尺纹陶也见于马来半岛的陶器上，有段石锛见于台湾、南洋各地，武平也有，由此可见武平的石器时代文化与台湾、香港、南洋群岛颇有关系"③。苏秉琦先生也认为："中国东半部史前文化与东亚、东南亚乃至环太平洋文化圈的广泛联系突出表现为，有段石锛以及饕餮纹祖型的夸张，突出研究部位的人神兽面纹的艺术风格等因素，与环太平洋诸文化中的同类因素可能有源流关系。从岭南到南太平洋诸岛，海流、季候风有规律性变化，海岛是基地，独木舟就可以漂过去，一年可以往返一次，交流的机会很多，直到新西兰岛。"④

德国考古学家、民族学家海尼·格尔顿通过研究指出，大洋洲的文化是来源于中国的。他还认为当地人是在新石器时期，从中国东南沿海使用澳亚语系语言的民族中漂洋过海迁去的。从其他考古学与人类学的资料来看，太平洋地区的古人类文化确实与中国东南地区古人类文化有诸多关系。如加里曼丹的尼亚洞穴古人，澳大利亚的维兰德拉湖古人，经研究是广西

① 吴春明：《"环中国海"海洋文化圈的土著生成与汉人传承论纲》，载《复旦学报（社会科学版）》，2011 年第 1 期，第 126 页。
② 参见林惠祥：《中国东南区新石器文化特征之一：有段石锛》，载《考古学报》，1958 年第 3 期；陈炎：《中华民族海洋文化的曙光——河姆渡文化对探索海上丝绸之路起源的意义》，见《中华民族史研究》第一辑，南宁：广西人民出版社，1993 年。
③ 参见林惠祥：《福建武平县新石器时代遗址》，载《厦门大学学报（社会科学版）》，1956 年第 4 期。
④ 苏秉琦：《中国文明起源新探》，北京：生活·读书·新知三联书店，1999 年，第 172 页。

柳江古人东渡的后裔。广东佛山河宕人的遗骨，其头骨特征与美拉尼西亚人相近。浙江河姆渡和福建昙石山的新石器时期古人的遗骨，与澳大利亚尼格罗人极为近似。而南岛语系语言与百越先民语言也有许多相似之处，美国学者从语言学的角度，证实了太平洋诸岛的古文化与中国的源流关系，在时间上，又与河姆渡文化、大汶口文化存在的时代吻合。邓晓华等语言学者的研究表明，在当今的闽南方言中，存在着相当数量的南岛语系的词汇，成为闽南语中的"南岛语底层"。南岛语在东南沿海形成后，直接传播到台湾或经云南和东南亚岛屿再传到台湾，然后从台湾向南太平洋地区扩散。从上述的考古学、人类学、语言学的考证来看，"可以说，凡是出土了有段石锛的岛屿，便是百越人海上活动的所到之地。百越人从中国的东南沿海，逐岛漂航，一直到达了拉丁美洲西岸"①。

百越族群在整个海洋王国时代以及汉武帝平越之后的很长一段时期，仍在继续向东南亚、太平洋地区漂流。东南百越先民的跨海漂流，在考古学、民族学和语言学上都留下了大量确凿的证据，证明距今 1000～5000 年间的东南土著先民梯次浮海抵达台湾地区、菲律宾、印度尼西亚群岛、太平洋群岛，形成"南岛语族"这一世界上分布范围最广泛的海洋族群。② 百越的漂流与迁徙，是"南岛语族"形成与发展的重要原因，形成了一个国际性的重要课题。而新的考古发现，还使对于"谁发现了美洲"的问题争论不休。近代以来，通过考古学、人类学、语言学和历史学等的研究发现，美洲地区的史前文化的确与中国东南地区古文化有诸多相似之处，因此也有越来越多的学者认为早在哥伦布之前，中国古人已经到达了美洲地区，并将中国史前文化传播到了美洲各地。当然，发现美洲问题的争论不是争辩谁先谁后的问题，正如台湾学者黄大受所说："探讨真实的历史，不是为了古人，而是为了今人与后人能从古史中认识历史发展的规律，找出今后应走的道路……我们了解自己的先民不只创造了世界上很早的大陆文明，还有更早的海洋文明，足以振奋民族精神。"

----

① 彭德清：《中国航海史（古代航海史）》，北京：人民交通出版社，1988 年，第 9 页。
② 参见吴春明：《中国东南与太平洋史前交通工具》，载《南方文物》，2008 年第 2 期，第 99 页。

关于中国史前古人类漂流的路线，山东半岛地区和东南地区是不同的。从在海外发现的龙山文化遗址分布状况来看，山东半岛地区的古人类是从山东渡过渤海，沿着黄海北岸到达朝鲜半岛南端，然后借助左旋环流漂流到日本北部的出云地区，再穿过津轻海峡，趁北太平洋暖流向东漂流，可以直达北美洲西岸。这条海流在北纬40°左右的区域，长年盛行西风，海水向东流，流速每日可达20~25海里。在这条航线的朝鲜、日本、阿拉斯加和太平洋东岸都出土了龙山文化的有孔石刀、石斧和陶器。百越人在东南沿海主要有两条漂流航线。第一条是北太平洋海流，它位于北纬30°以北的西风带，长年向东流，流速是每日12海里。假若以北纬30°作为东西基线的话，正是从钱塘江口附近的河姆渡，中途通过夏威夷群岛北端，而后直达拉丁美洲墨西哥北部的瓜达卢佩岛附近。第二条海流是赤道逆流。它处于北纬3°—10°之间，长年向东流。它在东经180°处与南赤道洋流相遇后，分作两股：一股继续东流；另一股南下，形成东澳大利亚洋流，又转向东流，成为新西兰洋流，再合于南太平洋的西风漂流，一直向东，流到南美的秘鲁。近代出土大量有段石锛的菲律宾棉兰老岛、北婆罗洲北部、苏拉威西岛、玻利尼西亚各岛的地理位置正好都处在这条赤道逆流向东流的必经之路上。这证明百越人在中国东南沿海分作两支：一支从福建、浙江跨海漂航到台湾地区，然后再到菲律宾；另一支从广东、香港直接漂航到菲律宾。两支相遇后，就近漂航到婆罗洲北部和苏拉威西岛，从此趁着这条东去的赤道逆流，逐岛向东漂航而去。经过数百、数千年的岁月，逐段向东延伸，终于到达玻利尼西亚各岛，甚至远达拉丁美洲西岸。[1]

最后需要说明一下这种漂流的可行性问题。也许还有许多人会对仅借助原始的独木舟、竹筏等一类的航海工具，就能够漂洋过海到达其他海岸或岛屿产生怀疑，挪威人类学家、探险家托尔·海尔达尔即做过诸多类似的探险实验，结果是成功的。海尔达尔在1947年驾"太阳神"号木筏沿着海流漂航，历经101天，航程4300海里，成功从秘鲁的卡亚俄直达波利尼西亚的腊罗亚。1969—1970年，他以埃及古王室墓室壁画为蓝本，制造芦苇

---

[1] 本段参见彭德清：《中国航海史（古代航海史）》，北京：人民交通出版社，1988年，第9-10页。

船(纸莎草船)"太阳"号,并两次驾船重走古代探险的伟大航程,终于横跨大西洋,自摩洛哥的萨非港直达加勒比海的巴巴多斯。1977—1978年,海尔达尔又驾苏美尔型芦苇船"底格里斯"号,从沙特阿拉伯河出发,进入波斯湾,通过霍尔木兹海峡来到阿曼湾,驶入阿拉伯海,然后拨头向西,沿着亚丁湾抵达红海的吉布提。海尔达尔用自己出生入死的海上探险证明:海洋对古代人来说,不是天堑而是通途,是人类早期的交通干线。[1] 海尔达尔的漂流经历表明,中国史前龙山、百越先民凭借其对海流和风向的认知,能够驾独木舟、竹筏漂洋过海,成功地到达环中国海和环太平洋各地。

中国东夷百越先民创造了灿烂的海洋文化,他们通过跨海漂流将土著文化传播至本土其他地方以及朝鲜、日本、东南亚、美洲和太平洋岛屿,创造了具有中国史前文明特色的环中国海甚至环太平洋的海洋文化圈。在20世纪30年代,林惠祥教授就提出了"亚洲东南海洋地带"的概念,对环中国海土著海洋文化做了首次概括。20世纪50年代,凌纯声教授提出了"亚洲地中海"文化圈的概念。"亚洲地中海"文化圈包括亚洲至澳洲之间、亚洲东南大陆与东南岛屿之间,是史前海洋文化交流与传播的一大整体。"亚洲东南海洋地带"与"亚洲地中海"文化圈都说明中国史前海洋文化对亚洲的影响。而新的考古发现表明,中国史前海洋文化的足迹早已遍布整个环太平洋地区,因此可以说是中国史前创造的"环太平洋"海洋文化圈。"我们的祖先,早在远古时期,就在环太平洋区域留下了丰富的文化遗存,把中华文化与文明传播于整个环太平洋区域,至迟在五六千年以前即已创造了以中华文明为特色的太平洋文化圈。"[2]

海洋王国时代的族群与社会

在继承史前文化的基础上,海洋王国时代的东夷百越先民创造了面向海洋、面向外部世界的开放的海洋文化。东夷是居住在以今山东半岛为中

---

[1] 海尔达尔的漂流经历参见其著作,海尔达尔:《孤筏重洋》,朱启平译,重庆:重庆出版社,2005年。
[2] 王大有:《龙凤文化源流》,北京:北京工艺美术出版社,1988年,第285页。

心地区，地域遍及河北省南部、河南省东部、安徽省东北部及江苏省北部的少数民族群体，主要以鸟为图腾。东夷在传说时代是十分强大的部落，如太昊、少昊、蚩尤、有虞氏舜等都是东夷著名的首领，其后的九夷、徐夷、淮夷、薄姑、奄夷等都是海洋王国时代势力强大的部落。百越是中国上古东南、华南地区的土著，主要活动于中国东南与华南的江苏、浙江、福建、广东、广西、海南、江西、福建等地区，主要的族群支系有句吴（也称勾吴）、于越、闽越、东瓯、南越等。吴、越是春秋后期的霸主，南越是秦汉时期航海和海外贸易的中心。东夷、百越主要活动于东部沿海，在数千年的历史之中，社会、经济、文化都与海洋相生相长，是海洋王国时代促进海洋空间发展的主体力量。

一、东夷族群与社会

东夷是居住在以今山东半岛为中心地区的古代族群。东夷的文化范畴可以与海岱范畴相对应。狭义的海岱区域，如秦汉以后的学者所理解的那样，大致仅指现今山东地区（特别是山东半岛地区）；广义的海岱区域，如考古的大汶口文化和海岱龙山文化的分布区域所显示的那样，则还应包括现今河北省的南端、河南省的东部、安徽省的东北部及江苏省的北部。① 本文所谈的东夷文化即广义的海岱地区东夷族群的文化，尤其是滨海地区东夷文化。

东夷不是一个民族，而是居住在东夷地区土著族群的统称。据《古本竹书纪年》记载："后芬即位，三年，九夷来御，曰畎夷、于夷、方夷、黄夷、白夷、赤夷、玄夷、风夷、阳夷。"《后汉书·东夷传》与此记载相同。"九"并不是实数，而是"多"的意思。从考古资料来看，东夷是山东地区的土著居民。山东新石器时代文化序列从北辛文化开始，中经大汶口文化、龙山文化，下至岳石文化。岳石文化的年代大抵在公元前19世纪到公元前16世纪之间，相当于中原地区的夏朝，这时的山东居民即夏人所称的东夷人。

---

① 张富祥：《东夷文化通考》，上海：上海古籍出版社，2008年，第10-11页。

山东是东夷部族的发源地和聚居地，之后不断向四周迁移。大汶口文化和龙山文化的遗址在辽东半岛、陕西、河南、安徽、江苏北部等地都有发现。但陕西、河南等地的东夷族在当地土著的长期影响和融合下，逐渐失去了山东东夷文化的典型性，而只有山东及其周围地区，尤其是南部的苏北、淮北地区的东夷族，较少受到外来民族的影响而直到商周时期还保留着东夷土著的文化特色。因此，新石器时代和夏、商、周时期的山东及其周围地区如苏北、淮北等地的土著居民，才是历史上真正的东夷族人。

（一）东夷族群

在上古传说时代，东夷族群就有几个著名的部落或酋长，如太昊、少昊、蚩尤、有虞氏舜等。关于这四个部落或酋长的先后，因文献记载比较零散，无法作出具体判断，目前学术界的研究也没有一致意见。有学者认为，太昊和蚩尤大体在山东的北辛—大汶口文化时期，相当于中原的炎黄时代；而少昊和有虞氏舜则较晚，大体在山东的龙山文化时期，相当于中原地区的颛顼至大禹时代。[①]

太昊是东夷鸟族集团中的一个部落。据《帝王世纪》记载："太昊帝，庖牺氏，风姓也。燧人之世，有巨人迹出于雷泽，华胥以足履之，有娠，生伏羲于成纪，蛇身人首，有圣德。"雷泽即雷夏泽，在今菏泽、甄城一带，太昊部落应该在这一地区及其周围活动。太昊在后来的传说中与庖牺氏即伏羲混为一人，对于太昊是否就是"画八卦"的伏羲，学界没有定论。蚩尤是东夷族一位著名的酋长。《路史·蚩尤传》云："阪泉氏蚩尤，姜姓，炎帝之裔也。"蚩尤是炎帝后代，当时号称有兄弟81人，是一个非常庞大的部落。蚩尤时期的东夷族有了较大的发展，势力强大。史载蚩尤善于冶炼和制作兵器，如《世本》载"蚩尤作五兵：戈、矛、戟、酋矛、夷矛"等。蚩尤依靠优良的兵器"威震天下"，不遵从黄帝的命令，并最终爆发了大规模的战争。据《山海经》记载，涿鹿之战时蚩尤请风伯和雨师帮忙，风雨大作，黄帝请天女魃止雨才战胜蚩尤。蚩尤死后，因其生前强大的战斗力，黄帝

① 王震中：《东夷的史前史及其灿烂文化》，载《中国史研究》，1988 年第 1 期。

仍将其画像作震慑天下之用。少昊时期已经进入龙山文化时期，少昊名质，嬴姓，或曰己姓，传说是黄帝的后裔。少昊也是以鸟为图腾的部落，是当时东夷势力最强大的部落，主要活动在曲阜地区。有虞氏舜是传说中的五帝之一，也是东夷部落的酋长，《孟子·离娄下》云："舜生于诸冯，迁于负夏，卒于鸣条，东夷之人。"舜作为东夷部落的酋长后来继承了中原的帝位，说明当时夷夏开始联合起来。舜是姚姓，"目重瞳，故名重华。字都君，有圣德"。舜在古代传说中占有重要地位，他善于法治、天文、耕种、作陶、音乐等，对东夷乃至中原的社会、经济、文化的发展发挥了重要作用。此外，传说时代中东夷族的著名部落还有颛顼、帝喾、祝融、皋陶、伯益等。

禹继有虞氏舜之位，建立了夏朝。夷夏的联合逐步解散，但部分东夷部落转变成为夏王朝的"与国"（即承担贡赋等义务的从属性结盟方国）。上古典籍有关夏朝的文献常有九夷等的记载，如《古本竹书纪年》载："后荒即位年，以玄珪宾于河，命九夷。""九夷"的称号，一般认为是指泰沂山区以东的众多古夷人土著方国或部落，但也包括了泰山以西的一些夷人群体，因为他们都在夏王朝的中心控辖区以东，固中原居民习以"九夷"称之。[1] 夏王朝与东夷的关系甚为密切，以致之后夏文化中心亦逐渐东移，造成了夏文化强烈的"夷化"倾向。

夏王朝之后，汤建立了商王朝。关于商部落的起源问题，以往大多认为在商、亳二地以西地区，但王国维认为亳在今山东曹县，商部落起源于东方，现代以来的一些研究也认为商部落是起源于东方的夷人部落。[2] 商与东夷族一样崇拜鸟图腾，《诗经·商颂·玄鸟》云："天命玄鸟，降而生商，宅殷土茫茫。"《史记·殷本纪》也称："殷契，母曰简狄，有娀氏之女，为帝喾次妃。三人行浴，见玄鸟堕其卵，简狄取吞之，因孕生契。"玄鸟即燕子，商部落始祖的诞生传说与其他东夷部落是相同的，都是以鸟为其祖先，而《史记》的记载更认为商始祖契的母亲是东夷部落酋长帝喾的妃子。契因

---

① 张富祥：《东夷文化通考》，上海：上海古籍出版社，2008 年，第 393 页。
② 参见张富祥：《商先与东夷的关系》，载《殷都学刊》，1997 年第 3 期。

治水有功，被舜命为司徒，封于商，赐姓子氏，后来发展成为一个势力强大的方国，终于在汤时建立商王朝。商王朝时期，其他重要的东夷部落有莱夷、薄姑、商奄、徐夷、淮夷等。

武王灭商，建立周王朝。与商王朝相反的是，周王朝与东夷的关系十分紧张，时常发生大规模的战争。武王去世后，周公辅政，武王之弟管叔、蔡叔、霍叔与商纣王之子武庚联合徐、奄夷、熊、盈、薄姑等东夷部族发动叛乱。周公率兵东征，诛杀了武庚、管叔，"宁淮夷东土，二年而毕定，诸侯咸服"①。周公东征胜利后，将徐夷、奄夷、淮夷等居住地区分封给其长子伯禽，建立鲁国；海岱之间的薄姑等东夷族故地分封给姜尚（姜太公），建立齐国。东夷在周公东征之后势力受到打击，但并没有被彻底削弱。东夷势力后来得到恢复和发展，周王朝的康王、穆王、懿王、厉王、宣王等都与徐夷、淮夷等发生大规模战争。宣王中兴，大力经营江淮地区，对这里的东夷部族大动干戈，《诗经·大雅》的《常武》《江汉》等篇即记载宣王征伐东夷徐国、淮夷战功的颂歌。

（二）东夷社会

东夷在大汶口文化（约公元前3500—前2240年）时已经进入较为稳定的定居生活状态，居住房屋是半地穴式建筑与地面建筑并存。从1966年在江苏邳县大墩子遗址出土的3件陶塑房屋模型来了解，当时房屋的上部建筑有檐，攒尖顶，前面设门，左右和后墙均设窗户。这样的建筑已经考虑到房内的光线和空气的流通了。龙山文化（约公元前2600—前2000年）时期的房屋建筑有所改进，房屋主要有三种形式：半地穴式建筑（较大汶口文化的浅）、地面式建筑和土台式建筑。建筑方式已经普遍采用挖槽起基的技术，台基、居住面和墙体一般都经过夯打。夯筑技术是建筑史上一大进步，为之后大型建筑的出现奠定了基础。

早在北辛遗址（约公元前5400—前4400年）中就发现了编织遗迹，在大汶口文化时期，出土了纺轮、骨梭、骨锥等纺织缝纫工具。龙山文化时期

----

① 《史记》卷三十三《鲁周公世家》。

纺织业有了进一步的发展，出土的布纹制品密度水平更高。随着之后的夷夏相争与交融，东夷人的衣着水平进一步提高，《后汉书·东夷传》中说东夷人"冠弁衣锦"，可以说与华夏无异。当时的东夷人主要从事农业，兼营畜牧、采集、狩猎和捕捞。在大汶口文化时期，粟（去皮后叫小米）和黍（也称稷，去皮后叫黄米）是当时主要的粮食作物，在龙山文化时期稻作兴起，水稻也成为一种重要的粮食作物。东夷人"喜饮酒歌舞"，饮酒之风很盛。东夷的酒可能在北辛文化时期就已经出现了，在大汶口文化时期酿酒有了很大的发展，饮酒之风应该已经形成，如在邹县野店出土的 600 余件陶器中，用于饮酒的有觚形杯 62 件、高足杯 47 件、镂孔高柄杯 39 件，三者共 148 件，占陶器总数的 24.66％。[①] 龙山时期饮酒之风更盛，在考古中出土了一种制作精良的珍贵饮酒器——蛋壳高柄杯。东夷民族也喜爱歌舞，传说舜作箫以及韶乐，韶乐已经达到很高的水平，如孔子在齐闻韶，"三月不知肉味"。

　　东夷古遗址中发现了大量的刻画符号，有些符号已经具有象形的意思。1992 年 1 月，山东大学历史系考古专业人员在邹平丁公遗址的第四次发掘中，偶然发现了一枚刻字陶片，称为"丁公陶文"，引起海内外学者的广泛关注。该刻字陶片为磨光灰陶大平底盆的底部残片，平面略呈梯形，共刻有 11 个单字，自右至左纵向书写，共 5 行，首行 3 个字，其余各 2 个字。经核查比对，发掘者认为该陶文属于海岱龙山文化，比商代甲骨文要早近 800 年，也意味着中国有文字记载的历史从商代晚期提前到了公元前 2200 年左右的龙山文化时代。[②] 该考古发现面世后，争论即接踵而至，支持者有之，反对者亦有，甚至有人认为"不排除人为的恶作剧"，持完全否定的态度。许多古文字学家基本认同"丁公陶文"属于原始文字，但孤证难明，仅此一处发现还很难对此陶文进行定性和阐释，要真正解开谜题还期待更多的考古发现。

　　东夷族群是一个以鸟为图腾的社会共同体，上古文献即以"鸟夷"来称

---

① 山东省博物馆，山东省文物考古研究所：《邹县野店》，北京：文物出版社，1985 年。
② 方辉：《丁公遗址考古又有新发现》，载《山东画报》，1999 年第 3 期。

呼东部沿海地区的夷人部落。如《禹贡》郑玄注云："鸟夷，东方之民，捕食鸟兽者也。"东夷古族少昊氏还建立"鸟官"制度，这种制度其实应该是以鸟图腾崇拜为基础形成的部落社会组织制度。图腾崇拜也是东夷一种重要的宗教信仰形式。图腾崇拜"实际上是自然崇拜（或动植物崇拜）与鬼魂崇拜（或祖先崇拜）互相结合起来的一种宗教形式。但是这种形式有它的特殊意义。图腾崇拜，就其崇拜的直接对象来说，是自然物或动植物，而就其崇拜的内容来说，却具有鬼魂崇拜或祖先崇拜的内容"①。东夷各个部落、氏族都有自己所崇拜的鸟类，除图腾崇拜外，还有自然崇拜、灵物崇拜、灵魂和祖先崇拜等。东夷文化所在的海岱区域，以泰山和大海而著称。"泰山岩岩，鲁邦所瞻"，是周王朝时鲁国的观念。而实际上，泰山崇拜早在史前即已出现，之后越来越演化成一种政治文化，形成最高统治者才能实行的封禅大典。天、社、灵魂、祖先崇拜在史前及古代各地都十分普遍，东夷人的灵物崇拜则包括龟甲、獐牙、猪门牙等。獐牙与猪门牙大多随葬在逝者手中，具有辟邪的作用。东夷宗教崇拜中影响最大的应该是泰山和海洋崇拜。东夷文化起源于海岱地区，至夏商时期也一直以泰山为指向中心，但它诞生之日起，便带有浓重而鲜明的海洋色彩；它受大海的冲击，也受大海的哺育，因此"泰山崇拜和对海洋的憧憬代表了古夷人文化的两大价值取向"②。

二、百越族群与社会

"百越"一名最早出现在《吕氏春秋·恃君》篇，文曰："扬汉之南，百越之际。"据蒙文通先生的考证，"扬汉"乃"扬州之汉水"，即汉代豫章郡之湖汉水，属于今赣鄱水系，而不是荆州的"汉水"。因此，百越的活动区域在长江下游以南的地区。东汉高诱的《吕氏春秋注》中，"百越"释为"越有百种"。《文选·过秦论》中，李善注引《音义》曰："百越非一种，若今言百蛮也。"《汉书·地理志》中，颜师古注引臣瓒亦言："自交趾至会稽，七八

① 朱天顺：《原始宗教》，上海：上海人民出版社，1964年，第56-57页。
② 张富祥：《东夷文化通考》，上海：上海古籍出版社，2008年，第526-533页。

千里，百越杂处，各有种姓。"历代的史家和注家均一致认为，"百越"是对分布在中国东南和南部地区的多个民族的泛称，而非一个单一民族的名称。

（一）百越的来源

关于百越的来源问题，学术界有几种不同的看法。最早提出百越来源观点的应该是司马迁，他认为百越是夏禹后裔。《史记·越王勾践世家》载："越王勾践（古时亦称句践），其先禹之苗裔，而夏后帝少康之庶子也，封于会稽，以奉守禹之祀。"勾践是夏禹后裔，而东瓯、闽越又是勾践的后裔。司马迁的观点其实与他"夷夏同源"的史学思想极为相关，他立论的依据是夏禹在东巡时死于浙江会稽，少康复国后，为"奉守禹之祀"，便封他的庶子到会稽建立藩国，春秋时在会稽建立的越国就成了夏禹后裔的国家。明末学者王夫之也赞同此观点，他在《读通鉴论》中就说："越者，大禹之苗裔。"现代著名学者罗香林、徐中舒、蒙文通等也持此观点。

20 世纪中叶，一些学者提出了百越为古代马来人的观点，以吕思勉和林惠祥为代表。吕思勉在《中国民族史》中说："粤者（即越），盖今所谓马来人。此族之始，似居中央亚细亚高原；后乃东南下，散居于亚洲沿海之地。"[①]马来人南下成为越人，分布居于亚洲沿海、南洋诸岛、日本以及美洲沿海。林惠祥在《南洋马来人与华南古民族的关系》一文中认为，越族"或即为留居大陆之古代马来人即所谓原马来人"[②]。

随着人类学、考古学、民族学、历史学、语言学等研究的深入，学术界逐渐倾向于百越是中国东南土著族群的观点，"越族是中国东南和南部地区创造印纹陶文化的主人，它主要是由当地原始先民发展形成的"[③]。百越的先民是传说时代的"三苗"以及商周时期的"蛮"。三苗的势力也是十分强大的，曾与黄帝部落发生大规模的战争，失败之后向西北和东南迁徙。商周时期，在东南地区代之以"十蛮""越沤""七闽""八蛮"等民族群体，这些是东南地区的土著居民，只是在此之前还不为华夏地区所知晓，文献也无

---

① 吕思勉：《中国民族史》，北京：东方出版社，1996 年，第 229 页。
② 林惠祥：《南洋马来人与华南古民族的关系》，载《厦门大学学报》，1958 年第 1 期。
③ 蒋炳钊，吴绵吉，辛土成：《百越民族文化》，上海：学林出版社，1988 年，第 18 页。

记载。之后周代的重要文献才有记载，《逸周书·王会解》记载的"越沤"是汉文献中出现的最早以"越"为称谓的民族，应是江浙吴、越文化的先民；南面的"沤"与之后岭南的"西瓯""骆越"有一定关系。《周礼·职方氏》记载的"七闽"是居住在福建地区的土著，"八蛮"约指"七闽"以外的东南及南方的土著。《山海经·海内南经》载："瓯居海中，闽在海中。"而最早以"百越"之名出现的记载是在《吕氏春秋》中。《吕氏春秋·恃君篇》载："扬汉之南，百越之际，敝凯诸、夫风、余靡之地，缚娄、阳禺、骓兜之国，多无君。"这些文献记载可以说明越族是居住在东南的土著居民，而且其形成时间远比记录的时间更为久远。

从考古发掘的材料来看，越族也是东南土著无疑。东南地区考古以有段石锛和印纹陶为代表特征，发掘了大量的人类文化遗址，如著名的河姆渡文化、马家浜文化、良渚文化等，都出土了大量的印纹陶。印纹陶延续的时间很长，从新石器时代到汉代都有发现，分布十分广泛，在中国华南与东南沿海的浙江、江西、福建、台湾、广东全省以及江苏、安徽、广西、湖北、湖南等省区的部分地区均有分布，"是中国华南与东南地区古代文化遗存的重要内涵之一"。李伯谦将印纹陶遗址分成七个区：宁镇区（包括皖南）、太湖区（包括杭州湾地区）、赣鄱区（以赣江、鄱江、鄱阳湖为中心）、湖南区（洞庭湖周围及以南地区）、岭南区（包括广东、广西东部）、闽台区（包括福建、台湾和浙江南部）、粤东闽南区（包括福建九龙江以南和广东东江流域以东的滨海地区）。[①] 这些分区，同春秋战国乃至秦汉时期文献记载的百越系中的句吴、于越、闽越、南海、南越、西瓯等分布地区大致相符。这不是偶然的巧合，而应是有其历史的渊源关系。由此可见，百越的主要来源是土著居民，而不是外来族群。

（二）百越族群

百越是中国上古东南、华南地区的土著，原本不属于中原华夏（汉）文化系统。据《史记》《汉书》等文献记载，周汉时期百越主要活动于中国东南

---

① 李伯谦：《中国南方几何形印纹陶遗存的分区、分期及其有关问题》，载《北京大学学报》，1981年第4期。

与华南的江苏、浙江、福建、广东、广西、海南、江西等地区，主要的族群支系有句吴、于越、闽越、东瓯、南越、西瓯、骆越、扬越等。

句吴活动于以太湖流域为中心的长江下游，其主体是商周时期的东南土著荆蛮，后来吴太伯建立了吴国。吴太伯是周太王之子，"奔荆蛮，自号句吴。荆蛮义之，从而归之千余家，立为吴太伯"。句吴是越人一支强大的支系，但关于其早期历史的文献记载很缺乏，直到春秋时期寿梦即位后才在列国之中崭露头角，开始称王，史料记载才逐渐增多。吴王阖闾即位后，在伍子胥、孙武等人的辅佐下，实力强盛，多次打败楚国，攻破楚都郢，迫使楚昭王仓皇出逃。阖闾后来在公元前 496 年的吴越战争中失利，伤指而死，其子夫差即位。夫差立志报仇，于公元前 494 年打败越王勾践，迫使勾践称臣归附。之后，夫差两次打败齐国，大会诸侯于黄池（今河南封丘西南），与晋国争做盟主。

于越居于会稽地区，在今绍兴平原为中心的一带，与句吴比邻相处。于越在国王允常统治时开始强大，至勾践国力最强。吴、越虽然比邻相处，但争战不断。吴国攻楚时，楚国扶持越国攻打吴国，吴王阖闾在战争中受伤身死，吴王夫差即位后大败越王勾践。勾践在范蠡、文种的辅佐下，经过"十年生聚，十年教训"的准备，终于在公元前 473 年灭吴，称霸江淮。这是越国最兴盛的时代。越国后来被楚国所灭，部分越人向浙南和闽北迁徙。秦始皇统一中国后，在吴越地区设立了会稽郡。

东瓯活动于以瓯江流域为中心的浙南地区，闽越的中心地带在闽江流域一带，《史记》认为二者都是越王勾践的后裔。东瓯在战国时成立了王国，后被秦兼并，但仍维持自身的治理，汉代仍被封为王国。在吴楚七国之乱时，东瓯参与叛乱，后因慑于汉军兵力而反戈一击，杀了吴王刘濞向汉廷投降。东瓯因此在西汉建元三年（公元前 138 年）遭到闽越的进攻，被汉武帝发兵解救，之后请求内附，迁徙于江淮之间。闽越在战国时也建立了政权，后也被秦国兼并。闽越君长无诸在楚汉之争时佐汉有功，汉朝建立后封无诸为闽越王，"王闽中故地，都东冶"。无诸之后，闽越与汉王朝的矛盾日显，最终在西汉元鼎年间发动叛乱。汉武帝发兵四路向闽越进军，于西汉元封元年（公元前 110 年）攻占闽越，闽越国除。汉武帝认为闽越人彪悍难治，又数次叛乱，因此下诏将他们迁往江淮流域。

南越亦百越著名的一支。《史记·南越列传》记载："秦已破灭，（赵）佗即击并桂林、象郡，自立为南越武王。高帝已定天下，为中国劳苦，故释佗弗诛。汉十一年，遣陆贾因立佗为南越王。""南越"之名自此始，《汉书》又称为"粤"。《汉书·地理志》载："粤地……今之苍梧、郁林、合浦、交趾、九真、南海、日南，皆粤分也。"南越地区经济文化在先秦时已经有了较大的发展，广东清远马头岗发现的春秋末战国初期的两座墓葬，出土了各类青铜器 64 件，数量多，造型精美。南越是海上丝绸之路的首冲要地，其国都番禺是当时经济贸易的一大都会。南越的军事力量也十分强大，秦始皇付出惨重代价才占领南越，设立桂林、象郡、南海三郡。秦亡后，汉人官僚赵佗自立为南越武王。汉朝建立后，汉高祖为"和集百越，毋为南边患害"，派陆贾出使南越，封赵佗为南越王。赵佗因地制宜，以越俗治越人，同时也保持与汉朝的良好关系。但赵佗死后，以吕嘉为首的土著势力举兵反汉。西汉元鼎五年（公元前 112 年），汉武帝发兵十万讨伐吕嘉。汉军在第二年冬攻入番禺，吕嘉等逃入海中，南越国除。

汉武帝平越后，越民或遁逃山谷为"山越"，或辗转迁徙西南滇、黔及中南半岛山地为今"壮侗语族"诸民族，或就地"汉化"为"似汉非汉"的"华南汉人"，或漂航海上成为东南亚群岛马来民族的重要来源之一。[1] 东南地区的百越在商周时期已经获得较大的发展，其经济文化已经达到一定的高度，尤其是其发达的海洋文化直接被后代所继承。"东南早期土著是一个广义的海洋文化体系，是指面向海洋、取向海洋，与海洋发生直接或间接关系的东南地区早期土著民族文化群体"，"自远古至先秦两汉，中国东南土著人文与东南亚、大洋洲土著人文间关系密切，是东亚地区土著种族、人文的一个相对独立的分区，分布于环东、南中国海的四周，构成一个土著文化传播、融合的海洋性的人文空间。在这个海洋文化发达的时空中，'百

---

① 吴春明：《自交趾至会稽——百越的历史、文化与变迁》，见《从百越土著到南岛海洋文化》，北京：文物出版社，2012 年，第 73 页。

越—南岛'土著先民创造了人类历史上最古老的海洋文明之一"①。

(三)百越社会

百越作为中国东南地区的土著居民，不属于华夏(汉)文化系统，因此百越社会的诸多方面与中原华夏文化是完全不同的。

断发文身是百越社会的特有习俗，也是华夏地区特别强调的区别性标志。《左传·哀公七年》："越，方外之地，劗(zuàn，古"纂"字)发文身之民也。"《庄子·逍遥游篇》："越人断发文身。"《战国策·赵策》："被发文身，错臂左衽，瓯越之民。"断发，即"剪发使短，冒首代冠，而不束发加冠之意"。这与中原华夏的衣冠礼节是决然不同的，《淮南子·齐俗训》就说："中国冠笄，越人劗发。"文身是在人体皮肤上刻画各种纹饰的一种方式，一般会永久地保留在皮肤上。文身也是越人的重要习俗，《淮南子·原道训》中说："九疑之南，陆事寡而水事众，于是人民披发文身以像鳞虫。"高诱注释说："被，剪也，文身，刻画其体，内黥其中，为蛟龙之状，以入水蛟龙不害也，故曰以像鳞虫也。"越人文身是为了在水中活动时避免蛟龙等的祸害，是一种祈求生产、生活安全的意识行为。

除断发文身外，东南百越民族服饰也与中原体系截然不同。《尚书·禹贡》载："(扬州)厥贡惟金三品，瑶琨涤荡，齿、革、羽、毛惟木。岛夷卉服，绩筐织贝。"《赤雅·卉服》中说："南方草木可衣者曰卉服。绩其皮者，有勾芒布、红蕉布，弱锡衣苎麻所为。"卉服即草木之皮制成的衣服，东南百越居于亚热带地区，百越居民以当地丰富的草木资源加工编织成衣服。近代台湾地区的高山族还有以椰树皮、芭蕉皮、树叶制成的衣服，与《赤雅·卉服》中的记载完全相符。以草木制成衣服的习俗，在中国台湾、东南亚岛屿以及太平洋岛屿等"南岛语族"以及非洲东海岸等地区都有见到。《禹贡》中提到的织贝，既是百越先民的一种重要的装饰艺术，也是一种服饰。织贝是经过细致加工的一种贝饰，有些串联成衣服状，可以作为服饰使用。但"岛夷卉服"的现象应该主要在夏商时期，春秋之后，百越地区的纺织技

---

① 吴春明：《"环中国海"海洋文化圈的土著生成与汉人传承论纲》，载《复旦学报(社会科学版)》，2011年第1期。

术普遍较高，盛产葛布、麻布等，勾践曾一次赠送给夫差 10 万匹葛布，其产量是非常大的。因此，百越在春秋战国之后主要以布制衣，可能制作方式和款式不同于中原地区。

东南百越民族居住的地区河、湖、海交叉，水资源分布广泛，又处于温暖湿热地带，降水丰富，因此居住面悬空的干栏式建筑（又称巢居、脚楼）成为百越民族及其先民特殊聚落文化的最重要、最常见的建筑形式。《博物志》卷三《五方人民》曰："南越巢居，北朔穴居，避寒暑也。"《岭外代答》卷四《风土门》载："深广之民，结棚以居，上设茅屋，下豢牛豕。棚上编竹为栈，不施椅桌床榻"，"乃上古巢居之意也"。这种干栏式建筑在史前至秦汉时期的考古发现中屡见不鲜，如新石器时代的浙江河姆渡遗址、吴兴钱山漾遗址，夏商时期的广东高要茅岗遗址等，都发现了干栏式建筑遗址；在战国，秦汉时期的福建武夷山城村的闽越王城遗址中，还建有大型木结构支撑的干栏式"宫殿"。

百越社会普遍流行自然崇拜、图腾崇拜、祖先崇拜、占卜等原始宗教信仰形式。百越的不同支系有不同的图腾崇拜，主要有盘瓠、蛇、鸟等。盘瓠即狗，《后汉书·南蛮西南夷列传》载："帝（高辛氏）有畜狗，其毛五采，名曰盘瓠……乃以女配盘瓠……其后滋蔓，号曰蛮夷。"百越民族的后裔如畲族的盘瓠图腾文化就十分丰富。蛇图腾是常见的一种动物崇拜形式，例如闽越之"闽"字，所表现的就是一种蛇图腾崇拜。《说文解字》就说："闽，东南越，蛇种。"越人的文身多以蛇、蛟龙为形象，也与这种图腾崇拜有关。《山海经》中人首蛇身的神仙形象，其实也是百越蛇图腾崇拜的一种映像。百越的鸟图腾崇拜有悠久的历史，从考古资料来看，百越地区的鸟图腾崇拜远在距今 7 千年前就存在了。浙江余姚河姆渡遗址出土了双鸟纹骨匕，良渚文化遗址出土了鸟形玉器。图腾崇拜都有一定的祭祀仪式，但百越的祭祀仪式在传世文献中都没有记载，尚不清楚其具体的形式。占卜是古代流行的一种求助神灵的宗教手段，据文献记载以及民族志材料，百越地区的占卜至少有鸡卜、蛇卜和占梦三种。

百越居于东南沿河湖尤其是沿海之滨，因此"海洋人文的价值取向是

百越民族区别于内陆性文化的最重要特征"①。东南地区的自然状况，使
百越社会深受海洋的影响，断发文身只是表面现象之一，而其实质内涵就
是百越民族的海洋人文价值取向。《越绝书·越绝外传记地传》载："夫越
性脆而愚，水行而山处，以船为车，以楫为马，往若飘风，去则难从。"
《淮南子·齐俗训》载："胡人便于马，越人便于舟，异形殊类。"百越地区
的舟楫如同中原地区的车、胡人地区的马，是生活和生产的重要工具，
造就了百越丰富的海洋文化。航海与经济的发展还使百越地区成为中国早
期航海和贸易交流中心。《史记·货殖列传》载："番禺亦其一都会也，珠
玑、犀、玳瑁、果、布之凑。"《后汉书·郑弘传》载："旧交趾七郡贡献转
运，皆从东冶泛海而至。"这说明，早在海洋王国时代，东南百越地区的
广东、福建已经是当时重要的交通和贸易之地。"百越先民就是历史悠
久的东南海洋人文传统的奠基者，舟楫是海洋人文的载体，善于用舟是百
越先民的一种天性，东南百越的舟楫区别于中原华夏的车马，是海洋人文
最重要的体现"，而且实际上，"汉唐东南航海活动的繁盛，就是百越
先民人文价值取向上的海洋性在南方汉民文化上的传承、延续。在汉晋
时期汉越文化的深刻融合中，百越文化并非被简单地削弱、摧毁，百越民
族的优秀文化遗产也被吸收于汉民人文中，丰富和发展了东南汉民人文的
内涵"①。

海洋意象下的海洋空间开发

　　由于不同的立场和认识，华夏和东夷百越对海洋产生了不同的意象。
中原王朝的海洋意象是把海作为王权权威的一种象征，而东夷百越民族依海
而生，在长期的生产生活实践中，他们的海洋意象是把海洋当做生活依托。
东夷百越民族在海洋王国时代"行舟楫之便"与"兴鱼盐之利"并举，依靠海洋
发展航海与海洋贸易、海洋渔业、海洋盐业等，是开发、利用和征服海洋空

---

① 吴春明：《自交趾至会稽——百越的历史、文化与变迁》，见《从百越土著到南岛海洋文化》，
　　北京：文物出版社，2012年，第79－80页。

间的主体，促进了中国海洋空间的发展，创造了早期繁盛的海洋文化。

一、海洋王国时代的海洋意象

海洋是中华民族生存和发展的重要环境，是孕育中华文明的摇篮。中国整个东部地区被浩瀚的大海所围绕，渤海、黄海、东海和南海海域广阔，海岸线漫长，还有大大小小的众多岛屿散布其中，赋予中国一个广阔的生存和发展空间。中国古人在史前即开始涉足于海，留下了大量的海洋文化遗迹。在海洋王国时代，东夷、百越在承继先民的基础上继续开发和利用海洋空间，与此同时，东夷百越文化不断和中原华夏文化交争与交融，华夏"大陆文化"因此不断受到东夷百越"海洋文化"的影响。华夏与东夷百越在各自的发展过程中，由于不同的立场和认识产生了不同的海洋意象。

中原华夏地区对海的认识是比较早的，《史记·五帝本纪》载："（黄帝）东至于海，登丸山，及岱宗；西至于空桐，登鸡头；南至于江，登熊、湘；北逐荤粥，合符釜山，而邑于涿鹿之阿。"上古传说时代，黄帝与蚩尤大战，打败了东夷部落的蚩尤，势力扩展至海岱区域。大禹建立夏王朝之后，"东巡狩，至于会稽而崩"。源自东夷族的商部落的势力应该已经达到了滨海地区，故《诗经·商颂·长发》中说"相土烈烈，海外有截"。周王朝建立后，周公东征，征服了东夷族的许多部落，在奄、徐、淮夷之地建立了鲁国，在海岱薄姑故地建立了齐国。中原王朝对海洋的了解也在逐步扩展，而基于中原的中央意象，"四海"也逐渐成为一种中央之外的空间观念，《尔雅》就以华夏以外的九夷、八狄、七戎、六蛮谓之"四海"。此时的"海"只是表象意义上的广阔空间而已，并非实际意义的海洋。《逸周书》中"善至于四海，曰天子""王克配天，合于四海，惟乃永宁"的"四海"则是与"天下"同意的政治空间观念，与《荀子》"用千里之国，则将有四海之听""四海之民不待令而一，夫是之谓至平"中"四海"的意义相同，是当时中原王朝的一种天下观或世界观。秦始皇统一中国后，疆域首次囊括了渤海、黄海、东海和南海，可谓达到实际意义上的四海了。秦始皇五次出巡，四次行至海滨，秦始皇三十七年（公元前210年）在九嶷山祭舜帝之后，"浮江下，观籍柯，渡海渚。过丹阳，至钱塘，临浙江，水波恶，乃西百二十里从狭中渡。上会稽，祭大禹，望于南海，而立石刻颂秦德"①。秦始皇在浙江沿海地区巡视之后，"并海上，北至琅琊"，从海上返回到琅琊郡。秦始皇除巡视沿海地区外，还派徐福等渡海前往海中仙山蓬莱、方丈等地，求取不死仙药。汉武帝也至少十次巡视沿海地区，与秦始皇一样，他也经常派遣术士前往海上求取仙药。先秦、秦汉时期还有对海的祭祀，《礼记·学记》云："三王之祭川也，皆先河而后海。"秦始皇"望于南海"即是这一类的祭祀。

从上述中原王朝对于海洋的认识与举措中可以发现，中原王朝的海洋意象是把海作为王权权威的一种观念象征，巡狩沿海、祭祀海洋只是借海洋的浩瀚、神秘与威力表述统治者对疆域的统治权力，借以震慑域内方国和人民，达到巩固"四海之内，莫非王土；率土之滨，莫非王臣"的统治目的。作为与"天下"相同意义的空间观念，"四海""海内"等从原本的自然话语上升为政治话语，成为中原王朝话语体系下海洋意象的重要表征。虽然王朝话语体系下的海洋意象从属于政治统治，更多的是具有政治文化上的意义，但"政治地理语汇'四海'与'天下'、'海内'与'天下'的同时通行，在某种意义上反映了中原居民的世界观和文化观已经初步表现出对海洋的重视"②，仍是不能忽视的。

相对于中原地区，东部的广阔地域居住着东夷、百越族群，从史前到秦代，他们一直在滨海地带生活，海洋空间是其生存与发展的独特环境。虽然东夷地区在周初被中原王朝占据，东南百越地区也在汉武帝平越之后归中原王朝统治，但中原王朝始终没有建立起对沿海的有效统治，东夷、百越族群保持较为独立的海洋发展方式，在长期的生产生活实践中，海洋成为其生活所依。

海洋空间丰富的资源为滨海的东夷百越民族提供了重要的生活保障。新石器时代的东夷百越先民遗址基本都发现有厚厚的贝壳堆积层，各种贝类层出不穷。贝类生物大部分生活在潮间带区域，品种多，产量丰富，而

① 《史记》卷六《秦始皇本纪》。
② 王子今：《〈史记〉的海洋视角》，载《博览群书》，2013年第12期，第24页。

且极易于捕获，是东夷百越先民重要的生活资源。除海岸的贝类外，海洋渔猎也成为他们重要的生活来源，鱼钩、网、镖、叉以及舟楫的发明与应用，使东夷百越先民有更多的方式和更广阔的海域范围进行渔业捕捞。沿海的主要经济鱼类在各地遗址都有发现，单个鱼类个体甚至达到数十斤。相对于丰歉不定的粮食作物，丰富的海洋资源更成为生活的重要保障。海洋王国时代，东夷百越民族创造了更加丰富的海洋文化，在海洋开发、海洋交通等方面取得更大的进步，海洋与东夷百越民族是不可分割的统一体。"行舟楫之便"与"兴鱼盐之利"成为当时海洋发展的两个突出表现。早在上古传说时代即"刳木成舟，剡木为楫，舟楫之利，以济不通，致远以利天下"，舟楫成为东夷百越族群生活中必不可少的交通工具，而东夷百越民族还借助舟楫漂洋过海，将文化传播到整个环太平洋地区。海洋盛产鱼盐，早在黄帝时即有"夙沙氏始煮海为盐"，在之后有"山东食海盐，山西食盐卤"的区别。沿海的齐国、吴国、越国等国就充分发挥海洋的优势，大力发展渔盐之业，成为当时盛极一时的大国。沿海经济与交通的发展，使东夷百越成为当时内外贸易的重要区域，如东南的番禺成为当时的一大都会。

除经济与交通外，东夷百越的生活方式、习性、风俗、宗教信仰无不受到海洋的强烈影响，因此可以说东夷百越是与海洋结合为一体的族群。犹如中原华夏族群与土地结合为一体、视土地为根本一样，海洋是东夷百越族群生活的根本。海洋自始至终都伴随着东夷百越族群，给他们更为直接的海洋感观，海洋的浩瀚、博大、变幻、神秘，使东夷百越族群的海洋意象更加深刻。东夷百越民族依海而生，是海洋王国时代开发、利用和征服海洋空间的主体，他们创造的海洋文化直接为后来王朝所吸收和传承，是中国海洋文明发展的根基。

二、"行舟楫之便"

（一）海洋王国时代舟船的发展

舟楫是海洋空间开发的重要工具，是海洋交通发展的物质载体。舟楫在上古传说时代已经产生，在浙江河姆渡等新石器时代遗址中就发现了船桨和独木舟模型。独木舟在之后的历史发展中一直存在，如江苏武进淹城出土的 3 艘周王朝时期的独木舟保存较完整，分别长 11 米、7 米和 4.35 米，用整块木头凿空制成，艏艉尖翘如梭形，结构形态轻便。长十几米的独木舟可以提升航行的安全性，也可以承载更多的人员或货物。在福建连江县出土了一艘西汉时期的独木舟，长 7.1 米，是用整段樟木剖面上沿凿空成舱，舱内有火烧、斧凿的痕迹，应该是利用火来烧空树干，再用斧头休整而成。在广东化州鉴江发现的东汉独木舟中，有一艘也发现有明显的火烧、斧凿的痕迹，这应该是独木舟制造的一种普遍技术。

随着技术和工具的进步以及经验的积累，独木舟逐渐发展成为多板结构的木船。夏商时期的青铜斧、锛、凿，尤其是锯的使用与榫卯技术的发展，为切割木板、拼合木板成船奠定了重要基础。虽然传说春秋末期时的鲁班发明了锯，但从考古发现来看，锯在石器时代就已出现。在距今 7000～8000 年的河南裴李岗文化遗址出土了石镰，其刃部有细密的锯齿。与裴李岗文化同时期的陕西临潼白家文化遗址，则发掘出土了骨锯。距今约 7300 年的淮河中游的双墩文化遗址中也发掘出土了骨锯。距今 6000～7000 年的长江下游的马家浜文化遗址中，发掘出了木柱和木柱下的木垫板，有的木板上砍劈、截锯的痕迹十分清晰，许多遗址中出土的兽骨都有经过劈削、锯割的痕迹，说明当时锯已经用于木器和骨器的加工。与马家浜文化同时期的河姆渡文化遗址中也出土了骨锯。约在 5000 年前，青铜器具开始出现。虽然在生产活动中应用较少，但从考古发现与研究来看，夏商时期已经用青铜锯来加工玉器等贵重物品。在安阳北辛庄殷墟的发掘中，曾发现一个骨料坑，其中有一些制作加工骨器的青铜刀、锯、钻等。商代中期的盘龙城遗址也有青铜锯出土。西周之后可能已经有了铁锯的应用。榫卯技术在河姆渡文化时期已经较为成熟，尤其是企口板的发明，标志着此时人们已有相当丰富的木结构设计经验。企口板就是木板拼合的先进技术，应用于造船行业是完全可行的。

独木舟向木板船的发展经历了很长一段时期，夏商时期的木板船多是独木舟扩展而成，周王朝时期的船舶才真正转向结构复杂、形式多样的木板结构制造。这一时期的船舶尚没有很好的考古发现，但上古文献多有船舶类型、船坞的记载。如《尔雅·释水》载："天子造舟，诸侯维舟，大夫方舟，士特舟，庶人乘泭。"根据郭璞的释义，"造舟"即建造时需要架设浮桥的大型船舶，这种船应该是结构复杂的木板船。造这样的大船需要专业化的技术和建造工场，东南沿海的吴、越就有不少大型的建造工场。《越绝书》载："欐溪城者，阖庐所置船宫也。""石塘者，越所害军船也。塘广六十五步，长三百五十三步，去县四十里。""防坞者，越所以遏吴军也，去县四十里。杭坞者，勾践杭也。二百石长、买卒七士人，度之会夷。去县四十里。"这些"船宫""石塘""防坞""杭坞"就是吴、越两国的官营造船工场和泊船的军、民港坞，有些规模很大，适合建造大型的船只。吴、越是当时重要的造船基地，所造船只还作为贡品献给周王朝或作为礼物送给其他诸侯国。如《艺文类聚》引《周书》语曰："周成王时，于越献舟。"《竹书纪年》载，魏襄王七年（公元前 312 年）时，越王送给魏国"舟三百"。这足以说明当时吴越造船技术的先进以及造船数量的增加。吴、越国两国还建立了规模庞大的海上力量，据《越绝书》记载，吴国的战船规格为："大翼一艘，广一丈五尺二寸[①]，长十丈……中翼一艘，广一丈三尺五寸，长九丈六尺。小翼一艘，广一丈二尺，长九丈。"据考证，当时"十丈"约为 24 米，"一丈五尺二寸"约为 3 米，这种尺寸的船只在当时确是大型战船。[②] 除大翼、小翼外，吴国的战船还有突冒、楼船、桥船，"大翼者，当陵军（即陆军）之重车。小翼者，当陵军之轻车。突冒者，当陵军之冲车。楼船者，当陵军之行楼车。桥船者，当陵军之轻足骠骑也。"[③]不同的战船具有不同的功能，这种混合编制的作战船队，其军事力量是可想而知的。汉武帝时期的"楼船军"应该是延续了吴越的传统，曾出击南越与闽越。

（二）中国风帆出现的时代

由船及帆，帆是利用风力推动船舶前进的重要工具。关于中国风帆的

---

① 在不同历史时期，度量衡标准也不同。当时 1 丈约为 2.4 米，1 尺约为 0.24 米，1 寸约为 0.024 米；现在 1 丈约为 3.3 米，1 尺约为 0.33 米，1 寸约为 0.033 米。
② 王冠倬：《中国古船》，北京：海洋出版社，1991 年，第 10 页。
③ 《艺文类聚》卷七七○"桥船"，引《越绝书》。

起源，历来有几种不同的观点。一种认为殷商时期出现了风帆，持这种观点的人大多把甲骨文中的"凡"字解释为"帆"字。如杨槱的《中国造船发展简史》、房仲甫的《殷人航渡美洲再探》、彭德清的《中国航海史（古代航海史）》、唐志拔的《中国舰船史》、徐鸿儒的《中国海洋学史》等，都将甲骨文的"凡"字解释为"帆"来论证殷商时期中国风帆的出现。但据文尚光《中国风帆出现的时代》一文的考证，儒家十三经、诸子百家等创作的先秦典籍以及近现代的《甲骨文编》《古文字类编》等，都没有把"凡"解释为"帆"的，即使司马迁的《史记》中也没有"帆"的记载。因此，我们认为这种观点是经不起推敲的。第二种观点认为东汉时期出现了风帆。朱杰勤在《中国古代海舶杂考》中提出："大致在公元前后，中国航海船舶已知使用风帆行驶在大海上。"[1]杜石然等在《中国科学技术史稿》中，据东汉末期刘熙的《释名》一书中有关"帆"的解释，论证帆出现在东汉时期。在中国文献中明确记载风帆的确是在东汉出现的资料，即马融（99—166 年）的《广成颂》。马融在《广成颂》中描绘道："连舼舟，张云帆，施霓帱，靡飓风，陵迅流，发棹歌。"马融提到的帆是霓帱制作的精美大帆，因此最初的帆应该远在马融所处的年代以前就产生了。

　　第三种观点认为在战国时期出现了风帆。林华东在《中国风帆探源》一文中，不赞同殷商风帆起源之说，基于对战国时代有关海上航行的文献的分析和对战国时期的两件文物的考证，他认为"中国船上的风帆，在战国时代已经在吴、越，或者楚和齐等地开始出现。当然，这是原始的风帆，并不普遍，它可能是顺风便张帆，而逆风即划桨的小型而又简陋的帆船"[2]。《说苑·正谏篇》中说"齐景公游于海上而乐之，六月不归"，六个月的航程不可谓不远，只靠划桨恐难以胜任；《越绝书》说越人驾船"往若飘风，去则难从"，应该是船在风的吹袭下，航向难以控制。林华东举在浙江鄞县出土的一件战国时期的青铜钺为例，其正面镌印有一幅珍贵的图案：下方以边

---

① 朱杰勤：《中国古代海舶杂考》，见广州暨南大学历史系东南亚史研究室：《东南亚史论文集（第一集）》，1980 年，第 11 页。

② 林华东：《中国风帆探源》，载《海交史研究》，1986 年第 2 期，第 87 页。

框线示舟船，船上有 4 个泛舟者，头上有羽冠图案。许多研究者认为此"羽冠"与许多铜鼓图案上那种紧戴在划舟人头上的羽冠不同，若为旗帜之类，又与"水陆攻战纹铜鉴"战船上的旗帜有异，因此他认为"或许这正是一种原始的风帆"。此外，林华东又举湖南出土的战国时代越族铜器镦于来论证，在其顶盘上刻有船纹，其中一种船纹在中部立有一扇状图形很像风帆，也有的船纹在船首尾有桨，中部的图形也似为风帆之属。因此，他提出风帆起源于战国的观点。

综合上述三种观点，风帆在东汉的使用和发展是肯定的，风帆的起源无疑早于东汉，相较于"殷商起源说"和"战国起源说"，我们认为后者论证更合理，更符合历史实际。

（三）航海与海外贸易的初兴

舟船的发展为海洋王国时代航海事业与海外贸易的发展奠定了基础。在史前，东夷百越先民就借助简单的舟、筏顺着海洋漂流到整个环太平洋地区，在海洋王国时代初期的夏商时期，这种航海活动仍在继续。据《盐铁论·错币》载："夏后以玄贝，周人以紫石，后世或金钱、刀、布。"夏以贝为货币，这为偃师二里头夏文化遗址中出土的骨贝和石贝所证明。殷商是以经商闻名的部落，商王朝也继续使用贝作为货币，除天然的海贝外，还有仿制的骨贝、玉贝和铜贝。商王还经常将贝币赏赐给王臣，一些王臣在得到赏赐之后，甚至还要铸造青铜礼器来铭记此事，如"乙酉父丁彝尊"铭文："乙酉，雟侑（右）币子，王曰：'币舟，易（赐）工（功），母（毋）不戒。'商（赏）贝，用乍（作）父丁尊彝。"商王赐给币舟贝，币舟因此作青铜彝尊来纪念。商王帝乙时期的"小子逢（蒿）卣"铭文："乙巳，子命小子逢先以人于堇，子光商（赏）逢贝二朋。子曰：'贝，唯蔑女（汝）历。'逢用乍（作）母辛彝。""朋"是贝币单位，当时以五贝为一串，合两串为一朋，两朋就二十个贝币，商人为此即铸造青铜器进行纪念，因此可见当时贝币在社会中的价值。山东益都苏埠屯一号大墓出土殉葬的贝币达 4000 枚，殷墟贝币的数量极多，估计在万枚以上，还有海螺、文蛤、蛤蜊壳和穿孔螺（包括麻龟壳）等。商王武丁妻子妇好墓的棺内放置贝币约 6880 枚，还有红螺两件，阿拉伯绶贝一件。妇好墓的贝币都是海贝，据鉴定，这些海贝主要分布于中国台湾、南海（为海南与西沙常见种）以及阿曼湾、南非的阿果阿湾等；绶贝分布于中国台湾、南海（以厦门为最北）及日本、菲律宾、暹罗湾、安达曼岛等地区。[①] 此外，殷墟出土了大量的占卜甲骨，还有鲸骨、象牙等物品，而甲骨大部分是来自马来半岛，和海贝一样是海外交换来的舶来品。[②] 从上述考古发现与研究来看，夏商王朝使用的贝、龟甲等海产品主要是从东南沿海、南海甚至东南亚海域等输入的。这些东南亚及南海海域所产的海产品运来的航线，应该是东南百越民族漂航前往东南亚的航线，自东南亚、南海运至广东、福建、台湾和浙江等地区，通过这些地区再沿海运至山东或从汉江流域转运至中原。这条航线其实就是海上丝绸之路的先声。夏商时期，东夷地区还有山东半岛前往辽东半岛的航线，与百越前往舟山群岛、台湾岛的航线一样，都是中国古老的贸易航线。东部沿海各地的点对点航线应该也存在，各海域相互的交流以及沿海与内地的交流开始发展，如《逸周书》载商汤时期宰相伊尹制定的各地贡品条目中就规定：正东以鱼皮之鞸、吴鳅（即乌贼）之酱、鲛𩽾利剑为献；正南以珠玑、瑇瑁为献。这些贡品大部分是东海和处于亚热带、热带地区海域的特产，以这些特产作为贡品，既是沿海地区海洋经济发展的表现，也是沿海与内陆交流进步的表现。

周王朝虽然起源于西北内陆，但对舟船和航行十分重视。据《诗经》记载，文王结婚时，"亲迎于渭，造舟为梁，丕显其光"。而据《尚书大传》记载，商纣王将文王囚禁在羑里（今河南汤阴北），文王部落的散宜生"得大贝，如渠，以献纣"。渠指车辋，为古代车轮的外圈，这么巨大的贝壳应该是产于热带海洋的砗磲，是海洋贝类最大的一种，在当时很可能也是通过东南百越族群从东南亚地区进行航海贸易而来。周武王伐纣时，曾率领大部队乘船渡过孟津，顺利抵达商都朝歌。舟船对战争的重要性让周武王深有体会，因此后来特设了专门管理舟船的官吏，称为"舟牧"或"苍兕"。西

---

① 中国社会科学院考古研究所：《殷墟妇好墓》，北京：文物出版社，1980 年，第 220 页。
② 参见胡厚宣：《甲骨学提纲》，载天津《大公报》，1947 年 1 月 8 日。

周王朝通过周公的征伐，占领了东夷地区，建立齐国和鲁国，东南百越的吴国传说也是太伯建立的，因此周的疆域直接抵达了海洋。东夷在环渤海、黄海地区，是前往朝鲜半岛以及日本列岛的前沿基地。百越人是善于操舟航行的民族，百越在周朝时期一直保持与东南亚等地区的联系，是当时海洋贸易的重要地区，中原使用的龟甲、珠玑等贵重物品大部分是从这里输入的。东夷百越的航海活动还带动了周边地区与周王朝的交流。《韩诗外传》载："周成王时……越裳氏重九译而献白雉于周公。"东汉时期王充的《论衡》一书中也记载，周朝时"越裳献白雉，倭人贡鬯草"，周成王时"越裳献雉，倭人贡畅"。据《尚书大传》载"交阯之南，有越裳国"，则越裳在今越南地区，其在周初即有往来，倭就是日本。雉俗称野鸡，羽毛艳丽；鬯同畅，是祭祀用的酒。此外，在周武王灭商后，商纣王的叔父箕子率五千商朝遗民，带着商代的礼仪和制度到了朝鲜半岛北部，被那里的人民推举为国君，并得到周朝的承认，史称"箕子朝鲜"。箕子朝鲜的建立，进一步拓展了从山东半岛出发，渡越渤海海峡至辽东半岛，再沿黄海北岸东行而达朝鲜半岛西海岸的航路。[1]

春秋战国时期，东部沿海尤其是齐国、吴国、越国的航海事业更加进步。地处山东半岛的齐国是以鱼盐之利为立国之本的强国，吴国"不能一日而废舟楫之用"，越国向例"以船为车，以楫为马"，他们的航海实力远远超过夏商与西周，达到了海洋王国时代的成熟阶段。这时航海活动范围比前代扩大了许多，形成了一些沟通诸侯国之间的航线。据《晏子春秋》记载，当时齐景公对晏子说："吾欲观于转附、朝舞，遵海而南，放于琅琊。"转附即芝罘，在今烟台，朝舞即成山角，在今荣成市。从齐景公的话中可以看出当时齐国有从烟台到成山、再从成山沿黄海南下到琅琊地区的航线。成山被秦始皇称为"天之尽头"，是当时重要的航海中转站。至于山东以南黄海沿岸的航线，可从春秋时期的几次海战中反映出来。例如，春秋末年吴国在阖闾、夫差时期势力强盛，夫差北上与齐国争霸，于周敬王三十五年

---

① 徐鸿儒：《中国海洋学史》，济南：山东教育出版社，2004年，第42－43页。

（公元前485年）派徐承率水军沿海北上进攻齐国。周敬王三十八年（公元前482年），正当吴国争霸中原时，越国范蠡率水军从浙江出发，沿海北上，从淮北攻进淮河，溯流而上截断吴军的后路。吴王夫差为便于北上争霸，组织民力修筑邗沟城（今江苏扬州），自邗沟至末口（今江苏淮安）修筑运河运送粮草。这条运河也称为邗沟，沟通了江淮两大水系，是世界上极为古老的运河之一。黄海沿海的航线基本是从江口出发，溯海北上的。吴、越是春秋后期强盛的国家，通过河海航路与当时沿海沿江地区的部落或国家（如北方的齐国、鲁国、淮夷，南方的闽越、南越）都保持密切的经济贸易交往。而处于吴、越与齐国之间的琅琊也是南来北往的重要航海港口，秦始皇巡海即常经过此地。

　　海洋王国时代后期，即秦始皇统一中国至汉武帝平南越，是东夷百越航海的重要发展阶段，其突出的代表性事件，一是徐福东渡，二是海上丝绸之路的确立与发展。徐福又称徐市，是当时著名的方士。据考证，徐福为徐国后裔，出自东夷少昊部落，与秦、赵等同为嬴（盈）姓，徐为其氏，秦琅琊人。[①]《史记·秦始皇本纪》记载，秦始皇二十八年（公元前219年），秦始皇东巡至琅琊，"大乐之，留三月"。徐福乘机上疏秦始皇，"言海中有三神山，名曰蓬莱、方丈、瀛洲，仙人居之。请得斋戒，与童男女求之"。秦始皇与许多帝王一样，热衷于求取使人长生不老的仙药，因此同意了徐福的请求，派遣他带领童男、童女数千人入海求仙人。但徐福这次出海后却杳无音讯，直到秦始皇三十七年（公元前210年），秦始皇东巡返回到琅琊的时候，徐福因入海求神药数年不得，"费多，恐遣"，因此欺骗秦始皇说："蓬莱药可得，然常为大鲛鱼所苦，故不得至，愿请善射与俱，见则以连弩射之。"[②]大鲛鱼即鲨鱼一类的大鱼，秦始皇后来真的带领兵丁出海，亲自用连弩射杀大鲛鱼。《史记·秦始皇本纪》只此两处记载，秦始皇在当年返回途中就病死了。从这里的记载来看，徐福出海之后又返回到琅琊，并

[①]　参见韩玉德：《徐福其人及其东渡的几个问题》，载《陕西师范大学学报（哲学社会科学版）》，2000年第2期。

[②]　《史记》卷六《秦始皇本纪》。

没有再次出海的记载。但在《史记·淮南衡山列传》中还有一段记载："（秦始皇）又使徐福入海求神异物，还为伪辞曰：臣见海中大神，言曰：'汝西皇之使邪？'臣答曰：'然。''汝何求？'曰：'愿请延年益寿药。'神曰：'汝秦王之礼薄，得观而不得取。'即从臣东南至蓬莱山，见芝成宫阙，有使者铜色而龙形，光上照天。於是臣再拜问曰：'宜何资以献？'海神曰：'以令名男子若振女与百工之事，即得之矣。'秦皇帝大说，遣振男女三千人，资之五穀种种百工而行。徐福得平原广泽，止王不来。"①两者比较来看，《史记·秦始皇本纪》记叙徐福第一次出海即带领童男、童女出发，却没有记叙第二次出海的情况；而从《史记·淮南衡山列传》的记叙来看，徐福第一次出海应该没有带领童男、童女，才会有"礼薄"的托词，第二次出海时才带上男女三千人以及五穀、百工出行。徐福第一次出海寻找仙药近十年，耗费巨大，但仍没有找到所谓的"延年益寿药"，为免于处罚才编造出大鲛鱼阻挡和看见神药的谎话，因此第二次出海干脆一去不复返。

关于徐福到底去了哪里，至今并没有一致的说法。西晋陈寿《三国志·吴主权》载："（孙权）遣将军卫愠、诸葛直将甲士万人，浮海求夷洲及亶洲。亶洲在海中，长老传言，秦始皇遣方士徐市将童男女数千人入海，求蓬莱神山及仙药，止此洲不还。世相承有数万家，其上人民，时有至会稽货布。"②南朝宋范晔《后汉书·东夷列传》载："会稽海外有东鳀人，分为二十余国。又有夷洲及澶洲。传言秦始皇遣方士徐福将童男女数千人入海，求蓬莱神仙不得，徐福畏诛不敢还，遂止此洲，世世相承，有数万家。人民时至会稽市。"③唐代张守节《史记正义》引《括地志》云："亶州在东海中，秦始皇遣徐福将童男女，遂止此州。其后复有数洲万家，其上人有至会稽市易者。"这三位史学家的记叙基本相同，应该是本于同一史料的记载，则徐福航海到达的是夷洲或亶洲，大概在现在的台湾岛与琉

---

① 《史记》卷一百一十八《淮南衡山列传》。
② 《三国志》卷四十七《吴主权》。
③ 《后汉书》卷八十五《东夷列传》。

球一带。但唐代之后的记载却认为徐福航海到达了日本。五代后周义楚和尚撰《义楚六帖》"日本"条称："日本国亦名倭国，在东海中。秦时徐福将五百童男、五百童女止此国，今人物一如长安。"欧阳修《日本刀歌》诗云："传闻其国居大岛，土壤肥饶风欲好。其先徐福祚秦民，采药淹留丱童老。百工五谷与之居，至今器玩皆精巧。"因此，徐福航海到达日本的传言应该是在五代至北宋时期流行的。日本最早的史书《古事记》和《日本世纪》对徐福之事只字未提，说明至少在唐初时期，日本仍没有徐福东渡的传说。义楚和尚的说法是其日本友人宽辅于天皇天德二年（958 年）来中国时告诉他的，宽辅说徐福止于蓬莱即富士山，此时日本才有徐福东渡的传说。正式载入徐福东渡传说的日本史书，是 1339 年的《神皇正统记》。而近现代以来日本也接受此说，有些甚至认为徐福就是日本的祖先神武天皇，是日本的国父。[①] 现代有学者根据徐福东渡的时间与日本弥生文化生成的历史背景，以及今之在日本各地广泛流传的徐福行踪遗迹等进行综合分析，认为徐福航海东渡所到达的目的地就是日本列岛。[②] 当然，"平原广泽"是否真的就是日本列岛，还是别的什么地方，并不特别重要。重要的是，徐福东渡这一事件本身是中国海洋空间发展史上的一件大事。首先，这是中国有文字历史以来明确记载的第一次大规模的航海行动。由于航海时间持续长达数年之久，而且还能够去而复返，这至少可以说明当时的造船和航海技术已达到相当水平，这是中国人面对海洋、走向海洋所必须具备的物质基础。其次，徐福第二次东渡时明确要求随船带去数千男女、诸工百匠和五谷种子，说明已具有向海外移民和向海外发展的思想与要求。因此，虽然徐福东渡带有浓厚的迷信色彩，但确实可以说是中国人面向海洋、走入海洋、寻求海外发展的先声。[③] 有学者甚至评论说："其

[①] 参见李永先：《徐福故里及东渡的探索》，见《徐福研究》，青岛：青岛海洋大学出版社，1991 年。

[②] 参见彭德清：《中国航海史（古代航海史）》，北京：人民交通出版社，1988 年，第 43 - 44 页。

[③] 黄顺力：《海洋迷思——中国海洋观的传统与变迁》，南昌：江西高校出版社，1999 年，第 29 页；倪健民，宋宜昌：《海洋中国》（中），北京：中国国际广播出版社，1997 年，第 55 页。

（徐福）勇于探索、开拓的胆略与精神，足堪与其后一千六七百余年的郑和下西洋、哥伦布发现新大陆、麦哲伦环球航行等世界性航海伟业相颉颃"。[①]

东南百越地区自史前漂流以来，对外的经济贸易联系就从未间断，在海洋王国时代成为对外交流与贸易的重要地区。海洋王国时代后期，海上丝绸之路就是东南百越漂航东南亚航海路线的一脉相承，是东南百越先民几千年漂流航线的传承。秦汉大一统帝国建立后，更多的商民流向这条航路，使这条航路成为航海和对外贸易的交通要道。因此我们认为，海洋王国时代后期不是海上丝绸之路的开辟，而是在百越先民漂航之路基础上的确立与发展。在夏商西周，沿着这条航路输入的主要是作为货币使用的海贝和占卜用的龟甲，这些海贝和龟甲可能是用中国物品交换而来，也有可能是百越先民前往捕捞采掘而得，因此，有人把这条路形象地称为"甲贝之路"。春秋战国以来，海贝和龟甲的需求量大量减少，转为输入珠玑、玳瑁、犀角、象牙、珍珠等贵重物品，中国输出的商品以青铜器、铁器、陶器和纺织品等为主。东南亚大部分地区没有经历完整的青铜时代，在公元前500—前200年，仍处于早期金属时代，陶器、青铜器、铁器并用。东南亚的陶器、石器制作深受中国东南地区的影响，而在秦汉甚至先秦时期还有中国陶器直接输入东南亚地区。据考古证实，东南亚的加里曼丹、西爪哇和苏门答腊南部发现许多汉代陶瓷器，在马来西亚柔佛河流域则出土了许多中国秦、汉陶器的残片。[②] 越南马江下游东山村占围丘遗址（相当于越裳国的位置）出土了一件中国的铁锄头，据放射性碳素年代测定，可能是公元前400年的制品。该遗址发现的铁器很有可能是从中国输入的，同时输入的还有越溪出土的一把战国时代的剑和其他一些青铜器。[③] 战国时期，中国的青铜器和铁器制作技术已经达到了很高的水平，因此中国向东南亚输出先进的青铜器、铁器是十分可能的。中国的纺织技术起源很早，在新石

① 韩玉德：《徐福其人及其东渡的几个问题》，载《陕西师范大学学报（哲学社会科学版）》，2000年第2期，第85页。
② 参见杨保筠：《中国文化在东南亚》，郑州：大象出版社，1997年，第9页。
③ 参见[新西兰]尼古拉斯·塔林：《剑桥东南亚史》第一卷，贺圣达等译，昆明：云南人民出版社，2003年，第101－102页。

器时代的很多遗址中都出土了纺织工具，如浙江河姆渡、福建昙石山遗址都出土了纺轮，在浙江钱山漾新石器遗址中还发现了约4700多年前的丝织品，据考证，这是迄今为止发现的中国乃至全世界出土最早的丝织品。在海洋王国时代，东南百越族群的纺织技术已经获得了很大的发展，其主要表现是斜织机的运用和改进，纺织品种类的增多和质量的提高。江西贵溪越人崖洞墓和广西贵县罗泊湾等地的墓葬中，都出土了斜织机的机具和零件。在贵溪越人崖洞墓中发现了印花织物，表明我国印花技术在2000多年前即出现。百越的纺织品产量在当时是最高的，勾践曾一次就赠给夫差10万匹。当时的纺织品主要有木棉、麻、苎、葛、丝织品等，人称"弱于罗兮轻靡靡"，"交趾缎绨，筒中之苎，京城阿缟，譬之蝉羽……此舆服之丽也"①。交趾属于南越国，缎是青赤色的帛，绨是细葛布，其薄如蝉翼，可见当时纺织技术的进步。海洋王国时代后期，虽然秦汉大一统王朝建立，但百越仍基本维持其海洋性发展道路。中央王朝建立后，国内的商业迅速发展，"海内为一，开关梁，驰山泽之禁，是以富商大贾周流天下，交易之物莫不通，得其所欲"②。这既为百越地区发展海洋贸易提供了更多的交换商品，也提供了一个更大的商品市场，商品与市场最终使百越先民开辟的海上丝绸之路得以确立和发展起来。

三、"兴鱼盐之利"

海洋渔业与盐业自古以来就是沿海地区的重要产业。中国海域广阔，多海湾、岛屿，又有长江、黄河等大的水系的汇入，使沿海地区形成了许多产量丰富的渔场；海岸多滩涂，适合发展养殖业和盐业。在海洋王国时代，东夷百越民族大力发展渔盐之业，极大地促进了沿海经济和社会的发展。

中国沿海主要有四大渔场：一是黄渤海渔场，主要分布在渤海、黄海海域；二是舟山渔场，主要分布在舟山群岛附近；三是南部沿海渔场，分布在广东沿海；四是北部湾渔场，主要分布在北部湾海域。这些渔场主要

---

① 《艺文类聚》卷五十七，引张衡《七辩》。
② 《史记》卷一百二十九《货殖列传》。

位于大陆架水域，海岸带滩涂广阔，海水较浅，光合作用强，浮游生物可以大量繁殖，为海洋渔场提供充足的饵料。沿海也是中国主要海盐产地，如渤海的长芦、辽东湾、莱州湾，黄海的江苏淮北沿海区域，浙江北部沿海及福建沿海等，是自古以来著名的产盐大区。从史前的贝丘遗址来看，海洋渔猎很早就成为东夷百越先民重要的生活来源。随着生产经验的积累，在新石器时代，人们已经会使用鱼钩、鱼镖、鱼叉、渔网以及驾驶舟船进行垂钓和捕捞。海洋王国时代，舟船的发展也促进了海洋渔业的发展，人们借助舟船可以入海洋捕捞。《竹书纪年》载，夏后芒时期曾"命九夷，狩于海，获大鱼"。殷墟出土的甲骨、海贝、鲸骨等，有部分就是产自中国沿海海域。周王朝建立后，原东夷地区的山东半岛分封给姜太公建立齐国，姜太公"通工商之业，便鱼盐之利，而人民多归齐，齐为大国"。鱼盐之利对齐国的发展十分重要。东南百越兴起的吴、越等国家，也发展渔盐之业，成为春秋后期的霸主。

姜太公是东夷人，姜姓吕氏，名尚，又名望，字子牙。姜太公所在的具体地区，据《博物志》和《水经注》记载是山东莒州东吕，因此他是在海滨生长的东夷土著人，为其之后执政奠定了基础。齐国位于山东半岛，被渤海和黄海环绕，巨大的海洋优势适合发展渔盐之业。姜太公到齐国后"简其君臣礼，从其俗为"，使东夷人保持原有的生产和生活方式，发展工商业、渔业、盐业，得到人们的支持，使齐国成为一个强盛的大国。春秋时期，齐桓公即位，任用管仲为相进行改革。管仲提出"官山海"的经济政策，对盐铁业进行管理。他的核心思想是"海王之国，谨正盐策"①，利用海洋发展国家必须处理好盐业政策。在发展盐业的基础上进行盐税改革，"假设每人每月食盐所缴的税是三十钱，一百万人所缴的税收就有三千万钱，以此作为国家的常规收入。"海洋渔业也是齐国立足的重要行业，《管子·禁藏篇》载："渔人之入海，海深万仞，就彼逆流，乘危百里，宿夜不出者，利在水也。"管仲把征收盐税作为增加财政收入的方式，而为发展工商业

---

① 《管子》卷二十二《海王篇》。

及渔盐之业，则采取降低关税的政策。《国语·齐语》云："通齐国之鱼盐于东莱，使关市几而不征。"韦昭注曰："取鱼盐者不征税，所以利诸侯，致远物也。"东莱是齐国海洋渔业和盐业中心，管仲延续姜太公时发展工商业的政策，鼓励商贾贸易，放宽关税的征收，既有利于工商业的流通，也有利于渔盐之业的发展。

海洋渔业和盐业也是百越族群一项广泛和传统的生产活动，在百越社会经济生活中占有很大的比重。海洋渔业产品是百越人生活的重要资源，《逸周书·王会》载："东越海蛤，瓯人蝉蛇，蝉蛇顺食之美。于越纳，姑妹珍，且瓯文蜃，共人玄贝。海阳大蟹，自深桂、会稽以绳皆面向。"《史记》中也说："楚越之地，地广人稀，饭稻羹鱼。"百越民族对鱼类食品的制作与烹饪已经达到较高的水平，《吕氏春秋·本味》中说："和之美者，阳朴之姜，招摇之桂，越骆之菌，鳣鲔之醢。"鲔是金枪鱼一类的大型热带、亚热带海洋鱼类，鲔鱼酱受人们的喜爱，说明当时鱼类加工技术的进步，而对鲔鱼这类大型海鱼进行捕捞，也说明当时捕捞技术的提高。吴、越地区的渔业生产水平相对来说是较高的，《吴越春秋》载："吴王闻王师将至，治鱼为鲙。"据《天中记》的记载，鲙是将鱼腌制后晒干的鱼干，吴王班师后思而食之，"其味美，因书美，下着鱼字，是为鲞字"。范蠡据传是一个善于养鱼的人，勾践退居会稽时，他曾说："臣窃见会稽之山有鱼池，上下二处，水中有三江四渎之流，九溪六谷之广，上池宜于君王，下池宜于臣，蓄鱼三年，其利可至于万，越国当富强。"①从范蠡的描述来看，这样的鱼池不可能是在山上，应该是越国发展河湖渔业或海洋渔业的一个缩影。范蠡离开勾践后到了齐国，"耕于海畔"，据说后来还著有《陶朱公养鱼经》，介绍其养鱼经验。吴、越的海盐业也有一定规模，越国专门设立了管理盐业的官员"朱余"。据《越绝书》记载，越人称盐为"余"，而为何称盐官为"朱余"则不得而知。盐官的设立说明越国的盐业已经具有一定的规模，会稽因为产盐甚至以"海盐"为地名，"海盐，故武原乡，有盐官"。浙江沿海著名的

----

① 《艺文类聚》卷九十六，引《吴越春秋》。

"三余"县——余暨、余杭、余姚，即与产盐有关。余姚是著名的产盐地区，当时为越国的产盐中心。春秋之后，吴、越地区的海盐业获得了较大的发展，甚至一度成为汉代吴王刘濞反叛的财富基础。刘濞"招致天下亡命者，盗铸钱，煮海水为盐，以故无赋，国用富饶"①。刘濞通过开铜山铸钱和煮海水制盐，不用境内人民缴纳赋税就成为国用富饶的诸侯，可见其铸钱业与海盐业的规模之大、产量之多。

四、海洋与海神崇拜

在海洋王国时代，东夷百越的海洋与海神崇拜和中原王朝的祭海完全不同，海洋是东夷百越人民生产和生活的重要依托，对海与海神的崇拜不是为谋取权力，更多的是从生活着眼所产生的对海洋和海神的一种崇尚、敬畏与赞美。

海洋王国时代的海神体系较为原始，最早关于海神的记载在《山海经》之中。《山海经·大荒东经》云："东海之渚中，有神，人面鸟身，珥两黄蛇，践两黄蛇，名曰禺䝞。黄帝生禺䝞，禺䝞生禺京。禺京处北海，禺䝞处东海，是惟海神。"东海海神禺䝞与北海海神禺京是父子关系，是黄帝的后代。《大荒南经》云："南海渚中，有神，人面，珥两青蛇，践两赤蛇，曰不廷胡余。"《大荒西经》云："西海渚中，有神，人面鸟身，珥两青蛇，践两赤蛇，名曰弇兹。"从《山海经》的记叙来看，海神基本是人面鸟身，珥两蛇，践两蛇，更类似古人崇拜的图腾形象。但先秦时期的四海只是虚构的水体，并非实指某一海域。

《山海经》同时记载了四方方位之神，《海外南经》云："南方祝融，兽身人面，乘两龙。"《海外西经》曰："西方蓐收，左耳有蛇，乘两龙。"《海外北经》曰："北方禺疆，黑身手足，乘两龙。"《海外东经》曰："东方句芒，鸟身人面，乘两龙。"四方海神与四方方位神基本是人面、动物身躯，还有蛇与龙护体，说明这些神灵都是与古代先民图腾崇拜相结合的产物。中原以龙为图腾，东夷主要以鸟为图腾，百越主要以蛇为图腾，从四方神灵的

---

① 《史记》卷一百六《吴王濞列传》。

形象特征来看，四海海神与四方方位神都是中原与东夷、百越图腾信仰相互交融而形成的。因此，海神与方位神之间应该也有许多联系，在周王朝时期甚至结合为一体，如传为姜尚所作的《太公金匮》载："四海之神，南海之神曰祝融，东海之神曰句芒，北海之神曰玄冥，西海之神曰蓐收。"四海之神大多直接用四方之神的名称来表述，可能此时"四海"与"四方"一样成为方位的代名词，并与"天下"一样成为王朝话语体系下的空间观念。"四海"意义的转变，使海成为中央王朝的边界，祭祀海与海神只是希望通过海洋神灵维护王权统治的一种政治手段而已。

关于海洋王国时代东夷百越的海神与海洋崇拜的文献甚少，从古文献记载来看，东夷百越的海神与海洋崇拜仍较为原始。百越流行自然和鬼神崇拜，对天地、山川、鬼神进行祭祀。越王勾践"尊天事鬼"，"立东郊以祭阳，名曰东皇公；立西郊以祭阴，名曰西王母。祭陵山于会稽，祀水泽于江洲"。海洋祭祀应该在水泽一类的祭祀之中，而且海洋对越国的经济和军事发展都至关重要，因此有重大活动和事项时，即与天地祭祀一样举行海洋祭祀，如勾践准备起兵灭吴国的时候，"杀三牲以祀天地，杀龙以祀川海"[1]。杀龙祭海，足见其对海洋祭祀的重视。但史籍没有更多关于海洋祭祀的记载，而幸运的是，在广东珠海高栏岛及宝镜湾发现的系列石刻壁画，可以稍弥补史料记载的不足。

1989 年，珠海市博物馆工作人员在位于珠江出海口西岸的高栏岛风猛鹰山坡和宝镜湾海边等地，发现了 6 幅罕见的摩崖石刻图像。当时的古人以阴纹线条，浮雕造型，在花岗石面上敲凿出各种图案、符号。其中，规模最大、保存最完整的是"藏宝洞"东壁的摩崖石刻（以下简称"宝镜湾石刻"）。该石刻长 5 米、高 2.9 米，刻凿在海拔约 55 米高的天然岩洞里。画面由船形、人物、蛇、鸟、鹿、云纹、雷纹、波浪纹及未能识别的十多组图案所组成，部分图案纹饰与青铜器、古陶器上的纹饰相似，其内容丰富，艺术完整，规模宏大，表现了古越人的航海活动和海边生活。[2] 关于宝镜湾

---

[1] 《太平御览》卷一八五，引《拾遗记》。
[2] 珠海市文物管理委员会：《珠海市文物志》，广州：广东人民出版社，1994 年。

石刻的年代尚没有定论,有学者根据其刻凿内容、刻凿手法以及户外摩崖的选择与遗址出土玉石、陶器等形态的比较,推论距今 4200 年至 4500 年之间。① 如此则是海洋王国时代初期即夏商时期的作品。但是这样的推论仍有许多疑点,如石刻与遗址的阶段关系问题以及作者认为当时已经出现了"收放自如"的树皮布和兽皮制作的帆,这是值得推敲的。根据上述的研究,我们认为风帆是在战国时期才出现,在夏商时期即出现如此较为先进的风帆的可能性很小。假使当时已经出现,为何有文字之后的商周时代都没有任何记载?因此,若将相关图像解释为风帆,则石刻的年代应该稍晚一些。虽然年代不能确定,但它确实反映了古越人的航海生活,那是古越人祈求"平安航海"的祈福活动。"具体而言,宝镜湾石刻是居住滨海,以航海、水上作业为生的当地土著民族——古越人,对海上平安的祈祷,对海洋保护神的祈祷,其中也包含对民族先祖的祈祷。嗣后,每当出发之前,或被风暴所袭、困守在岛屿之时,都须隆重举行祭祀图腾、神灵和祖先等宗教仪式,以求祈福攘灾,保佑平安出海,安全到达目的地。上述意境在石刻中有着淋漓尽致的刻画。宝镜湾石刻……有些图案甚至不可名状,但意境却始终如一,倾注了滨海古越人的全部心血、崇拜心理与最高愿望。石刻是在'眺望、祈祷、祭祀'观念的驱使下,以祈祷'平安海航'的主题承续完成之。宝镜湾洞穴本身成了古越人海上通航、作业的安全港,而石刻即是一幅表达群体朝拜的平安祈祷图。"②

古越人这种大规模的祭祀祈福活动可能是部落组织进行的,石刻的产生时间较早,表明海洋祭祀基本与百越先民的海洋开发活动相起始。海洋是东夷百越人民生产、生活的重要依托和保障,人民从生活中感受海洋的恩赐,也从生活中感受海洋的汹涌。因此人们敬畏海洋、崇拜海洋、祭祀海洋,祈求航海与生产的安全,祈求海洋带来生产与生活的安康。

----

① 李世源:《珠海宝镜湾岩画年代的界定》,载《东南文化》,2001 年第 1 期。
② 姜永兴:《古越人平安海航祈祷图——宝镜湾摩崖石刻探秘之一》,载《中南民族学院学报(哲学社会科学版)》,1995 年第 6 期,第 69 页。

第三章

扬帆远海：港口、航路与贸易空间

自汉武帝平南越到黄巢洗劫广州的一千多年间，基本是中国海洋空间的扩展时期。这期间，中国船队扬帆远航，建立起通往印度洋乃至阿拉伯海、非洲沿岸的联系，南海贸易得到进一步发展，并奠定了自己在环中国海海域的主导地位。同时，沿海许多重要的港口城市也因海洋贸易而兴起，并因社会环境、航路等因素的变化而呈现兴衰不一的趋势。尤其是在黄巢洗劫广州后，南海贸易受到严重影响，成为其由盛转衰的一个转折点。其后，在五代十国时期，随着南方王国对海外贸易的鼓励，沿海港口等的发展又逐渐恢复、发达起来。

汉武帝平南越与通往印度洋

在秦汉统一王朝下，疆域得以扩展，中原王朝对海洋的兴趣与对海上奢侈品等的需求，促进了他们对海洋的经略。汉武帝时，通往印度洋的航路已见于正史，中国与印度洋国家的联系越来越紧密，印度文化也通过海路向东方扩展。孙吴以来对周边岛屿和南海的经略，显示中国已将目光投向了更远的海域。

一、秦汉对海洋的兴趣与平南越

公元前 221 年，秦统一六国后，今东北的辽东半岛至浙江省宁波港的海岸地区纳入王朝范围。是年，开始准备越过"五岭"向百越地区进军，至公元前 214 年，浙江南部、福建、广东以及东京（今越南河内附近）沿海相当大的一部分地区置于秦朝的统治之下。早在统一初期，秦始皇对海洋就产生了极大的兴趣：一是对疆域前所未有的满足感以及对海上仙药的向往。秦既已吞并天下，疆域临于海，秦始皇于是"东游海上，行礼祠名山大川及八神，求仙人羡门之属"①，先后巡幸泰山，到达成山（今山东半岛成山角）、芝罘（今山东烟台）、琅琊（今山东胶南与日照之间的琅琊山附近）、碣石（今河北秦皇岛一带）等地。秦始皇四次东巡，均到海滨。但以内陆发

---

① 《史记》卷二十八《封禅书》。

兴的秦国上层对海洋并不熟知，此期间可能重用了一些当时靠近海边居住的齐人、燕人。比较著名的是齐人徐福等上书，"言海中有三神山，名曰蓬莱、方丈、瀛洲，仙人居住。请得斋戒，与童男女求之"①，于是遣徐福发童男女数千人，入海求仙人。另外，使韩终、侯公、石生求仙人不死之药，使燕人卢生入海求仙人。虽然结果终不得药，卢生、徐福等人欺诈秦始皇后逃亡，但可以知道秦时交通向东已到渤海、黄海边上；从秦始皇与后来秦二世巡幸的地点看，也已出现初具规模的海港，沿渤海、黄海海滨贯穿南北的并海道已是当时很重要的海路了。而沿海地区原来齐燕之地的人们不仅熟知近海航道，对远离海岸的海洋也有一些探索和认识。二是海洋经济利益的推动。早在战国时期，东边的齐国等利用鱼盐之利富国强邦的例子已不在话下。秦统一天下后，北方的这些地区已并入版图。而南方百越地区的人们，对沿江苏南部，往来浙江、福建、广东及越南河内附近的近海海道也已熟悉，并经营海上贸易。同时，从这条海道上带回来的奢侈品如犀牛、象牙、翡翠、珠玑、玳瑁等也是秦王朝所需要的。这与有些外籍学者所谓的"7 世纪之前，中国的南部沿海是一片被忽视的边疆……直到 8 世纪，中国朝廷似乎才对来自沿海地区的外国奢侈品产生兴趣"②的说法是完全不一致的。事实上，如王赓武先生所说，"汉族向南扩展的主要动机是在经济方面的。人们早就认识到现在广州周围的西江三角洲以及河内周围的红河三角洲这两个地方的价值"③。于是，秦始皇在公元前 221 年以后，派遣五路大军征伐这些地区，取得胜利后设置了郡级行政管理机构。最早设置的是闽中郡，故地在今福州。然后是南海郡、桂林郡、象郡，包括广东、广西、安南等所谓南越之地，把王朝的南部边境推向今之伐勒拉角（Cap Varella）④，与盛产海产品的南海只有一步之遥。

　　但是，在秦始皇死后，这种统治并未持续下去。公元前 208 年，南海郡

----

① 《史记》卷六《秦始皇本纪》。
② ［美］沈丹森：《中印海上互动：宋至明初中国海上力量在印度洋沿岸的崛起》，载《复旦学报（社会科学版）》，2014 年第 2 期。
③ ［新加坡］王赓武：《南海贸易与南洋华人》，姚楠译，香港：中华书局香港分局，1988 年，第 12 页。
④ ［法］鄂卢梭：《秦代初平南越考》，冯承钧译，上海：上海古籍出版社，2014 年，第 20 页。

尉任嚣病死，南海龙川令赵佗代之行事，以南方偏远绝道聚兵自立。秦亡后，赵佗乘乱取桂林郡、象郡。公元前207年，他自称南越武王。此后，直至公元前196年，新建的汉王朝派遣使节陆贾册立赵佗为南越王，方建立起与中原王朝的官方联系。南越与中原的往来并不密切，至少，中原对南越的产品并不依赖。汉高后时，曾禁与南越关市，南越得不到中原的铁器，赵佗自尊号武帝，发兵攻长沙边邑。汉高后遣兵击之，但"会暑湿，士卒大疫，兵不能逾岭"[1]，后又因汉高后去世而罢兵。当时通往南方的陆路交通虽早已开辟，但从中原直达南海的路途仍是险远。与此同时，赵佗加强了与闽越、西瓯、骆越的联系，并以财物赂遗对方，使其向自己纳贡。在赂遗与纳贡物品时，可能也伴随着各自产品的贸易、互市。无疑，福建沿海往东京湾的海路往来更加频繁。公元前179年，汉文帝再次遣陆贾出使南越，赵佗重新接受了作为汉朝藩臣的身份，并遣使纳贡。在这些贡品的清单中，包括"白璧一双，翠鸟千，犀角十，紫贝五百，桂蠹一器，生翠四十双，孔雀二双"[2]。据王赓武先生的研究，这份清单中未见以往定期贸易中经常提到的象牙、珠玑与玳瑁，是因为"这些物品或许已变得十分普遍，所以不值得作为向皇室进贡之物"[3]。言下之意，自秦初平南越，到汉初文景之时，经过断断续续几十年的贸易交往，中原对南方产品的需求已发生了变化。而这些变化背后可能是交易的扩大，需求的扩大，也刺激了汉王朝向南方海洋的发展。

到汉武帝时，不仅开通了前往西域的陆路，对南方海滨的控制也进一步加强。西汉建元三年（公元前138年），闽越围东瓯，汉武帝遣大夫严助持节发会稽兵，"浮海救之"。建元六年（公元前135年），闽越王郢兴兵击南越，南越告急求救，汉武帝遣将讨闽越，郢的弟弟余善与相、宗族谋划，抱着事不成就逃亡入海的想法，杀郢投降。西汉元鼎五年（公元前112年），南越反叛，汉武帝令江、淮以南十万楼船兵前往讨伐。东越王余善也请求

---

① 《史记》卷一一三《南越列传》。
② 《汉书》卷九五《西南夷两粤朝鲜传》。
③ ［新加坡］王赓武：《南海贸易与南洋华人》，姚楠译，香港：中华书局香港分局，1988年，第18页。

以卒八千人从楼船将军杨仆击南越，但兵至揭阳，又以大海风波为理由，踟蹰不行，首鼠两端，私下派使节去南越。汉军兵分四路南下，在番禺会合。破城后，南越上层人物吕嘉、建德连夜与下属数百人逃亡入海，但都被汉军追回，"以其故校尉司马苏弘得建德，封为海常侯；越郎都稽得嘉，封为临蔡侯"①。其后苍梧、揭阳、桂林一带皆臣服，表示瓯骆隶属汉朝，南越平定。汉破番禺时，楼船将军杨仆请求引兵击东越，但未被允许。后余善反，汉武帝遣"横海将军韩说出句章，浮海从东方往；楼船将军杨仆出武林；中尉王舒温出梅岭；越侯为戈船、下濑将军，出若邪、白沙"，于西汉元封元年(公元前110年)攻入东越之地。杀余善，平东越后，将东越之民迁徙到江淮一带。关于征讨过程，我们可以看到海战以及从海路运兵、追击的史料，说明汉武帝时期不仅是南方海滨地区的人们经常航行于海上，海洋可能成为潜逃者的去处，而且说明中原王朝依靠官方船只装备及对近海航行的掌握，使其已能够控制住原本熟知海洋的百越地区。西汉元鼎六年(公元前111年)设立的日南郡成为中国南方的门户，或许走向南方更远的海域，只需足够的动力吧。

二、通往印度洋

除了为寻找不死之药、海外神仙而组织航海活动以及对南方奢侈品的兴趣，汉武帝对海洋是否有更长远的打算不得而知。值得一提的是，在他统治时期，强大的"楼船军"不仅通过黄海的航线浮海击朝鲜，灭卫氏朝鲜后在其管辖地先后设置乐浪、临屯、玄菟和真番四郡，将朝鲜半岛北部地区纳入汉王朝的统治范围，而且在平南越的过程中也发挥了很大的作用。疆域的扩展和对海滨地区的控制，这本身就已把中国发展的视野引向海洋了。在平南越后不过数十年，在官方的文献中就出现了通往印度洋航线的记载。据《汉书》卷二八"粤地"条记载：

自日南、障塞、徐闻、合浦船行可五月，有都元国；又船行可四月，有邑卢没国；又船行可二十余日，有谌离国；步行可十余

① 《史记》卷一一三《南越列传》。

日，有夫甘都卢国。自夫甘都卢国船行可二月余，有黄支国，民俗略与珠厓相类；其州广大，户口多，多异物，自武帝以来，皆献见。有译长属黄门，与应募者俱入海，市明珠、璧流离、奇石异物，赍黄金杂缯而往。所至国皆禀食为耦，蛮夷贾船，转送致之。亦利交易，剽杀人。又苦逢风波溺死，不者数年来还。大珠至围二寸以下。平帝元始中，王莽辅政，欲耀威德，厚遗黄支王，令遣使献生犀牛。自黄支船行可八月，到皮宗；船行可二月，到日南、象林界云。黄支之南，有已程不国，汉之译使自此还矣。

此段记载中可见，汉武帝以来通往南海的起航地在日南、障塞、徐闻、合浦。冯承钧先生认为起航地在今之雷州半岛，所乘的是中国船舶，在远海中则有蛮夷商贾船转送。王赓武先生认为，"起航的港口既不在今河内周围的三角洲地区，也不在今广州周围的三角洲地区，而是在东京湾的北岸与东岸。徐闻和合浦这两个港口都在广东西部……为什么要使用这些港口，至今仍令人不解。可能是因为最优秀的越人水手都出自广东西部，要不就是该地区的森林已能提供建造船舶的最佳木材。不过，可能性最大的解释是，这两个自周朝以来就是采珠业中心的港埠已成为公认的珍珠市场。等到汉人发觉自己的珍珠不如那些在印度发现的珍珠时，他们便在某种刺激的驱使下，去发展与西方诸国的海上贸易"[1]。沿途经过的国家有都元国、邑卢没国、谌离国、夫甘都卢国和黄支国，藤田丰八、费琅、冯承钧、温雄飞、张星烺、许云樵、韩振华、岑仲勉、朱杰勤等学者对这些地名有考证，说法有差异[2]，但对黄支国基本成定论，认为是在南印度，为当时达罗

---

① ［新加坡］王赓武：《南海贸易与南洋华人》，姚楠译，香港：中华书局香港分局，1988年，第29－30页。

② ［日］藤田丰八：《中国南海古代交通史丛考》，何健民译，北京：商务印书馆，1936年，第96－114页；［法］费琅：《昆仑及南海古代航行考》，冯承钧译，北京：中华书局，2002年，第56－57页；冯承钧：《中国南洋交通史》，北京：商务印书馆，2011年，第2－3页；温雄飞：《南洋华侨史》，东方印书馆，1929年，第17－19页；张星烺：《中西交通史料汇编》（四册），北京：中华书局，2003年，第1854页；许云樵：《古代南海航程中的地峡与地级》，载《南洋学报》第5卷第2辑，1948年，第26－31页；韩振华：《中外关系史研究》，香港：香港大学亚洲研究中心，1999年，第13－95页；岑仲勉：《西汉对南洋的海道交通》，载《中山大学学报》，1959年第4期；朱杰勤：《汉代中国与东南亚和南亚海上交通路线试探》，见广州暨南大学历史系东南亚研究室：《东南亚史论文集（第一集）》，1980年，第1－9页。

毗荼国之都城建志补罗。黄支国以南有已程不国（今斯里兰卡），这是这段史料中记载汉朝使者到达的最远地点。由于航海技术的限制，当时的航线主要是沿海岸行驶。中国官方船舶去往印度洋可能招募了越人的水手，从广东西南部海边出发，经越南沿海，入暹罗湾，然后从陆道穿越马来半岛上那段狭窄的地峡，并可能转搭孟加拉湾的南印度洋的船舶到达南印度。而入海者是隶属黄门的译长负责的，带去的是中国产的黄金、丝绸，交换海外的奇石异物。在相互贸易过程中，沿途的国家还有回访及前来朝贡者。

中国与南印度的往来就这样开始了。其后，掸国（地处上缅甸）、叶调国（今之爪哇，或说在苏门答腊岛）、天竺（今印度地区）、大秦（罗马）等国先后派使者从陆路或海路来汉。《后汉书》卷八十六《南蛮西南夷列传》记，"永宁元年，掸国王雍由调复遣使者译阙朝贡，献乐及幻人，变化吐火，自支解易牛马头。又善跳丸，数乃至千。自言我海西人。海西即大秦地也，掸国西南通大秦。明年元令，安帝作乐于庭，封雍由调为汉都督，赠印绶、金银、彩缯各有差也"。东南半岛的国家从海路来贡，接受册封，从东汉永宁元年（120年）已然。同卷记载，"顺帝永建六年，日南徼外，叶调王便遣使贡献，帝赐便金印紫绶"。《后汉书》卷一一八《西域天竺传》记载天竺之事时特意指出："土出象、犀、玳瑁、金、银、铜、铁、铅、锡。西与大秦通，有大秦珍物，又有细布、好毾𣰅、诸香、石密、胡椒、姜、黑盐。和帝时数遣使贡献，后西域反畔乃绝。至桓帝延熹二年、四年，频从日南徼外来献。世传明帝梦见金人长大，顶有光明，以问群臣，或曰西方有神，名曰佛，其形长丈六尺，而黄金色。帝于是遣使天竺，问佛道法，遂于中国画图形像焉。楚王英始信其术，中国因此颇有奉其道者。后桓帝好神，数祀浮图老子，百姓稍有奉者，后遂转盛。"天竺与中国自陆路早有往来，西域交通阻隔后，汉桓帝于延熹年间派遣使者从海路经日南前往。中国与印度应该在此之前就有贸易往来，要不就不会特意记载其物产。而且，印度佛教在汉末传入中土，除了陆路，也不排除从海路更早传入的可能。当时，印度的商船来到中国沿海，然后就顺便传入其宗教也是自然之事。除了中国，印度还与大秦有贸易、使节等联系，如"西与大秦通，有大秦珍物，又有细布、好毾𢬶、诸香、石密、胡椒、姜、黑盐"的记载，对其物产也是需要的。当时印度船可能就充当了大秦前往中国的中介。《后汉书》卷一一八《大秦传》有记载，"大秦国……与安息、天竺交市海中，利有十倍。其人质直，市无二价，谷食常贱，国用富饶。邻国使到其界首者乘驿诣王都，至则给以金钱。其王常欲通使于汉，而安息欲以汉缯彩与之交市，故遮阂不得自达。至东汉延熹九年（166年），大秦安敦遣使至日南徼外献象牙、犀牛、玳瑁，始乃一通焉。其所表贡并无珍异，疑传者过焉"。虽然学界对大秦使节的身份有所怀疑，但这已说明从地中海到伊朗、印度半岛早就有海路相通，自印度半岛到中国的海路交往也开始频繁。而这种官方直接往来，打通自中国到地中海国家的海路，大概是在汉恒帝时期。而在此之前，中国船只与南印度的交流应已频繁，并且通过南印度中转，前往波斯湾和地中海地区。

三、孙吴以来的海洋经略

到汉末王莽专政时，还特意派遣使团前往黄支。汉朝衰落灭亡后，对南方的控制减弱。三国时期，魏国居北方，虽然也希望得到珠玑、翡翠、玳瑁等南方的奢侈品，并通过马匹与吴国交换，但它与南海的直接联系为占据扬子江以南的吴国所隔断，所经略的远途贸易区域只能是多在陆路往来的中亚或西亚。而蜀国的外界交往也多是依赖西南的陆路交通。原来自汉朝开拓的与南海的往来，为占据江南沿海地区的吴国所继承。同时，因屈居一角，没有北方的陆路交通贸易，也迫使吴国谋求向海外发展，有学者明确指出"六朝时期航海大发展始于孙吴"[①]。

在东吴黄龙二年（230年），孙权就派遣将军卫温、诸葛直率领甲士万人浮海求夷洲及亶洲，后因亶洲绝远未能至，而得夷洲数千人还。亶洲的位置难知，大概是从会稽东冶县入海可至；夷洲，有学者认为是琉球群岛，现在多倾向于是台湾岛。在东吴赤乌五年（242年），孙权再次用兵海南岛，派遣将军聂友、校尉陆凯率兵3万讨伐珠崖、儋耳。孙权重视近岸海岛，

---

① 周运中：《中国南洋古代交通史》，厦门：厦门大学出版社，2015年，第11页。

试图将其土地、人口纳入自己的管理范围，一定程度上也是认识到了近海地区、海岛和南海的重要性。东吴版图下的交州，包括广东、广西以及安南在内，是通往南海的重要站头。当时南海来往的货物频繁在此交易，也有天竺、大秦的商人前来贸易，交趾太守对这些情况也有了解，并曾接待过扶南、林邑等国家的使臣，看到了南海贸易的价值。在吕岱管理交州期间，平定了东京的叛乱，加强了对交州的控制。《吴志》卷十五《吕岱传》记载："岱既定交州，复进讨九真，斩获以万数。又遣从事南宣国化，暨徼外扶南、林邑、堂明诸王各遣使奉贡。"在大概 226 年到 231 年期间，吕岱派出从事往南海地区宣传教化。《梁书》卷五四《南海诸国传》指出，"及吴孙权时遣宣化从事朱应、中郎康泰通焉"。朱应、康泰可能正是《吕岱传》中被吕岱派出的从事。从两处记载可以看到吴国对南海的关注，并且与东南亚半岛南端的扶南建立了比较正式、友好的关系。考朱应、康泰之行程，沿林邑（安南）南下，到达扶南、林阳国（暹罗）等地方，除其重点访问国扶南外，还涉及南海诸国几十个古国和地区。①

当时，与中国联系最紧密的地区是东南亚半岛沿海国家，中国与印度往返的船只是沿着这些地区近海航行的，所以这些地区的动乱直接影响到南海贸易的发展。"在东吴时代，扶南是中国与印度之间最大的王国，它不仅是暹罗湾的主人，而且控制着从交趾支那到马来半岛的所有土地。"②扶南不仅物产丰富，而且处于当时东西方海上贸易的主要通道上。它的出海港在湄公河三角洲地区的俄亥（今越南境内）。在 3 世纪初期，扶南征服了整个暹罗湾的北部地区，并占领了从湄公河三角洲到克拉地峡的所有通道。③东西往来之海船，除中国船、天竺船、波斯船外，在康泰的《吴时外国传》

---

① 关于出使扶南的时间和行程等的争论，可参考陈佳荣：《朱应、康泰出使扶南和〈吴时外国传〉考略》，载《中央民族学院学报》，1978 年第 4 期；陈连庆：《孙吴时期朱应、康泰的扶南之行》，载《东北师大学报》，1986 年第 4 期；许永璋：《朱应、康泰南海诸国之行考论》，载《史学月刊》，2004 年第 12 期。

② ［新加坡］王赓武：《南海贸易与南洋华人》，姚楠译，香港：中华书局香港分局，1988 年，第 55 页。

③ ［新西兰］尼古拉斯·塔林：《剑桥东南亚史》第一卷，贺圣达等译，昆明：云南人民出版社，2003 年，第 160 页。

记载中还有扶南船。正是通过这些船舶，联系着东西这一漫长的海路。印度人和中国人，包括波斯湾一带的水手都时常造访扶南，印度尼西亚群岛上的水手们也将自己的特产包括樟脑等带到扶南，他们在此候风、停泊、贸易，印度文化和中国文化都传播到这个地区。是时，中国有通往南印度的海上航道，并以此为中介通往更西边的安息、大秦，与之交往贸易，但与北印度恒河口附近地区的直接交往与贸易可能尚无。

孙权死后，吴国的海上扩展被放弃。新兴的晋朝统一三国后，对南方的珠玑、翡翠、玳瑁等物虽有需求，但安南地区的动乱妨碍了它往海外发展。虽然中原士族南渡，汉人充实了南方的一些地区，但因为失去富饶的黄河平原，国家力量集中于与北方势力的抗衡，无暇发展海外。整个两晋南北朝时期，国家内部不太安定，海外朝贡使团能否前来与沿海形势有很大的关系，南海贸易只在短暂的安定时期才见起色。这期间，因印度文化的对外传播，佛教也从海道输入中土，有一些求法僧从海路往来，并带动了南海的贸易。

比较显著的例子，如法显于东晋隆安三年（399年）自陆路去天竺后，大约在409年自天竺航海东归，途中至斯里兰卡，留居两年后继续航海回国，于东晋义熙十年（414年）还至山东半岛。据《佛国记》记载，法显可能是搭乘印度人的船舶回国的，途中停泊的斯里兰卡、苏门答腊，可能是当时往南印度途中的商业中心。法显等人原来打算抵达的地点是广州，但因风雨不顺才至青州境内。这说明广州当时也是海上贸易中一个重要的港口城市，且早已有自印度洋东来、经马六甲海峡到达广州的熟道。除法显外，从南海往来传播佛法的僧人，史料可考者还有佛驮跋陀罗、智严、昙无竭、道普、求那跋摩、求那跋陀罗、僧伽婆罗、曼陀罗、拘那罗陀和须菩提。这十人中有五人明确指出自南海回至广州，其中一人至东莱，有三人是扶南人，且泛海乘天竺船，说明当时佛教东传，锡兰—扶南—广州的路线是很重要的。所以，这一区域的动乱与否会影响到南海的往来。

僧人们的往来，往往会携带佛经、佛像等与宗教相关的器物。国家上层尤其是梁武帝时期对佛教的推崇，也推动了中国与佛教国家的交往。南海贸易由完全经营奢侈品开始转为主要经营寺庙僧众信仰所需的商品，除了原来的玳瑁、海贝、犀牛、象牙、黄金、白银等物品，还出现了用于寺庙礼仪的香料、琉璃瓶，各种名贵材质制成的佛像、装饰品等器物。"圣物"成为南海贸易中很重要的一部分，对有关物品需求的进一步扩大，使经略南海变得更具价值。

589 年，隋朝统一全国，结束了南北分裂的局面。隋文帝对往南方海洋发展的兴趣并不大，但到他的儿子隋炀帝时期，出于对南方奢侈品的需求和自身的好大喜功，隋炀帝对海外产生了兴趣。在 604 年，他派遣刘方率领万余人自河内浮海攻伐林邑，在 605 年登陆成功，并迫使林邑国王从海上逃遁。隋炀帝征服了林邑，并设置三个新郡：比景、林邑、海阴。无疑，通过直接控制这个地区，可以更好地控制南海贸易，更直接地获得南海的物品。其后，在隋大业三年（607 年），隋炀帝又派出两个使团前往更远的地方，一个出使流求，一个出使赤土与罗刹。关于流求一事，据《隋书》卷八一《流求国传》记载：

> 大业元年，海师何蛮等，每春秋二时，天清风静，东望依希，似有烟雾之气，亦不知几千里。三年二月，炀帝令羽骑尉朱宽入海求访异俗，何蛮言之，遂与蛮俱往，因到流求国。言不相通，掠一人而返。明年，帝复令宽慰抚之，流求不从，宽取其布甲而还。时倭国使来朝，见之日："此夷邪久国人所用也。"帝遣武贲郎将陈棱、朝请大夫张镇州率兵自义安浮海击之。至高华屿，又东行二日至鼊屿，又一日便至流求。初，棱将南方诸国人军，有昆仑人颇解其语，遣人慰谕之，流求不从，拒逆官军。棱击走之，进至其都，频战皆败，焚其宫室，虏其男女数千人，载军实而还。

据考，流求很有可能是今台湾岛。隋炀帝了解到这个海岛后，因交往不太成功，便派出一支原来生活在南方且熟悉海洋环境的远征军在汕头附近渡海出征（可能经澎湖列岛中的某一岛），到达台湾岛后，掳掠男女数千人而返。在这次出征后，隋炀帝并未设置郡县管理这个海岛。但是，当时福州、汕头地区与台湾岛的渡海交往应该也不稀少了。关于赤土一事，《隋书》卷八二《赤土传》记载：

> 炀帝即位，募能通绝域者。大业三年，屯田主事常骏，虞部主
> 事王君政等请使赤土，帝大悦，赐骏等帛各百匹，时服一袭，而遣
> 赉物五千段，以赐赤土王。其去程，"其年十月，骏等自南海郡乘
> 舟，昼夜二旬，每值便风，至焦石山，而过东南，泊陵伽钵拔多
> 洲，西与林邑相对，上有神祠焉。又南行至狮子石，自是岛屿连
> 接。又行二三日，西望见狼牙须国之山，于是南达鸡笼岛，至赤土
> 之界。其王遣婆罗门鸠摩罗以舶三十艘来迎，吹蠡击鼓，以乐隋
> 使，进金缫以揽骏船"。其回程，浮海十余日，至林邑东南，并山
> 而行，其海水阔千余步，色黄气腥，舟行一日不绝，云是大鱼粪
> 也。循海北岸，达于交趾。骏以六年春与那邪迦于弘农谒帝，帝大
> 悦，赐骏等物二百段，俱授秉义尉，那邪迦等官赏各有差。

据考证，赤土在林邑之西，暹罗湾以南，马来半岛西部。① 从其去程与
回程看，应该是当时南海往来的两条固定航线。常骏一行人从广州出发，
沿着安南沿岸，入暹罗湾，再沿着缅甸海岸航行，至马来半岛东岸的鸡笼
岛，再进入赤土国界。回去的时候，可能是对穿暹罗湾，与原来的沿岸航
行略不同。当时前往印度的重要航线，除可能过马六甲海峡外，穿越赤土
狭长的地峡仍是一条非常重要的路线。在三国时期与吴国联系紧密的扶南，
其在海上的地位可能在隋朝时为赤土所取代。扶南在 514 年后内乱不断，
国势逐渐衰落，到 627 年前后为真腊所灭。而扶南衰落的深层次原因则在
于，"途经马来半岛和扶南港口的贸易路线逐渐被经巽他海峡的南方航线所
取代。大约 4 世纪时，来自苏门答腊等东南亚其他地区的商人就开始绕过
扶南把当地出产的香料等直接运往中国"②。可能由于航路的拓展与变化，

---

① 关于赤土方位的考证，可参考韩振华：《常骏行程研究》，载《中国边疆史地研究》，1996 年第 2
　期；Paul Wheatley：The Golden Khersonese，Penerbit university Malaya kualalunpur 1980，32；［法］
　费琅：《昆仑及南海古代航行考》，冯承钧译，北京：中华书局，2002 年，第 25 页；许钰：《赤
　土考》，见《古代南洋史地丛考》，北京：商务印书馆，1958 年，第 16 - 29 页；陈碧笙：《隋书
　赤土国究在何处》，载《中国史研究》，1980 年第 4 期；［泰］黎道纲：《赤土国方位研究》，见
　《泰境古国的演变与室利佛逝之兴起》，北京：中华书局，2007 年，第 123 - 132 页。
② 梁志明，李谋，杨保筠：《东南亚古代史：上古至 16 世纪初》，北京：北京大学出版社，2013
　年，第 151 页。

从出使扶南到出使赤土，中国也向更远的海域发展。

从秦汉到隋朝，在天下分分合合间，中国完成了向海洋的踏步，并将眼光投向更远处的海域。在一段很长的时期，海洋的气候、环境限制着航行的范围，航行的风险很大，航线基本是以近海为主，需要依赖沿岸地区导航与补给。王朝对沿海周边的控制力，与沿航线地区的动乱，往往会影响到中国的海洋发展空间。值得一提的是，这个时期中国在南海的活动并以"涨海"来命名这一海域已见于史册，如东汉杨孚的《异物志》卷九中记载"涨海崎头，水浅而多磁石"，三国时期万震的《南州异物志》记从马来半岛往中国时，"东北行，极大崎头，出涨海，中浅而多磁石"，康泰《扶南传》中提到"涨海中，倒珊瑚洲，洲底盘石"。南海成为中国活动的海洋空间，后世文献对它的记载更为详细。在中国通往东南亚、南亚的过程中，并不是一帆风顺的，常常受到内外因素的制约，也需要依赖沿途国家的船舶和其他有利因素。但在下个朝代，往东及往南的海上空间被进一步扩展，中国在海外的名声越来越显赫，外族的船只、人口、货物从海上纷纷涌来。

唐定东北亚与南海贸易

唐朝建立之初，经济力量还很弱，对周边多采取怀柔政策。据《新唐书》卷二一五《四夷传》记载，"尝与中国抗衡者有四：突厥、吐蕃、回鹘、云南"。但唐太宗积极安定内陆地区，在 630 年除掉了中国外部最大的威胁东突厥，随后又令西突厥、中亚绿洲中的一些王国和吐谷浑等臣服，往中亚、波斯、东罗马帝国的"丝绸之路"得到控制。唐朝对西域的经营使自己能在一段时期基本无内顾之忧，也就为向海洋发展提供了一定的条件。同时，唐朝凭借军事、文化力量的强大和对外积极开放的政策，不仅稳定了东亚海域的秩序，东北亚国家最终形成了以大唐为中心的文化圈，而且使南海贸易有了新的进展。

一、唐代的东北亚海域

唐太宗出兵征高句丽，并不只是出于征讨的雄心和对国力的自信，而是有历史渊源的。在中国典籍的记载中，朝鲜半岛尤其是北部早期的政权，从箕子朝鲜到卫满朝鲜都被认为是华夏族作为最高统治者所建立的，而汉武帝设置乐浪、玄菟、真番、临屯四郡，高句丽北部和中部地区原来就在汉朝的行政管理之下。只是，这些地区乘汉末至魏晋国家内乱时逐渐脱离中央的控制，所以到隋唐国家统一时，自然就希望恢复原来的领土。隋朝几次征高句丽，均未取得成功。641 年，唐太宗公开指出高句丽在汉武帝时曾是中国的一部分，如果唐朝从陆、海两路进攻，高句丽可能再度被征服。[①] 当时朝鲜半岛三国分立而高句丽独大，且内部政变中泉盖苏文杀死了认可唐朝的容留王，若其与靺鞨或对朝鲜半岛有野心的日本联合，对东北亚局势的稳定可能会有威胁。于是，从唐贞观十八年（644 年）开始，唐太宗准备远征，但直至 649 年去世，都未成功。辽东道远，运粮艰难，所以除陆路外，对海道也有利用。《资治通鉴》卷一九七记载，644 年唐太宗敕令将作大监阎立德等诣洪州、饶州、江州，造船 400 艘，来运军粮。645年，张亮率舟师自东莱渡海，袭卑沙城。唐太宗还在 647 年命令四川及其以南地方建立庞大的舰队，可惜未出征太宗就去世了。这些记载说明当时能够造大船的地方有很多，唐朝的海军力量在东亚海域还是很强大的，到唐高宗再次征高句丽时，海军的作用得到发挥。唐永徽五年（654 年），唐高宗恢复对高句丽的进攻，派大将苏定方率水陆大军十万自山东半岛渡黄海至百济，开辟南方战场。据熊义民推算，当时运粮运兵的船只当有上千艘。唐朝灭百济后，大军主力撤回，以赴北方战场实现南北夹击高句丽的计划，留屯百济的刘仁愿和刘仁轨部大概只有万余人。就在这种情况下，663 年日本派来三万多倭军介入此战。[②] 当年八月，唐军与倭军在白江口（今韩国锦江口）大战，唐军大胜。据《旧唐书》卷一九九《百济传》记载，"于是仁师、仁愿及新罗王金法敏帅陆军进，刘仁轨及别帅杜爽、扶余隆率水军及粮船，自熊津江往白江以会陆军，同趋周留城。仁轨遇扶余丰之众

---

① [英]崔瑞德：《剑桥中国隋唐史：589—906 年》，中国社会科学院历史研究所译，北京：中国社会科学出版社，2007 年，第 209 页。
② 据韩昇推算，倭军人数总计约 32 000 人。韩昇：《白江之战的唐朝兵力》，见《海东集》，上海：上海人民出版社，2009 年，第 159 页。

于白江之口，四战皆捷。焚其舟四百艘，贼众大溃，扶余丰脱身而走。伪王子扶余忠胜、忠志等率士女及倭众并降"。又《刘仁轨传》记，"仁轨遇倭兵于白江之口，四战捷，焚其舟四百艘，烟焰涨天，海水皆赤，贼众大溃"。日本方面的记载更为详细，《日本书纪》卷廿七"天智天皇二年八月"条记，"大唐将军率战船一百七十艘，阵列于白村江。戊申，日本船师初至者，与大唐船师合战，日本不利而退。大唐坚阵自守。己酉，日本诸将与百济王不观气象，而相谓之曰：'我等争先，彼应自退。'更率日本乱伍中军之卒进打大唐坚阵之军。大唐便左右夹船绕战，须臾之际，官军败绩，赴水溺死者众，舳舻不得回旋。朴市田来津仰天而誓，切齿而嗔，杀数十人，于焉战死。是时百济王丰璋与数人乘船逃去高丽"。结合日本的记载，唐军有战船170艘，但没有记载日军有多少战船；唐军焚毁日军船只400艘，数量上未必准确，但从日军大败的状况来看，被焚毁的船只应该不在少数。唐日军队在数量上相差颇大，但日军被唐军打得大败，可见当时唐朝海军已有一定的规模，且经过了良好的训练，进退有方，故日军船只一到白江口，唐军就严阵以待，将之彻底打败。据研究，当时唐船应该比日本舟船要大、要结实，其战舰的组成类型可能包括楼船、艨艟、斗舰、游艇、海鹘等，海军所配备的武器除常用的刀、剑、矛、枪、弓、弩等轻兵器外，应该还有绞车弩、砲车、拍竿等杀伤力较强的重兵器，此外还有火箭、火药之类。[1] 可以说，唐朝的海军装备是东北亚国家中最先进的，造船工业之发达也为发展海上力量创造了基础。

　　白江口海战的胜利不仅为之后征灭高句丽打下基础，更使得日本的势力退出朝鲜半岛。中日学者们大多认为此战之后，日本改变原来积极扩张的态势，在唐宋很长的时期内都不再派兵外出作战，而转向内敛、和平和谋求自我发展。[2] 其后，唐高宗联合新罗灭高句丽，668 年后进入新罗统一

① 熊义民：《从平百济之役看唐初海军》，见王小甫：《盛唐时代与东北亚政局》，上海：上海辞书出版社，2003 年，第 83－84 页；张晓东：《隋唐经济重心南移与江南造船业的发展分布——以海上军事活动为中心》，载《海交史研究》，2015 年第 1 期。
② 王小甫：《总论：隋唐五代东北亚政治关系大势》，见王小甫：《盛唐时代与东北亚政局》，上海：上海辞书出版社，2003 年，第 21 页。

朝鲜半岛时代。唐朝平定朝鲜半岛，稳定了东北亚的格局，也遏制了日本海洋扩张的野心，东北亚海域形成以唐朝为中心的政治、文化圈。新罗、日本与唐朝的海上往来，也为日后东北亚海域的发展打下基础。

朝鲜半岛与中国之间很早就有往来，据韩国磐先生的研究，自东晋咸安二年至唐永徽三年，中国与百济遣使来往共 58 次，东晋南北朝时计 33 次，隋唐时计 25 次。新罗与中国的往来，从梁普通年间至后唐长兴年间，计 130 次以上，唐时计 120 次以上。① 新罗与唐朝的交往无疑是突出的，应该是和唐朝通使往来最多的邻国。由于位于半岛北部的高句丽截断南方往辽东入唐的陆路，因而海上交通颇发达。《新唐书》中贾耽考证《方域道》里所记载的唐朝对外交通的七条重要路线，就提到一条前往朝鲜半岛的海路："登州海行入高丽、渤海道。"据记载：

> 登州东北海行，过大谢岛、龟歆岛、末岛、乌湖岛三百里。北渡乌湖海，至马石山东之都里镇二百里。东傍海壖，过青泥浦、桃花浦、杏花浦、石人汪、橐驼湾、乌骨江八百里。乃南傍海壖，过乌牧岛、贝江口、椒岛，得新罗西北之长口镇。又过秦王石桥、麻田岛、古寺岛、得物岛，千里至鸭渌江②唐恩浦口。乃东南陆行，七百里至新罗王城。自鸭渌江口舟行百余里，乃小舫溯流东北三十里至泊汋口，得渤海之境。又溯流五百里，至丸都县城，故高丽③王都。又东北溯流二百里，至神州。又陆行四百里，至显州，天宝中王所都。又正北如东六百里，至渤海王城。④

其道路是从登州往东北方出发，渡海至新罗，然后从陆路往高句丽，再越过鸭绿江到当时的渤海国。实际上，去往新罗的海上路线不止这一条，从《入唐求法巡礼行记》看，记载了浙东明州、扬子江口、楚州、海州、登州共五处通往新罗的海道。韩国磐先生总结的去往新罗的海路为：第一条是唐往新罗的南边海路，由钱塘江口明州至新罗；第二条从扬子江口往新

---

① 韩国磐：《南北朝隋唐与百济新罗的往来》，载《历史研究》，1994 年第 5 期。
② 即鸭绿江。
③ 这里指高句丽。
④ 《新唐书》卷四三《地理志七下》。

罗，新罗可由此路到苏州、扬州；第三条从扬子江以北出发，从楚州山阳县通过淮河出海至新罗、日本；第四条是从楚州山阳县以北的海州往新罗、日本；第五条即从登州牟平县唐阳陶村的南边往新罗。新罗的留学生、僧徒倾慕华风，不惜冒惊涛骇浪来唐者亦不在话下。据严耕望先生的研究，"新罗留唐僧徒之法号可考者已逾一百三十人……而半岛僧徒入唐求法者之众多，决非列举所能罄尽也"①，其他学者有统计出更高的数字。通过留学生、僧徒的往来，一是将唐文化带回半岛，当时中国佛教正盛，得到新罗朝野的向往，留学僧返国者往往得到极大的尊崇，直接影响到半岛社会文化的构成与发展，促进了东北亚各国以中华为中心的文化格局；二是这些人久居中国，尤其在山东半岛至海州、楚州一带，新罗人旅住者甚众，甚至形成了一些新罗人的聚居区——新罗坊。除了入唐求法、求学者，新罗商人也来往海上。新罗与唐朝的贸易往来，从官方的交易上看，"据两《唐书》《册府元龟》等记载，由新罗进入唐朝的，动物有果下马等，海产有海豹皮等，金属有金、银、铜等。佛事有金银佛像、佛经、幡等，金属工艺品有镂鹰铃等，纺织品有朝霞绸、鱼牙绸、纳绸、布等，药物有牛黄、人参等。唐朝入新罗的器物有金银钿器物、金带、银钿带、银带、鱼袋等，衣服有紫罗绣袍、锦袍、紫楚、绿袍等，纺织品有锦彩、彩绫、瑞文锦、五色罗彩、绢、帛等，动物有白鹦鹉等"②。同时，民间经济交流也很发达，在新罗统一朝鲜半岛前后，就可以看到民间商船的往来。《宋高僧传·唐新罗国义湘传》记载，唐总章二年（669 年），义湘来到唐朝就是乘商船在登州上岸的，游学一段时间后，又往登州寻找商船回国。登州应该是当时新罗商人往中国贸易的一个很重要的港口，除登州外，前文提到的几条往新罗海道的出海港市应该也因使节、贸易的往来而发展，聚居了不少外国人。正是在这种环境下，9 世纪 30—40 年代的东北亚海洋贸易圈中出现了张保皋这样的海商。

　　张保皋，朝鲜史料中称弓福、弓巴，日本史料中称张宝高。在《新唐

---

① 严耕望：《新罗留学生与僧徒》，见《唐史研究丛稿》，新亚研究所，1969 年，第 479 – 480 页。
② 韩国磐：《南北朝隋唐与百济新罗的往来》，载《历史研究》，1994 年第 5 期。

书》和《樊川文集》中，提到张保皋从新罗来到唐朝，当过徐州军中的小将，在唐太和三年（829年）回国后，"谒其王曰：'遍中国以新罗人为奴婢，愿得镇清海，使贼不得掠人西去。'清海，海路之要也，王与保皋万人守之，自太和后，海上无鬻新罗人者"①。在新罗王的赏识和支持下，张保皋担任青海镇大使，肃清了掠卖新罗人的海盗。青海镇，即今韩国全罗南道的莞岛，是当时东北亚航海路线上的一个重要港埠。张保皋占据此港口，迅速壮大起来，其海上贸易以新罗清海镇（港）、大唐明州、登州等港口和日本九州博多港为中心和联结点，成为从事唐、日、罗贸易交流的海商。据研究，他主要通过居中贩卖唐、日的货物获利。② 张保皋不仅拥有强大的资产、商团和船队，而且参与了新罗内部的政治纷争。当时，前往唐朝的学问僧、留学生就有搭乘张保皋商船者，聚居在唐的新罗人也多少受到他的影响。张保皋在海上的势力说明了新罗作为唐、日的往来中转地，一度在海上起到了很大的作用。张保皋死后，新罗人继续从事海上贸易，但大约在9世纪中叶，中国的商船主导了东北亚海域。唐代明州商帮包括李邻德、李延孝、张支信、李处人、崔铎等商团，纷纷渡海前往日本，其规模更是非新罗可比。他们往返于日本与浙江诸港，以经卷、佛像、佛画、佛具、书籍、药品、香料等交换日本的砂金、水银、锡、绢等。日本学者堀敏一认为张保皋代表了新罗海上活动的鼎盛时期，当时活跃在东北亚海域的商人、商船多是中国人（包括当时的渤海商人）、新罗人，而不见日本人的身影。"大概可以圆仁回国的年代为界，中国商船取代新罗，占据优势……根据圆珍的记载，渤海人也和新罗人一样居住在唐朝国内，从事东方海域的贸易活动。从唐末开始，东方海域的贸易活动，在中国国内商业发达的背景下，多由中国商人进行。"③

日本在唐代时海上力量并不强大，海商活动也不多，可见的是通过遣唐使、僧侣、留学生前往大唐。日本自隋开皇二十年（600年）开始派出遣

----

① 《新唐书》卷二二〇《东夷传》。
② 刘凤鸣：《山东半岛与古代中韩关系》，北京：中华书局，2010年，第256页。
③ ［日］堀敏一：《隋唐帝国与东亚》，韩昇，刘建英编译，兰州：兰州大学出版社，2010年，第160－161页。

隋使，唐时称遣唐使。中日间的航路主要有：①北路"沿岸航线"，从难波（今大阪市）出发，经九州博多（今福冈市），过朝鲜海峡，沿朝鲜西岸北上，再穿越黄海，在山东半岛登州或者长江下游口岸登陆；②南路，从九州五岛列岛直接斜穿东海，到达长江口岸；③南岛路，比南路更南，由九州西岸南下，经过南方诸岛，再正面横穿东海到达明州（今宁波市）。① 其中南路最快，顺风不出十日就到；北路或南岛路顺利时需一个多月，有时也长达数月才到。日本人士起初是通过北路来唐的，但到 7 世纪末，日本与新罗关系交恶后，被迫从长崎越过公海，取道南路或更南边的南岛路。但事实证明，南边的航道非常危险，所以到 9 世纪时，"日本的参拜者和使臣们宁愿搭乘更安全的朝鲜船，经由山东到达淮河河口，或者甘愿冒险乘坐唐朝的船只——唐朝船不从扬州登陆，而是在更南部的浙江或者福建沿海靠岸"②。日本的航海技术不高，风险较大，视遣唐之旅为畏途，后期遣唐使大约要牺牲一半的人员和船只。但日本十分重视与唐朝的交往，每次派遣使团都经过慎重的挑选，对船上的人员从大使到水手，都有奖赏，对留学生与学问僧也给予赏赐支持。正因为如此，才有利于日本更好地学习唐朝文化。他们在唐朝大量购买书籍、书画和各种文物，还积极招揽唐朝高僧学人赴日本传授文化。最著名的例子就是唐天宝年间的鉴真东渡，当时鉴真在扬州大明寺讲律，旅居留学唐朝已经十载的日本僧人荣睿、普照打算回国，并来劝说鉴真东渡日本。据《唐大和上东征传》记载：

> 荣睿、普照师至大明寺，顶礼大和上足下，具述本意曰："佛法东流至日本国，虽有其法，而无传法人。本国昔有圣德太子曰：'二百年后，圣教当兴于日本。'今钟此运，愿和上东游兴化。"大和上答曰："昔闻南岳惠思禅师迁化之后，托生倭国王子，兴隆佛法，济度众生。又闻，日本国长屋王崇敬佛法，造千袈裟，来施此国大德、众僧；其袈裟缘上绣着四句曰：'山川异域，风月同天，

----

① 韩昇：《遣唐使和学问僧》，北京：中华书局，2010 年，第 27 – 28 页。
② ［美］爱德华·谢弗：《唐代的外来文明》，吴玉贵译，北京：中国社会科学出版社，1995 年，第 20 页。

寄诸佛子，共结来缘。'以此思量，诚是佛法兴隆，有缘之国也。今我同法众中，谁有应此远请，向日本国传法者乎?"时众默然，一无对者。良久，有僧祥彦进曰："彼国太远，性命难存，沧海森漫，百无一至。人身难得，中国难生；进修未备，道果未到。是故众僧咸默无对而已。"和上曰："是为法事也，何惜身命? 诸人不去，我即去耳。"①

从鉴真与众人的对话来看，日本从中土吸收佛教文化已久，佛教文化在唐时十分显著，传入日本后亦深为贵族重视。同时，中日之间的海上交流，风险系数仍然很大，日本并没有多余的力量组织民间商船来唐。由于各种原因，鉴真东渡六次，最后是搭乘遣唐使的船队从扬子江口出发方成功，而同行中的第一号船漂到越南。这一时期，唐朝加强了对海洋的管理，已经对出入者加以验查。遣唐使之来唐，要核对其官方文书，上岸的人员和物品要符合规定方可通关。对出海去其他国家的人员也是有所限制的，尤其是对鉴真这样的高僧，涉海之险，很可能有去无回，唐朝是不会随便放行的。鉴真在好几次私下出海中都被送回，而怂恿他的荣睿、普照也曾被地方官带走禁足或入狱。鉴真每次东渡，都准备了许多佛经经典、图籍、佛菩萨图像、法器、佛舍利、诗文书籍、字帖等，后将这些器物和自身的文化修养带去日本，影响到日本文化的发展。在全面唐化的奈良时代，日本不仅仿效唐朝建立起律令制的国家，而且全面学习吸收唐朝的文化，使得东北亚海域最终形成以大唐为中心的文化圈。但唐朝后期，政局不太稳定，经历安史之乱、武宗灭佛、王仙芝和黄巢起义后，日本向唐朝学习的热情减少。894 年，遣唐大使菅原道真上书说，"遣唐之使，或有渡海不堪命者，或有遭贼而亡身者"。从此，废止了遣唐使的往来。

尽管唐时东北亚海域的海上来往有很大的风险，但朝鲜半岛、日本与唐朝的海上往来依旧频繁。唐朝平定了东北亚的海域纷争，最终奠定了以

---

① 真人元开：《唐大和上东征传》，汪向荣点校，北京：中华书局，2006 年，第 40 - 41 页。

自身为中心的东北亚格局，稳定了自己的海洋空间，并且使得一批海港城市兴起并发展。

二、广州通海夷道

唐朝虽经营东北亚海域，但它大部分的海上贸易都是通过南海和印度洋进行的。一方面，唐代的对外交通在 8 世纪前，主要依赖陆路。"自 8 世纪中期及以后，大食势力日益巩固地树立于中亚，唐帝国同西方各族间原有的势力平衡发生重大变化，对外交通不能畅通无阻了，因而得把重点移到海路上来。"①季羡林也认为唐初的中印交通中，走海路的次数已超过陆路；刘永连通过统计唐高祖到唐玄宗时期，西域、南海使节来华走海路和陆路的次数，也支持此说。② 另一方面，隋朝大运河的开通和唐开元年间大庾岭道的凿辟，缩短了南北间的路程，将北方的政治经济中心与南方的城镇联系起来，并促进了南方经济的开发，而沿海航运又将南海贸易与大运河联系起来，河海相通，联系了整个国家的富庶地带，使得唐代海上交通比前代更为兴盛。

《新唐书·地理志》中贾耽所记载的唐代中叶的东西方之间主要的海上交通线"广州通海夷道"，从广州出发的航路如下：

> 广州东南海行二百里，至屯门山，乃帆风西行二日至九州石。又南二日至象石。又西南三日行，至占不劳山，山在环王国东二百里海中。又南二日行至陵山。又一日行，至门毒国。又一日行，至古笪国。又半日行，至奔陀浪洲。又两日行到军突弄山。又五日行至海峡，蕃人谓之"质"，南北百里，北岸则罗越国，南岸则佛逝国。佛逝国东水行四五日，至诃陵国，南中洲之最大者。又西出硖，三日至葛葛僧祇国，在佛逝西北隅之别岛，国人多钞暴，乘舶者畏惮之。其北岸则箇罗国。箇罗西则哥谷罗国。又从葛葛僧祇四

---

① 章巽：《中国航海史的光辉经历》，见《章巽文集》，北京：海洋出版社，1986 年，第 22 页。
② 季羡林：《玄奘与〈大唐西域记〉》，见《大唐西域记校注》，北京：中华书局，2000 年，第 101 页；刘永连：《唐代中西交通海路超越陆路问题新论》，载《陕西师范大学学报》，2013 年第 1 期。

五日行，至胜邓洲。又西五日行，至婆露国。又六日行，至婆国伽蓝洲。又北四日行，至师子国，其北海岸距南天竺大岸百里。又西四日行，经没来国，南天竺之最南境。又西北经十余小国，至婆罗门西境。又西北二日行，至拔狄国。又十日行，经天竺西境小国五，至提䫻国，其国有弥兰太河，一曰新头河，自北渤昆国来，西流至提䫻国北，入于海。又自提䫻国西二十日行，经小国二十余，至提罗卢和国，一曰罗和异国，国人于海中立华表，夜则置炬其上，使舶人夜行不迷。又西一日行，至乌剌国，乃大食国之弗利剌河，南入于海。小舟溯流二日至末罗国，大食重镇也。又西北陆行千里，至茂门王所都缚达城。自婆罗门南境，从没来国至乌剌国，皆缘海东岸行；其西岸之西，皆大食，其西最南谓之三兰国。①

据伯希和、希尔特、费琅等人的考证：从广州向东南行，屯门在大屿山及香港二岛之北，海岸及琵琶洲之间，西行两日大概抵达海南岛的东北角。九州石为 Taya 诸岛，后来以"九洲"为名；象石今之 Tintosa 岛，明代旅行者称"独珠山"；在万宁县海上，占不劳山为岣嵝占（Culao Cham），今越南中部海上。② 环王国即昔之临邑，后之占城。③ 从占不劳山到奔陀浪洲一段，都是在占婆国境内，陵山是安南归仁府北之 Sahoi 岬，所谓门毒国、古笪国，是占婆国境内的二洲。军突弄山即后之昆仑山，今昆仑山（Poulo Condore），在湄公河口外山岛。② 罗越国是马来半岛之南端。佛逝国是当时南海中的大国室利佛逝，在今苏门答腊岛。诃陵即今爪哇，葛葛僧祇国疑在今马六甲海峡南部的伯劳威斯（Brouwers）群岛中，箇罗疑指马来半岛西岸的吉打（Kedah），胜邓洲在苏门答腊岛中，伽蓝洲或指今尼科巴（Nicobar）群岛中的翠蓝屿，师子国即锡兰。③从没来国（印度半岛南端）一段开始进入印度境内，然后到达大食（今阿拉伯地区）。

----

① 《新唐书》卷四三《地理志七下》。
② ［法］伯希和：《交广印度两道考》，冯承钧译，上海：上海古籍出版社，2014 年，第 228－230 页。
③ 冯承钧：《中国南洋交通史》，北京：商务印书馆，2011 年，第 34 页。

　　贾耽记载的这条从广州通往阿拉伯地区的海道，在东南亚半岛的南端直接穿越暹罗湾，而不再沿着暹罗湾沿岸前进。主航道以波斯湾早期的贸易中心巴士拉港为分界的话，东路航道包括今越南、马来西亚、印度尼西亚、斯里兰卡、印度、巴基斯坦、伊拉克等国境内沿海港口，西路航道包括今沙特阿拉伯、阿拉伯联合酋长国界内的沿海港口。这说明，在唐代以至更早以前，中国人的海洋活动空间已包括这些区域。这时期，以马来半岛地峡为重要主道的时代已转向马六甲海峡时代。[1] 这条航线应该是唐代南海贸易的主航道，而其他支道的情况，贾耽只提到两条："船舶航抵'质'（马六甲海峡）后，可在罗越（柔佛的南岸或西岸）或佛逝（巨港）停泊。离开佛逝后，船舶可向东航行，也就是说，在进入马六甲海峡前航行四五日至诃陵（中爪哇或东爪哇海岸）。另一条航线是从葛葛僧祇向北航行至箇罗（Kalah Bar），自此再向西行至哥谷罗（Qaq‐la）。"[2]

　　据1984年4月陕西省泾阳县扫宋乡大、小杨户村附近出土的《唐故杨府君神道之碑》记载，在唐贞元四年（788年）派遣使节，当时的太中大夫、行内侍省内给事杨良瑶（736—806年），从南海（指广州）出发经海路到达黑衣大食（阿拉伯国家）："以贞元元年四月，赐排鱼袋，充聘国使于黑衣大食，备判官内谦，受国信诏书。奉命遂行，不畏乎远。届乎南海，舍陆登舟……星霜再周，经过万国。播皇风于异俗，被声教于无垠。"[3]碑文虽未详述其航行路线，但很可能走的就是贾耽所记的"广州通海夷道"。同时，通过这些海上通道，印度人、波斯人、阿拉伯人也来到中国。

　　阿拉伯地理学家伊本·胡尔达兹比赫所著的《道里邦国志》中记载了由大食通往中国的道路，与"广州通海夷道"大致吻合：从巴士拉出发，沿波斯海岸航行，到哈尔克岛、印度、锡兰山、苏门答腊岛，经马六甲海峡，

----

[1] ［美］保罗·惠特利：《马来半岛的地峡时代》，潘明智、张清江编译，《东南亚历史地理译丛》，新加坡南洋学会出版，1989年，第47－59页。
[2] ［新加坡］王赓武：《南海贸易与南洋华人》，姚楠译，香港：中华书局香港分局，1988年，第149页。
[3] 碑文转引自张世民：《中国古代最早下西洋的外交使节杨良瑶》，载《唐史论丛》，1998年第7辑；张世民：《杨良瑶：中国最早航海下西洋的外交使节》，载《咸阳师范学院学报》，2005年第3期。

到占婆，向北航行，再到中国的贸易港交州、广州等地，正常顺风条件下大约需要 90 天。① 这些来往南海的商船受到海洋季风周期性的影响，桑原陟藏认为中国人在 2 世纪就知道了西南季风，中国学者章巽认为中国人发现季风并在航行中利用应该是在公元前 3 世纪以前②。

广州是当时南海贸易中最重要的港口。从广州出发前往海外的商船在东北季风到来之前，即秋末或冬季起航，而波斯湾出发的船只则利用西南季风在夏季自马来半岛向北跨越南海，前往广州。美国学者爱德华·谢弗（Edward Hetzel Schafer，1913—1991 年）认为，在 7 世纪到 9 世纪期间，印度洋是一个相对安全而丰饶的海洋，各国船舶蜂拥而至。它们纷纷前往东方贸易，并穿过马六甲海峡，在夏季风的驱使下，驶向河内或者广州，甚至取道更北部的沿海港口，进行丝绸等的贸易。③ 中国沿海的各港口挤满了远洋而来的外国海舶，如"南海舶""西域舶""南蛮舶""昆仑舶""师子舶""婆罗门舶""波斯舶"等。虽然学界普遍认为唐代之前往来南海之船舶，多是外国人所有，但这些船舶中有的就是在中国沿海制造的。这个时期，国际海洋贸易圈已经形成。据记载，9 世纪时期从中国、日本到红海的东西方海洋贸易中，"可以从中国输入丝绸、宝剑、花缎、麝香、沉香、马鞍、貂皮、陶瓷、披风、肉桂、高良姜；可以从倭国输入黄金、乌木；可以从印度输入沉香、檀香、樟脑、樟脑精、肉豆蔻、丁香、小豆蔻、毕澄茄、椰子、黄麻衣服和棉质的天鹅绒衣服、大象；可以从塞兰迪布（今斯里兰卡）输入各色各样的宝石、金刚石、珍珠、水晶以及能磨制各种宝石的金刚砂；可以从穆拉和信丹输入胡椒；可以从凯莱赫输入锡矿石；从南方省区可输入苏木，从信德可输入香药、竹子，等等"④。

---

① ［阿拉伯］伊本·胡尔达兹比赫：《道里邦国志》，宋岘译注，北京：中华书局，1991 年，第 63 - 75 页。
② 章巽：《公元前第三世纪以前中国早已发现季风并在航行中利用季风》，见《章巽文集》，北京：海洋出版社，1986 年，第 44 页。
③ ［美］爱德华·谢弗：《唐代的外来文明》，吴玉贵译，北京：中国社会科学出版社，1995 年，第 21 页。
④ 同①，第 72 - 73 页。

三、南海贸易的三个时期

针对南海贸易的发展，王赓武先生把从 618 年至 960 年，相当于整个唐代和五代时期的南海贸易分为四个时期。第一个时期是从 618 年至 684 年，第二个时期是从 684 年至 758 年，第三个时期是从 758 年至 878 年，第四个时期是从 878 年至 960 年。[①] 其中，以第三个时期和第四个时期之间的黄巢起义、焚掠广州事件为分水岭，标志着中国海洋发展的一次重大挫折。本节主要谈论前面三个时期，即属于唐代的部分。

南海贸易第一个时期（618—684 年）：起初五年，唐朝的将领们将南方的叛乱平定下去，南方的邻邦林邑和真腊前来朝贡。林邑经隋朝征伐后到这个时期已经恢复元气，因为它与安南的地理位置不算太远，与中国南方的贸易关系也比较紧密。而真腊虽基本取代扶南的位置在唐代颇强盛，但主要依靠农业立国，且航线转移后，与中国的贸易应该是有限的。原来赤土国在隋朝时也没有太多记载，可能已经衰落。但自 623 年开始，南海贸易进入长达 60 年的繁荣期，不仅东南亚半岛、马来群岛的一些国家纷纷派出朝贡使团来唐，而且印度各邦、锡兰也遣使与唐朝建立官方联系，更远的波斯人也来到南海和中国沿海。《旧唐书》卷九八《王方庆传》记载，"每岁有昆仑舶以珍物与中国交市"。《唐大和上东征传》记载，"江中有婆罗门、波斯、昆仑等舶，不知其数，并载香药、珍宝，积载如山。其舶深六、七丈，师子国，大石国，骨唐国，白蛮，赤蛮等往来居（住），种类极多"[②]。大石即大食国，指 7 世纪兴起的阿拉伯帝国。据张星烺所辑《中西交通史料汇编》记载，昆仑是指马来半岛、印度尼西亚群岛中一些熟悉海洋的国家，唐代把林邑以南的一些族群通称"昆仑"，并认为其人的特征是"卷发黑身，常常倮行"。从当时看，应该是马来人、印度人、波斯人、阿拉伯人等，都有来广州贸易并居住。来自海外的各国商民，聚居于此，广州的"番

---

① 南海贸易四个时期的划分，参考［新加坡］王赓武：《南海贸易与南洋华人》，姚楠译，香港：中华书局香港分局，1988 年，第 105 - 123 页。

② 真人元开：《唐大和上东征传》，汪向荣点校，北京：中华书局，2006 年，第 74 页。

坊"已经存在了。① 这个时期的最后一年里，武则天把持朝政，中国南方沿海城市包括扬州、昇州、润州爆发了起义，在广州的都督路元睿被昆仑奴刺杀。《资治通鉴·唐纪十九》武周光宅元年(684年)记载，"广州都督路元睿为昆仑所杀，元睿暗懦，僚属恣横，有商舶至，僚属侵渔不已，商胡诉于元睿，元睿索枷欲系治之，群胡怒，有昆仑袖剑直登听事，杀元睿及左右十余人而去。无敢近者，登舟入海，追之不及"。

第二个时期(684—758年)：继任路元睿的王方庆被认为是治理广州最出色的官员。据研究，这个时期最迟在唐显庆六年(661年)设置了管理对外贸易的机构——市舶使院。② 市舶使院机构的设置以及后期市舶使官的实权扩大，体现了官方对南海贸易的控制意图。南海贸易的商品，从广州被运往扬州、洛阳等大城市，国库也因此充盈。南海贸易成为官方一项重要的财政收入来源，同时也希望加强对岭南的控制，南方的海域也因此受到更多的关注。南印度国家继续遣使前来，南海诸国中的林邑和室利佛逝定期来朝贡。由于当时国际商道改变的关系，马六甲和巽他海峡地区成为东南亚的海上贸易中心，而室利佛逝王国正控制了这一地带，吸引了许多外国商人、水手进入自己的港口。室利佛逝从7世纪开始，直至宋代前期都是东南亚的海上强国，并拥有一支海上力量来保护其港口不受海盗、外敌的侵掠。该国与唐朝的定期交往，可能也说明了双方贸易对它的重要性。除了海商往来，中国的僧人依旧从海上西行求法，印度仍是海洋活动的重要地点。记述最详的当属唐代义净的《大唐西域求法高僧传》，所载60位僧人中有半数是取道海上出行求法的。义净自己是在唐咸亨二年(671年)从广州出发，搭乘外国的船舶往返，途经室利佛逝、末罗输、羯荼，于咸亨四年(673年)至印度。义净于唐垂拱元年(685年)回国，途中在室利佛逝停留四年之久，直到唐永昌元年(689年)至广州，但只停留三个月后，又返回室利佛逝。唐长泰二年(693年)，他才回到广州。这个时期，

---

① 参考邓端本：《广州蕃坊考》，载《海交史研究》，1984年第6期。
② 李庆新：《唐代广州的对外贸易》，见《广州与海上丝绸之路》，广东省社会科学院，1991年，第127页。

广州外贸发达，一位波斯僧甚至发现出售仿造的奢侈品和掺假的货物，也是一个有利可图的行业。标志这个时期结束的大事是758年波斯人和大食人洗劫广州，这也说明当时波斯人和大食人在广州的势力已不小，而官方对他们的管理并不到位。此后，广州外贸有所下降。

第三个时期(758—878年)：经历安史之乱后，唐朝由盛转衰，中国沿海贸易衰退，岭南动乱频仍。763年，宦官市舶使吕太一驱逐节度使，放纵部下劫掠广州，直到772年"西南夷舶岁至才四五"。其间，刺史李勉当政时期(769—773年)短暂地恢复秩序，但随后又出现叛乱，其继任者也被杀害，到775年局势才稳定下来。广州的动乱、掳掠和官员的任意没收，令许多南海商人望而生畏，纷纷前往交趾。交趾取代了广州的地位，但到792年后，交趾附近的不安定因素增加，使得交趾也衰落下去。这个时期，朝贡使团减少，可能因动乱影响，也使得人们对广州贸易的兴趣减少。878年黄巢焚掠广州，屠杀外国商贾，整个南海贸易衰退下去。

唐朝南海贸易的发展，与前代相比：一是市舶使院管理机构的设置，国家试图直接控制海洋之利，海洋贸易成为国家财政收入的新来源。"唐朝之前，官方贸易管理权主要掌握在岭南地方政府手中，中央只能通过地方的'进奉'与'贡献'获取部分的市舶之利；私人贸易则主要掌握在地方官吏与地方豪酋手中，他们凭借权大财雄，直接参与对外贸易。"[①]唐朝派出市舶使来管理南海贸易，与地方在南海之利的博弈中，对整个岭南的政治、经济发展都产生了影响。后世代政权对海洋贸易管理的沿袭与完善，使中国海港和海洋发展与国家政策更加紧密地联系在一起。二是贸易物品结构的变化。唐代外销产品中，丝绸、瓷器深受欢迎。1998年在西爪哇海勿里洞发现了9世纪从中国回航的阿拉伯沉船，即"黑石"号沉船(也叫"勿里洞沉船")。从船上打捞的6万多件货物中，有98%是瓷器，大部分来自湖南长沙窑，少量来自河北的定窑与邢窑、浙江的越窑。其中一件长沙窑碗上有"宝庆二年七月十六日"的文字，可以推断该船失事于这一年(826年)或稍

---

① 李庆新：《唐代广州的对外贸易》，见《广州与海上丝绸之路》，广东省社会科学院，1991年，第125页。

后一两年。从船上一些陶瓷图样可见，这是为卖家订制生产和出口的。此外，广州的一些土产也被运往海外。在唐开元二年（714年），唐朝颁布了禁止向外国人出售的商品清单，包括锦、绫、罗、縠、绣、绢丝、牦牛尾、珍珠、金、铁等，这些应该正是外国商人渴望得到的物品。外来物品中，从秦汉经营珍宝奇货专供贵族官员们的消费，到魏晋佛教"圣物"贸易的流行，至唐朝时药材和香料贸易开始突出。唐朝通过海洋运进的外来物品中，主要有：①热带动物，包括大象、犀牛、狮子、孔雀、鹦鹉等；②植物，包括菩提树、水仙等；③木材和香料，包括紫檀、桐木、乌木、檀香、沉香、丁香、紫藤香、樟脑、苏合香、乳香、广藿香、茉莉油、玫瑰香水、安息香和爪哇香、阿末香等；④药材，包括郁金、豆蔻、肉豆蔻、海藻、蚺蛇胆、各种药草等；⑤纺织品和颜料；⑥矿石及有关材料，包括黄金、紫金、银、黄铜、玉、水晶、天青石、孔雀石、珍珠、玳瑁、琥珀、珊瑚、玻璃等；⑦各种器物，包括生活和宗教器物在内；⑧书籍，包括佛经、地理书、旅游书、地图等。与前代相比，这些物品使用的领域、人群、数量无疑大大扩展了，但依旧是以奢侈品贸易为主。

整个唐代，从东方到西方（主要是到阿拉伯国家地区）的海上贸易圈已经打通，中国作为海上贸易圈的重要一环，与外国的交流越来越深入，来中国的外国人也越来越多。唐朝持开放政策，不仅接待各国朝贡使节，并且允许相随而来的宿卫、学生、僧人长期滞留，允许前来贸易通商，并为他们在王朝内部当兵、出仕提供路径。此外，唐朝凭借优越的文化，也吸引了一批倾慕者。从海上前来者，包括新罗人、日本人、马来人、印度人、波斯人、阿拉伯人等，出现了万国来朝的局面。唐朝自身社会文化也受到外来影响，各种文化在唐帝国内部融合、并存。唐朝自身的海洋视野得以扩展，官方对海洋的经营也越来越重视，其足迹远至红海、非洲海岸。唐朝对东北亚海域的经营是比较主动的，不仅稳定了东北亚的局势，为汉文化圈的形成奠定了基础，而且从9世纪中期开始，唐舶占据了东北亚海域的主导地位。在南海和印度洋，唐朝的海洋活动则是比较被动的，其海外贸易多是依靠外国商舶前来推动，印度人、波斯人和阿拉伯人在南海贸易中起着十分重要的作用。但也并非如有的学者所提出的，认为最早活动在东南亚的是阿拉伯人，或者说阿拉伯人占据南海贸易的主导地位。事实上，如深见纯生所说，在"5 至 8 世纪就建立起以中国为中心的朝贡贸易体制"①，而且中国人很早就在东南亚活动。在整个东西方贸易圈中，各个不同的水上活动族群在各自的圈子里发挥了重要的作用，阿拉伯人东来也是依靠利用这些小圈子中的海洋活动与舟船等得以实现。

黄巢洗劫广州后的港埠

唐代中后期藩镇割据严重，安史之乱后，国力虚耗。西南的吐蕃、北方的回纥、南方的南诏相继发生动乱，国家对地方的控制力减弱。早在南海贸易发展的第三个时期，南方的内乱就影响到海洋贸易的发展。唐乾符元年（874 年）年底，由王仙芝、黄巢为首的更大规模的起义在山东爆发。878 年王仙芝死后，黄巢率众转入江淮、两浙、鄂闽粤一带，次年，攻陷广州。当时仆射于琮言，"南海以宝产富天下，如与贼，国藏竭矣"②！黄巢及其部下劫掠广州，屠杀蕃商，并摧毁了养蚕的桑地，导致贸易停滞，广州作为国际贸易大都市的地位由此衰退。"根据 Abouzeyd（阿拉伯人阿布·赛义德·哈桑）记载：黄巢贼众，于回历二百六十四年陷落广州。当时逗留广州之回教徒、犹太人、耶稣教徒、祆教徒，共计十二万人，俱被杀戮。此贼军复滥伐养蚕必需之桑树。因此当时输出外国大宗绢制品，受恶影响。在内乱之后，中国形成群雄割据之势，各地独立之小君主，忽视以往之旧例，对于外国之贸易船，课以不法之重税。阿拉伯商人一方以生命不安全，一方复以买绢之目的发生困难，且恐中国官吏之诛求日盛一日，于是离中国居留地，卒致彼等商船之影全不见于中国海上"③。黄巢广州屠城成为影响南海贸易的一件大事，十几万蕃商受到波及。由于水土不服，黄巢起义

---

① ［日］桃木至朗：《海域亚洲史研究入门》，岩波书店，2011 年，第 30－46 页。
② 《新唐书》卷一八五《郑畋传》。
③ 《印度中国航海故事》第一卷，转引自［日］桑原陟藏：《唐宋贸易港研究》，杨炼译，北京：商务印书馆，1935 年。

军因瘴疠疾疫而死者达十之二三，于是回军北上，其后入湖南，进逼江陵，再入长安。黄巢起义席卷了大半个唐帝国，沿海城镇，尤其是最富庶的江淮一带和扬子江以北的城镇遭到战乱的洗劫，原来繁荣的河海地区被战乱破坏，其后整个帝国统一的局势不受控制。到906年，唐朝正式灭亡时，国家已是四分五裂。东北亚海域的日本对学习唐朝的热情早就减少，外国商人也在一段时间不愿来中国贸易，南海贸易已衰退至"涓涓细流"。

黄巢洗劫广州之前，唐代北方最重要的海港是山东半岛的登州（今山东蓬莱县）和莱州（今山东掖县），这两个港口是通往渤海国（7世纪末兴起，在今辽宁、吉林及黑龙江省的南部地区）、朝鲜半岛和日本的最主要的港口，聚居了不少东北亚地区的各国客商。此外，比较重要的港口还有楚州（今江苏淮安县）、平洲（今河北卢龙县）和辽东半岛南端的都里镇（今旅顺附近）。唐代南方的最主要贸易海港有交州、广州、泉州、扬州四处。① 交州是中国南边的门户，其港口龙编是印度洋往南海贸易中所到的第一个中国贸易港，在交州东南45里处，海舶辐辏之所，出产铁、丝绸、优质陶瓷和稻米。交州另一个重要口岸是比景，在今灵江口，顺化稍东南。从龙编到广州陆路需20日，海路则只要4日。广州是当时南方最大的港口，出产各种水果、蔬菜、小麦、大麦、稻米、甘蔗。从广州航行8日可到达泉州，物产与广州差不多。泉州是唐代去往流求（今台湾）的主要港口，并与日本、高丽有通商往来，有广州没有的产品。藤田丰八认为蕃舶往来福、泉诸州自唐代就开始了。1965年在泉州郊区出土了一方古体阿拉伯文墓碑，碑文云："这是侯赛因·本·穆罕默德·色拉退的坟墓，真主赐福他，亡于回历二十九年三月。"回历二十九年即唐永徽元年（650年），阿拉伯人早在唐贞观年间就来泉州居住了。② 唐天宝年间，诗人包何曾有《送李使君赴泉州》诗一首："傍海皆荒服，分符重汉臣。云山百越路，市井十洲人。执玉来朝远，还珠入贡频。连年不见雪，到处即行春。"泉州海外贸易的发展，使得

① 也有学者认为第三大贸易港是福州，而非泉州。韩振华：《伊本柯达贝尔所记唐代第三贸易港之Djanfou考》，见《航海交通贸易研究》，香港大学亚洲研究中心，2002年，第371–395页。
② 林仁川：《福建对外贸易与海关史》，厦门：鹭江出版社，1991年，第23页。

海外商人云集。从泉州航行 6 日到达扬州，物产无广州、泉州多，土产有
菀席、锦绮、白绫、铜镜、拓木。扬州是唐朝最繁荣的大都会，位于大运
河与长江的连接处，其繁盛有"扬一益二"之说。唐代后期与日本往来的航
线也多到达扬州。扬州外商很多，波斯人、阿拉伯人、日本人、新罗人皆
有侨居。但扬州在唐时海路相对闭塞，海贼也多，是一个以对内商务为主
的都市。这四个海港都是在大河的入海处，河海相连，海船可以沿着河道
进入腹地。此外，万安州（今海南万宁市）、潮州（今广东潮州市）、福州
（今福建福州市）、温州（今浙江温州市）、明州（今浙江宁波市）、松江（今
上海松江县），都是海上贸易交通的港口。

　　唐末动乱，国家分崩离析，沿海港埠也多受其影响。但中国的水上运
输在唐代中期已颇发达，《旧唐书》卷九四《崔融传》记载，"天下诸津，舟
航所聚，旁通巴汉，前指闽越，七泽十薮，三江五湖，控引河洛，兼包淮
海，弘舸巨舰，千舳万艘，交货往来，昧旦永日"。虽然这些船舶未必进入
大海，但内河水系交通的发达，无疑为沿海港口的恢复、发展提供了条件。
到唐末，制船之材料最好的为樟木，其次为枕木，出海之船叫"铜船"或
"船"。刘恂《岭表录异》卷下记载，"每岁广州常发铜船，过安南贸易，路
经调黎（地名，海心有山，阻东海涛险而急，亦黄河之西门也）深阔处或见
十余山，或出或没，篙工曰：非山岛，鳅鱼背也……交趾回人，多舍舟，
取雷州缘岸而归，不惮苦辛，盖避海鳅之难也"。原来依靠外国船舶出海贸
易的情形也开始打破。阿拉伯人苏莱曼的《印度中国游记》记载："至于海船
所停泊的港口，据说大部分中国船都是在 Siraf 装了货起程的；所有的货物，
都先从 Basra、Omall 及其他各埠运到 Siraf，然后装在中国船里。之所以要
在此地换船，是因为（波斯海湾里的）风浪很凶险，而其他各处的海水，并
不很深……在这最后一处地方，有一个处所，名叫 Durdur（意谓旋涡）。这
是两山之间的一条狭道，只有小海船可以通得过，中国船是不相宜的。"①经
过故临（在今印度西南的奎隆），中国船需要缴 1000 枚迪尔汗银币的税款，

----

① 转引自方豪：《中西交通史》，上海：上海人民出版社，2008 年，第 174 页。

其他国家的船要缴税 10~20 枚第纳尔金币，两种货币的兑换率是 22：1，可见随着中国造船技术的发展，所造出海大船的载货量及价值开始远甚于外蕃之小舶。五代十国时期（907—960 年），北方相继而起的政权是后梁、后唐、后晋、后汉和后周，它们的出海港主要在山东半岛及渤海沿岸一带，仍是以登州、莱州为主要港口。南方也由割据政权占据，近海的包括南汉、闽、吴越、吴和南唐。这些王国往往因陆路不通畅，而多利用海道，泛海相通，且出于财政等考虑，多鼓励发展航运和海洋贸易。在五代十国时期，南方得到进一步的开发，沿海港埠也渐渐恢复元气。

南汉（917—971 年），在今广东、广西地区，安南地区名义上属于南汉，但建立起吴朝。南汉时期广州外贸虽已大大衰退，但依旧是其经济中心。南汉王刘隐的祖父刘安仁曾"商贾南海"，他的父亲刘谦"有兵万人，战舰百余艘"。刘氏就是凭借海上贸易和海上力量起家的。刘隐的弟弟刘龑在 917 年称帝，他"好奢侈，悉聚南海珍宝，以为珠堂玉殿"，又"性好夸大，岭北商贾至南海贸易，多召之，使升宫殿，示以珠玉之富"。可见他在位时鼓励奢侈品贸易，商贾们开始重新来到南海。刘龑还曾遣将攻克交趾，使其臣服，并攻陷占城，掠其宝货而归。安南的海洋贸易再次遭到破坏，失去了原先的贸易地位。南汉上层出于对奢侈品的渴望，一面鼓励通商，一面又在海上掠夺商人，刘晟时期曾"遣巨舰指挥使暨彦赟以兵入海，掠商人金帛作离宫猎"[①]。在南汉崩溃时，末代君主尚"以海舶十余，悉载珍宝、嫔御，将入海"[①]。这说明在南汉相对和平的 60 年间，广州和南海贸易得以恢复，南海商贾们重新来到这个曾经的南方海外贸易中心。但南汉君主的贪婪与掠夺以及其他海港的兴起导致商贾们纷纷去往他处，广州的贸易地位开始为其他地区所取代。

闽国（907—945 年），在今福建地区。王氏割据福建，地狭民少，为增加财政收入，鼓励海上贸易。闽王王审知一方面"招来海中蛮夷商贾"[②]，发展与朝鲜半岛、日本和南海诸国的贸易（《唐会要》记载唐天祐元年（904 年）三佛齐国使者浦诃栗至福建，《闽中金石略》中的"琅琊王德政碑"也有

---

① 《新五代史》卷六五《南汉世家》。
② 《新五代史》卷六八《闽世家》。

"佛齐来朝"之说）；另一方面"遣使泛海，自登、莱朝贡于梁"①，与北方的王朝通好，并将南方海外贸易中的商品通过海路转贩到北方。从闽王室自己使用和向中原王朝进贡的清单来看，当时进口的物品包括金玉、玛瑙、琥珀、玻璃、象牙、犀珠、龙脑、乳香、沉香。从考古材料上看，1962 年在福州市郊发掘的五代闽王王延钧之妻刘华的墓中，出土了玻璃碗残片和波斯产的孔雀蓝釉大对瓶；1981 年在福州发掘的王审知墓中，发现玻璃器等②；2003 年在泉州丰泽区发现的五代泉州司马王福的墓中，也有玻璃等器物③。从中可看出闽王室对南海奢侈品的需求，且因当时崇信佛教，往往对香药的需求量也很大。从海外贸易得来的产品除贡献一部分给中原王朝外，其余大部分是供给地方王室和统治阶层享用。输出的物品主要是葛、绢、绫、陶瓷、铜、铁，还有干姜、红柑、花草之类。

闽比较重要的港口有福州、泉州，还开辟了甘棠港。福州应该是闽最主要的对外贸易港，从福州出发的航线，沿着福建海岸北上，然后穿越大洋，到达山东的登州、莱州，也可东向高丽、日本，这条航线应该仍是有相当风险的；向南可以到广州与南海联系。不知道当时是否已经有从福州直接入日本的航线。福州港海舶、河舟聚集，呈现出繁荣的气象，"人烟绣错，舟楫云集，两岸酒市歌楼，箫管从柳阴榕叶中出"④。王审知曾在福州设置"榷务司"，管理船舶货物的征税事宜。王延羲时在福州设立市舶司，直至闽国灭亡，市舶司才移往泉州。市舶司的职能主要是向进出口船舶货物征税，同时监管外国商人和货物。市舶司的设立，说明福州港在当时具有重要地位。事实上，福州的发展周期自五代一直持续到北宋中期。甘棠港是在王审知统治时开辟的，"海上黄崎，波涛所阻，一夕风雨雷电震掣，开以为港，闽人以为审知德政所致，号为甘棠"①。黄崎镇原本有很多巨石

----

① 《新五代史》卷六八《闽世家》。
② 福建省博物馆：《五代闽国刘华墓发掘报告》，载《文物》，1975 年第 1 期；《唐末五代闽王王审知夫妇墓清理简报》，载《文物》，1991 年第 5 期。
③ 泉州市文物保护研究中心：《泉州北峰五代王福墓》，载《福建文博》，2005 年第 3 期。
④ 陈寿祺：《重纂福建通志》卷二九《津梁》。

立于波涛中，舟船很容易触碰覆溺，所以王审知在唐乾宁五年（898 年）凿石开港。关于甘棠港的地理位置，学界说法不一，或认为在今连江县黄岐镇附近的近海之中①，或认为在今福安县的白马港②。开港的目的可能是将其作为福州港的外港，可以与福州连成一片，方便更多的船舶从海路到中原通商，同时也方便蕃舶来闽。史载甘棠港，"潮通番舶，北接榕都，连五寨而接二芝，控东瓯而引南粤"③，黄崎镇在五代至北宋中期是闽东的一个商业中心。泉州，又称刺桐港，唐代以前的泉州是指福州地区，唐景云二年（711 年），方将旧泉州改闽州，将武荣州改为泉州，唐末泉州有"刺桐"的别名。五代时，王审知的侄子王延彬在泉州 30 年，"多发蛮舶，以资公用，惊涛狂飙，无有失坏。郡人藉以为利，号招宝侍郎"④。后晋开运二年（945 年），南唐攻破福州，王氏政权灭亡后，清源军节度使留从效据守泉州，他鼓励州民用陶瓷、铜铁换取外国的金贝，发展海外贸易。其后陈洪进掌管泉州时兴修水利，依靠与南海的贸易，聚敛了大量的海外奢侈品，泉州商人也因此致富。王延彬、留从效、陈洪进相继扩建了泉州城，使得泉州海外贸易继续发展。到宋元时，泉州开始取代广州的地位，并以"刺桐港"之名闻名海外。除了福州港、甘棠港、泉州港，漳州的海外贸易在五代时期也有所发展。福建地区已有去海外贸易的商贾，"闽商"拥有一定的势力，在与其他王国交往中起到一定作用。来往之商贾，甘冒海涛之险。五代闽人黄滔作《贾客》诗有所描述："大舟有深利，沧海无浅波。利深波也深，君意竟如何。鲸鲵凿上路，何如少经过。"可见当时随波逐利，来往福建之海商亦不少。福建海洋贸易之兴，也打破了原来广州、交州的地位，到宋元后愈加兴盛。

吴越（907—978 年），在今浙江和江苏南部。在五代，吴越与中原通商的道路，因陆路为吴和南唐所阻，所以率由海道，由浙江许浦或定海上船，

---

① 林光衡：《甘棠港辨析》，载《福建论坛》，1985 年第 3 期。
② 廖大珂：《福建海外交通史》，福州：福建人民出版社，2002 年，第 30－39 页。
③ 转引自林祥瑞：《王审知治闽》，载《福建论坛》，1981 年第 3 期。
④ 清乾隆年间《泉州府志》卷四十《封爵》。

到山东登莱上岸。① 吴越一方面积极发展沿海贸易，"吴越钱镠使者常泛海以至中国。而滨海诸州皆置博易务，与民贸易"②，另一方面依靠杭州、明州等港口同日本、高丽频繁往来。吴越的都城杭州，在唐时是东南的大都会，吴越王钱镠扩建杭州城，经商航海，商船辐辏。明州在唐代已具备优良贸易港的条件，也是与日本海上往来的重要港口。虽然对明州在唐时是否设置市舶司，学界仍有争论，但唐时从明州已有往日本的南、北两海道，无疑有利于明州的发展。五代时越窑的发展进入鼎盛时期，可能其制瓷中心就在明州。此外，晚唐时长沙窑也从明州、扬州等地出口，且杭、明二州的丝织业到唐末也很有名气。吴越输往日本的产品包括瓷器、丝绸、佛经、香药、药材、骨木工艺品，从日本输入的包括沙金、水银、铜、硫黄、锦、绢、布、刀剑、扇子。明州商帮在唐代海洋贸易中也有很重要的地位，代表人物包括蒋承勋、蒋衮、盛德言等，他们还在中外交流中担任传递外交文书的任务。

吴（907—937 年），在今江苏北部、安徽和江西，后为南唐取代。南唐（937—975 年），最盛时大约地跨今江西全省及安徽、江苏、福建和湖北、湖南等省的一部分。后晋开远元年（944 年），南唐侍中李松的儿子李富安"弃学经商，航舟远涉真肭，占城，暹罗诸国，安南，交趾尤夙居，每次舟行，村里咸偕之去打"③。南唐与三佛齐的往来也比较密切。此外，唐代扬州商业繁荣，但唐末五代之际，扬州饱受战乱之劫。《旧唐书》卷一八二《秦彦传》记载，"江淮之间，广陵大镇，富甲天下。自师铎、秦彦之后，孙孺、行密继踵相攻，四五年间，连兵不息，庐舍焚荡，民户丧亡，广陵之雄富扫地矣"。《新唐书》卷一四四《田神功传》记载，唐上元元年（760 年），田神功"兵至扬州，大掠居人，发冢墓，大食波斯贾胡死者数千人"。广陵即扬州别称，原来也有许多外商来往。五代末，南唐李璟"知东都必不守，遣

---

① 韩国磐：《五代时南中国的经济发展及其限度》，见《隋唐五代史论集》，北京：生活·读书·新知三联书店，1979 年，第 249 页。
② 《新五代史》卷三〇《汉臣传》。
③ 蔡永蒹：《西山杂志》"李家港"条。

使悉焚官私庐舍，徙其民于江南，周师遂入扬州"①，即后周十五年（957年），李璟遣人焚扬州。扬州屡经战乱，生民凋敝，从此一蹶不振。

五代十国时期，沿海分立的诸王国对海洋贸易多有鼓励，沿海港口有所恢复与发展，同时因环境等变迁，港口的格局也发生变化。五代时期，海洋发展最显著的一点是，中国海商开始由被动走向主动，积极地出海经商。陈裕菁译订的《蒲寿庚考》"外人乘中国船之增加"条说，"自黄巢乱后（880年）至彼著书年代（950年），即唐末五代间，阿拉伯商人东航者，皆乘中国船，其事盖确实不掩。南宋至元，乘者愈多，至元末伊本巴都他时，海舶之往来印度、中国间者，几全为中国船矣"②。

---

① 《十国春秋》卷一六《南唐二》。
② ［日］桑原骘藏：《蒲寿庚考》，陈裕菁译订，北京：中华书局，2009年，第72页。

第四章

泛舶东西洋：传统海洋空间拓展的盛世

宋元至明永乐、宣德时期，是中国传统海洋空间拓展的盛世。宋元海上丝绸之路的繁荣与泉州等港口的兴盛，东西洋船舶贸易往来，促进了中国沿海的发展。造船和航海技术等的发展，使中国帆船在东西洋中占据十分重要的地位，东海、南海的海界也初步形成。明初郑和七下西洋，是中国传统海洋时代发展的顶峰，显示了官方海洋空间的极盛。但同时，明初以来的禁海政策以及海洋军事战略的收缩也给后世带来了负面效应。

海上丝绸之路的繁荣

"丝绸之路"名称的由来，是德国地质学家李希霍芬(Ferdinand von Richthofen，1833—1905 年)在他 1877 年出版的《中国：我的旅行及研究成果》一书中对汉代中西方陆上贸易通道的称呼。这一命名被广泛接受后，中西方的海上商路也常被人们称为"海上丝绸之路"。虽然时代变迁，海上的航线、空间有所变化，所运输的产品也并非丝绸，有的学者甚至主张，因为从唐末到宋元时期海上运往其他各国的主要产品是香药和陶瓷，应该称为"陶瓷之路""香瓷之路"；到清雍正、乾隆时，茶叶的比重曾一度超过丝、瓷，又该称其为"茶叶之路"，各说纷纭。但实际上海上贸易不同于陆路贸易，大海茫茫无路可言，从严格意义上说，只有海上航线。杨国桢教授认为，海路不同于陆路，需要不停地中转，航线和港口也不是一成不变的，港口和港口之间互为起点和终点。航线是一个延续的过程，经过的港口可能会有一些变迁，交易的商品也会有一些变化，不能说丝绸运得多，就是"丝绸之路"；茶叶运得多，就是"茶叶之路"。但是总体而言，用海洋学的说法，不要分得那么细致，就是一条"海道"，也就是东方和西方海上往来的通道。① 故对于这条古代中国通往世界各国的海上通道，本书将用"海上丝绸之路"来泛称之。海上丝绸之路自海洋王国时代后期确立以来，经过长期的发展，到宋元时(北宋自 960 年至 1127 年，南宋自 1127 年至 1279 年，

① 《清乾隆年间武夷茶经广州出口港口的繁荣取决于政治环境》，载《海西晨报》，2012 年 10 月 24 日。

元朝自 1271 年至 1368 年）进入繁荣期。同时，宋元海上丝绸之路的繁荣，也是传统海洋空间自汉代以来拓展的结果。

一、航海和造船技术的进步

宋元海上丝绸之路的繁荣，离不开航海、造船技术的进步。东南沿海一带，包括广州、漳州、泉州、福州、兴化、明州等不少地方的造船业都很发达。造船技术有很大发展，一是大海船的载重量超过其他国家，吴自牧的《梦粱录》记载，"海商之舰大小不等。大者五千料，可载五六百人。中者二千料至一千料，亦可载二三百人。"[①]一"料"相当于一石，约为现在的60 千克。五千料巨舶，可乘数百人，这样的大船出海时遇到狭浅的水域，往往需要换小船；二是当时已经有水密舱技术，每船一般分成十多舱，各个船舱之间相互密隔，即便一两个舱漏水也不至于全船沉没；三是船的构造种类多样，适于在不同的海域中航行。在沿海航行的运米船往往造成平底，身长、舱浅，头狭腹宽，无桨橹之具，利于扬帆。远洋海船的船底造成狭尖形，利于在远洋中乘风破浪。《岭外代答》中记载了三种不同结构的船，包括木兰舟、藤舟和刳木舟。木兰舟是一种不畏巨浪的大船，"浮南海而南，舟如巨室，帆若垂天之云，柂长数丈，一舟数百人，中积一年粮，豢豕酿酒其中，置生死于度外"[②]。中国海商去大食国以及更西面的远洋，正是用这种大船。藤舟是不使用铁钉建造的大船，"深广沿海州军，难得铁钉桐油，造船皆空板穿藤约束而成。于藤缝中，以海上所生茜草，干而窒之，遇水则涨，舟为之不漏矣。其舟甚大，越大海商贩皆用之"[②]。刳木舟是广西一带江行小舟，"有面阔六七尺者，虽全成无隙，免缮衲之劳，钉灰之费"[②]，但遇大风浪多沉溺，海外蕃商也有用这种小舟的。

造船技术进步的同时，航海技术也在不断发展，在宋元时期有突出的表现：一是导航定位技术的进步。宋代以前，中国船只的海洋活动多是利用日月星宿或观察海洋生物活动等来导航，指南针的应用很少见，风险很

---

① 吴自牧：《梦粱录》卷一二《江海船舰》，见《武林掌故丛编》。
② 周去非：《岭外代答》，杨武泉校注，北京：中华书局，2012 年，第 215 – 219 页。

大，经常不能如期到达预定的目的地。宋代开始，指南针用于舟师开始普遍，《萍洲可谈》提到，"舟师识地理，夜则观星，昼则观日，阴晦观指南针。或以十丈绳钩取海底泥嗅之，便知所至"①。指南针的应用及根据海域的地貌、土质来判断方向和定位，使得航行更为可靠。到元代时，文献中已经出现"针路"的术语，中国航海人员凭借对周边海域的熟悉，已经能刻印出具体的针路图，航行的危险系数就大大降低了。二是对风向的掌握和运用，在船上有各种不同制式的风帆，以利用不同方向的风。《萍洲可谈》说，"海中不唯使顺风开岸。就岸，风皆可使，唯风逆则倒退尔，谓之使三面风"①。《宣和奉使高丽图经》提到风有八面，只有当头风不能前进；还提到船上的风帆，"大樯高十丈，头樯高八丈，风正则张布帆五十幅，稍偏则用利篷，左右翼张，以便风势。大樯之巅，更加小帆十幅，谓之野狐帆，风息则用之"②。风帆使用的进步，不仅可加快航行速度，而且能利用不同方向的风，保障航行的方向。普通的大船有四桅，有的配五桅或六桅，甚至多至十二桅的。③ 而无风时，又可以用橹。此外，船舶中所配的铁锚、矴石、铅锤、兵器等也可保证船行方向与停泊的安全。造船和航海技术的发达，不仅使中国人自制大舟往远洋，并且阿拉伯人等来中国时，过了波斯湾后，也常换乘中国大舟。

二、相对开放、自由的海洋政策

宋元时期的海洋政策是较为开放、自由的，虽然元代有过短暂的禁海，但总的来说海洋贸易越发受重视，宋元王朝较为认可海外贸易并期望以此得到越来越多的财政收入。宋元时期设置了专门管理海外贸易的机构——市舶司或提举市舶司，并制定了相关法令条例。北宋市舶司设置的港口一度变更，但大致来说比较重要且维持时间较长的地方有广州（971 年设置）、杭州（989 年设置）、明州（999 年设置）、泉州（1087 年设置）、密州板桥镇（今山东胶县，1088 年设置），此外还有秀州华亭县（今上海市松江县，

---

① 朱彧：《萍洲可谈》卷二，北京：中华书局，2007 年，第 133 页。
② 徐兢：《宣和奉使高丽图经》卷三四《客舟》。
③ ［日］桑原陟藏：《蒲寿庚考》，陈裕菁译订，北京：中华书局，2009 年，第 75 页。

1113 年设置）、镇江及平江（今江苏镇江市及苏州市）。南宋时，增设市舶司的地方有温州（1132 年设置）、江阴军（今江苏江阴县，1146 年设置）、秀州海盐县澉浦（1246 年设置市舶官，1250 年设市舶场）。元代市舶机构也兴废不常，但主要的三处是庆元（即宋代的明州）、泉州和广州。这些设置市舶司的地方也是当时重要的港口城市。

宋元市舶司对海外贸易的管理主要是依据市舶条法或条约、条贯，元代称市舶法则，管理的主要方面有：一是对船舶进出港的凭证手续等进行盘查。宋代商人出海贸易，要有官府批准发放的公凭，或称公据、公验。按北宋元丰三年（1080 年）"广州市舶条"的规定，当时去日本、高丽的船舶要向明州市舶司申请，去往东南亚和印度洋地区的则应向广州市舶司申请，但到元丰八年（1085 年），这些限制已经打破，不作要求。船舶出海，要呈报所载货物、船上人员和要去的地点，宋代对出海的船舶原本还有往返限期的规定，但出于实际的考虑可以宽容；对兵器、铜钱等禁止出口。元代也有相似的出海回港手续，对弓箭、军械、马匹、金、银、铜、铁货及人口等也是禁止私贩出海的。对返航船只上的物品也要加以查验，以便于征税。二是对进口货物的抽解、禁榷或博买、征收舶税等，主要是官府要分海洋之利，按比例征收一定的实物。宋代有时采取专买专卖的禁榷方式，或采取博采的方式，即按规定的价格收购船舶运来的货物。元代不再采用禁榷、博采的方式，而是增加了舶税，实则是在抽解之外又增加官征比例。同时，宋代有禁止权贵官员经营海外贸易的规定，但实际上很难禁止，元代则直接采取官本的方法，即由官方出资造船，并给营商资本，选择擅长经商者出海经商。所得利息，由官方和经商者按比例划分。[1]

此外，也允许私舶贸易，这也说明中国人从五代以来主动出海经商的人群越来越多。除了权贵们大规模从事海外贸易外，民间商人中包括舶户（宋元两代通常称以私人身份从事海外贸易的商人为舶商，在国家户籍上专列一类，他们一般是地方的豪门大族，或得到富户的支持），中、小闲

---

[1] 参考陈高华，吴泰：《宋元时期的海外贸易》，天津：天津人民出版社，1981 年，第 62 - 93 页。

散商人，包括一些无业游民，大家临时搭乘一船往海外经商者。并且，船上人员内部有一定的组织，"置纲首、副纲手、杂事等员，取缔乘客，不从命者，得笞治之"①。纲首是指船长，也叫都纲，副纲手即副船长，也称副都纲，杂事也叫事头，处理一切日常事务。其他职事人员包括直库、部领、火长、舵工、碇手等。直库负责管理兵器；部领是管理水手的；火长掌握指南针，负责航行方向；舵工又称艄公，负责掌舵；碇手管理碇、锚等。这些人员包括乘客人数都需要经过官方登记，方给通行公凭。此外，船中往往有黑奴供杂役。《萍洲可谈》卷二里说纲首、副纲首和杂事由"市舶司给朱记，许用笞治其徒，有死亡者籍其财"。在大海中航行不比在陆地，一舟人之性命倏忽之间，其法度未必与陆上同，但良好的分工与组织显然是有利于远航的。总的来说，宋元两代一方面依旧鼓励、欢迎外商前来，另一方面中国本土海商越来越多，船上组织也越来越严密，并一改汉唐以待远人来华为主的做法，开始力操海洋贸易的主动权。

三、沿海港口与元代海运

宋元时期重要的港口，北方有登州、密州（今山东诸城县）、沧州（今河北沧县东）、平州（今河北卢龙县）、都里镇（今旅顺附近）等，南方最重要的贸易港有广州、泉州、明州、杭州。此外，还有通州（今江苏南通市）、楚州（今江苏淮安县）、海州（今江苏连云港附近）、越州（今浙江绍兴市）、台州（今浙江临海县）、福州、漳州、潮州、雷州（今广东海康县）、琼州等。在宋元时期，山东半岛、两浙航路的港口主要供驶往高丽和日本的航船驻泊，南方的广州是往南海、印度洋的重要进出港，福建的港口则位于东海航路和南海航路之间，往北、往东、往南都有所兼顾。宋代前期，广州仍是最大的海外贸易港，但南宋以后泉州港迅速崛起，并开始取代广州的地位。

泉州港之所以在宋元盛极一时，根据学界的分析，主要原因在于：一

----

① ［日］桑原骘藏：《蒲寿庚考》，陈裕菁译订，北京：中华书局，2009年，第75页。

是唐宋以来中国经济重心的南移东倾，人口南迁对福建开发的刺激，福建
的瓷器、锦绢、茶叶等的生产出现商品化倾向，对外贸易的成分加重。二
是南宋建炎年间以后，泉州比较幸运地未受到宋金战争的破坏，南宋立都
临安（杭州）后，财政倚重于东南，泉州与政治中心不远不近的距离，使其
海外贸易得到鼓励。在泉州设立市舶司后，在国内市舶本钱的分配份额方
面，泉州得到国家政策和财政支持，已有独占鳌头的趋势。在宋元之交，
泉州又再次避免了战乱的破坏，以泉州为中心的东南沿海经济向东面的岛
屿进一步拓殖。南宋时，澎湖直属泉州晋江县管辖，元朝设置澎湖巡检司，
隶属泉州路晋江县。泉州在宋元时期得到长期的和平发展，又有政治上的
有利支持。"泉州获得独特的发展机遇，取代广州成为东方的第一大港，成
为中国主导的东亚海洋经济圈的枢纽"①。三是泉州本身具备的航海贸易条
件。泉州地处东南，海岸曲折，港口众多，且宋元时期一直是东南沿海重
要的造船基地之一。《三朝北盟会编》卷一七六说，"海舟以福建为上"。马
可·波罗说，"当时海舶之往来波斯湾、中国海间者，华船为最大，多广
州、泉州所造"。泉州造船场主要分布在从后诸至泉州城南晋江下游沿岸。
1974 年在泉州湾后诸港发掘的一艘宋代海船，身长 24.2 米，残宽 9.15 米，
船底结构为尖底"V"字形造型，共有 13 个隔舱，估算其载重量为 20 吨。其
施工工艺当时在世界上也是堪称先进，宜于远洋航行的货船。② 泉州港具备
优越的航海条件，与高丽、日本、菲律宾群岛、南洋群岛、中南半岛各国、
西亚、南亚和非洲都有贸易往来。泉州也是海外商人聚集之地，波斯人、
阿拉伯人及其后裔等多往来侨居经商。此外，泉州本土商人也主动出海贸
易。宋元时期，福建包括泉州商人南下前往广州、交趾、占城、三佛齐者
大有人在，而泉州商人去往高丽、日本者尤多。泉州著名海商李充就曾在
北宋崇宁元年（1102 年）和崇宁四年（1105 年）两次来到日本大宰府，并呈
递本国"公凭"，与日本贸易。据陈高华先生的研究，列举有关北宋往高丽

---

① 杨国桢：《宋元泉州与亚洲海洋经济世界的互动》，见《瀛海方程——中国海洋发展理论和历史
　文化》，北京：海洋出版社，2008 年，第 116 页。
② 童家洲：《试论宋元泉州港繁盛的原因》，载《文史哲》，1980 年第 4 期。

贸易的泉州本土舶商材料中，有名有姓的近 20 条，其中或几人，或数十人，或百多人的商团亦可见到。① 元代也有不少泉州本土商人去海外经商。元末明初，王彝所作《泉州两义士传》中记载泉州商人孙天富、陈宝生义结金兰，共谋为贾海外，十来年间到过海外不少地方，"其所涉异国，自高句骊外，若阇婆、罗斛，与凡东西诸夷，去中国亡虑数十万里，其人父子、君臣、男女、衣裳、饮食、居止、嗜好之物，各有其俗，与中国殊。方是时，中国无事，干戈包武库中，礼乐之化焕如也，诸国之来王者且帆蔽海上而未已，中国之至彼者如东西家然。然以商贾往，不过与之交利而竞货"②。高句骊在今朝鲜，阇婆在今印度尼西亚爪哇岛中部、罗斛在今泰国。当时泉州商人的活动空间遍及北洋、东洋、南洋。虽然现存文献中，有关元代中国舶商的记载很少，但可见中国往外蕃经商亦是常态。

在宋元泉州海商中，势力最大的当属蒲寿庚家族。蒲寿庚家族是在南宋末年由广州迁来泉州的，对其先世到底是占城人还是阿拉伯人，学界有所争论。③ 据载，南宋咸淳末年（约 1274 年），蒲寿庚与其兄寿宬击败海寇建功入仕，累官至招抚使、泉州提举市舶使。蒲寿庚家族利用官职之便，把持了泉州的对外贸易，积累了丰厚的资产，成为泉州城富贾之首，并拥有数量众多的海舶和私人海上武装力量，是当时泉州最有权势之人。④ 宋元鼎革之际，蒲寿庚在东南沿海的势力为两方所重，作为泉州海商势力的代表，蒲寿庚选择了弃宋降元，一方面保存了自己的势力，另一方面也为泉州城免受兵燹之难和日后的繁盛打下基础。蒲寿庚仕元后，历官闽广大都督、兵马招讨使、泉州市舶使、江西行省参知政事、福建行省副平章政事、泉州行省平章政事。元朝一则借其之力，镇压东南沿海并肃清支持宋室的海上力量，一则利用其声望，招致南海诸蛮⑤，元朝多次派其族亲出使南海

----

① 陈高华：《北宋时期前往高丽贸易的泉州舶商——兼论泉州市舶司的设置》，载《海交史研究》，1980 年第 2 期。
② 转引自温岭：《元代泉州舶商二则》，载《中国史研究》，1985 年第 1 期。
③ 张秀民：《蒲寿庚为占城人非阿拉伯人说》，载《兰州大学学报（哲学社会科学）》，1979 年第 1 期。
④ 参见毛佳佳：《蒲寿庚事迹考》，载《海交史研究》，2012 年第 1 期。
⑤ ［日］桑原骘藏：《蒲寿庚考》，陈裕菁译订，北京：中华书局，2009 年，第 151 页。

诸国。泉州的海外贸易在元朝达到极盛也是离不开泉州海商的。元末战乱，泉州海外贸易也遭到破坏，宋元时期所获得的机遇和优势在后世也逐渐丧失，但泉州舶商经历元末动乱之后，到明初仍是一支值得重视的经济力量。①

宋元时期兴盛的大港除泉州港外，太仓刘家港、澉浦（位于浙江海盐县西南）也值得一提。这两个元代著名的港口是因元代海运而兴的，也随着海运的放弃而终湮没淤浅。元代海运之兴，是出于运粮供应京师人口和解决对外征战中运输问题的考虑。海运能够成功，则离不开宋代以来对海上力量尤其是在长江口一带岛屿活动的海盗们的利用。这些人中以朱清、张瑄的势力最为强大。海运要可行，不仅需要巨额造船费用和造船、航海等技艺，而且离不开一批熟悉海洋事务的人员。朱清、张瑄等"长期往来海面，曾北见碣石、熟悉海中礁石和积淤江沙的情况，并能建造适宜在这种洋面上行驶的平底船。所以，他们具备条件，积极'献海运之利'"②。1273 年，朱清、张瑄受董文炳招降后，授为行军千户。1276 年元军攻陷临安，所得南宋官府的图籍、器物，伯颜令朱、张由海道从崇明州运至直沽，再由陆路转送京师，因此赏授二人金符千户。此后，二人助元内招海盗，外助征战，成为元朝水军的重要力量。1282 年，因考虑到内河转运漕粮的运输量不能满足京师的要求，朱清、张瑄向伯颜建议由海道运送江南米粮。这一主张得到支持后，元朝政府在 1287 年下令废除东平河运粮，全力支持海运。此后，海运量逐年上升，元大都之粮米几乎全仰仗海运。

当时的海运路线为：①最初的航线，由朱清、张瑄开辟，自元至元十九年（1282 年）到元至正二十三年（1363 年），从平江路刘家港（今江苏太仓县浏河）出发，由崇明州的西边出海，经海门（今海门县）附近的黄连沙头及其北的万里长滩，靠着海岸北航，又转东过灵山洋（今青岛市以南的海面），靠着山东半岛的南岸向东北以达半岛最东端的成山角，由成山角转而西行，

---

① 陈高华：《元代泉州舶商》，载《中国史研究》，1985 年第 1 期。
② 田汝康：《元朝的海盗与海运》，见《中国帆船与对外关系史论集》，杭州：浙江人民出版社，1987 年，第 101 页。

通过渤海南部，到渤海西头进入界河内（即今海河口），沿河可达杨村马头（今天津市武清区），便是终点。大约航行长达几个月，且多危险。②元至元二十九年（1292年）后，朱清新走的路线是：粮船过了长江口以北的万里长滩后，便离开近岸，如得西南顺风，一昼夜约行一千多里到青水洋。过此后再值东南风，三昼夜可过黑水洋，再得东南风，一日夜便可到成山角。转过成山角，仍沿渤海南部西航，以达界河口。顺风时，从刘家港到界河口只要半个月就够。这条新航线一面避开了靠近海岸多泥沙的近海航行，一面顺着西太平洋自南向北的黑潮暖流，航速自然较快。③1293年以后，千户殷明略又开新道，从刘家港开船，由长江口出海以后即直接向东进入黑水大洋，经由黑水大洋又直接向北航行到成山角，再转西仍由渤海南部到达界河口。这样，南端的航路也更进入到深海，路线更直，且更多利用黑潮暖流，所以时间也更缩短，风向顺利时只要十天左右就到了。① 自此，元朝海运皆取此道。此外，值得注意的是，据陈高华先生的研究，海运的终点不限于直沽和辽东，还延伸到朝鲜半岛。② 据《高丽史》记载，元至元二十八年（1291年），元朝派遣海运万户黄兴、张侑，千户殷实、唐世雄，用47艘船载运江南米十万石到朝鲜半岛赈灾。次年（1292年），又派遣漕运万户徐兴祥等二人运米十万石去朝鲜赈救饥民。这些运粮的万户有些就是朱清、张瑄的属下。除朱清、张瑄外，元代江浙的澉浦杨家也以海运著称。这个家族在南宋末年从事海运也是海商、海盗之属，杨发在元初投降忽必烈后，被授予福建安抚使。1242年，庆元、上海、澉浦三市舶司成立，由杨发兼理浙东西市舶总司事。1303年，元朝籍没朱清、张瑄二人家财，张瑄遭弃市，朱清触石身亡后，杨发的儿子杨梓取代了他们的地位，管理海漕。③ 由于杨家自闽而越，自越而吴，寄居澉浦，筑室招商，"招集海商居民质易"，澉浦成为海船辐辏之地。

----

① 章巽：《中国古代的海上交通》，北京：商务印书馆，1986年，第61页。
② 陈高华：《元朝与高丽的海上交通》，见《陈高华文集》，上海：上海辞书出版社，2005年，第371页。
③ 田汝康：《元朝的海盗与海运》，见《中国帆船与对外关系史论集》，杭州：浙江人民出版社，1987年，第105－109页。

元代海运的发展，促进了造船和航海的发展。元明出现的有关海运的记录和书籍如《大元海运记》《海道经》中，也可看到海运活动对航线、航行技术、山形水势记录等的改进，这就为后世航海积累了经验和基础。海运还缩短了南北的距离，使得其起航点和停泊点在太仓港一带的船舶聚集，众商往来，高楼林立，成为东南富裕之地。同时，促进了南北的海上交通贸易，南粮北运之外，南方的物产、番货也运至北方，北方的大豆等土特产也运到南方，中国沿海贸易圈开始兴盛起来。此外，海运之兴，客观上也保持了一支强大的海军力量，使得海运所通行的海域也能维持相对安宁。

四、远洋活动与海界的初步形成

宋代对海洋的区别已有北洋、东洋、南洋之称。据南宋真德秀记载："永宁寨……其地阔临大海，直望东洋，一日一夜可至澎湖。……自南洋海道入州道，烈屿首为控扼之所，围头次之……围头去州一百二十余里，正阔大海，南北洋舟船往来必泊之地……围头……寻常客船、贼船自南北洋经过者，无不于此梢泊……巡棹海道，合令诸寨分认地界：自岱屿以北，石湖、小兜主之，每巡至兴化军寨（击）蓼寨止；自水澳以南，永宁、围头主之，每巡至漳州中栅寨止；自岱屿门内外直至东洋，法石主之，每巡至水宁止。"[1]其东洋、南洋、北洋是以泉州为坐标的，东洋是指泉州以东包括台湾海峡在内的海域，北洋主要是通往东北亚的海域，南洋是指往南海、印度洋的海域。元代则有东洋、西洋之分，《岛夷志略》中出现了大东洋、西洋等名，《南海志》"诸番国"条中则有小西洋、小东洋等名。当时东洋与西洋的划分大抵是以龙牙门（今马六甲海峡）和兰无里为界的，而小东洋与东洋大概是以渤泥为界。

宋元海洋贸易在东北亚海域中占据主导地位，也维持了中国海域的相对安定。宋代与高丽的海上交通，分别有北方航线和南方航线。"北线由山东半岛的登州（今蓬莱县）东航至朝鲜半岛西岸的翁津，经过芝罘岛（今山东烟台市北）。南线由明州（今浙江宁波）经昌国沈家门（今浙江普陀县），蓬

---

① 真德秀：《西山先生真文忠公文集》卷八《申枢密院措置沿海事宜状》。

莱(今大衢岛),向北进入大海,与海岸线并行,到淮河入海口附近,转而向东,进入黑水洋,也就是山东半岛以南、朝鲜半岛以西的黄海深水洋,先到朝鲜半岛西南的黑山岛(今名大黑山岛),然后沿半岛西海岸北上至开城。北宋初期,主要是北线;北宋中期,为了'远于辽',改以南线为主。"①北宋宣和五年(1123年),路允迪奉使高丽,据徐兢所撰《宣和奉使高丽图经》记载,其使团走的是从明州出发的南方航线。具体航程:宣和五年五月十六日,使者及随从以二神舟、六客舟发自明州,次日达定海县(今浙江镇海);二十四日乘东南风离招宝山(在镇海县东北角,位甬江入海处),次日抵沈家门,二十六日入梅岑(舟山岛东面的普陀山)候风;二十八日张篷泛舶入洋,二十九日先后历白水洋、黄水洋、黑水洋(在今东海、黄海);六月二日舟舶驶抵夹界山(或指朝鲜西南岸外的小黑山岛,为当时北宋、高丽领海之分界),三日抵黑山(应即大黑山岛),自此起沿朝鲜半岛西岸北航,岛屿相属,以迄王城;六日,船至群山岛(群山西岸一带);八日泊马岛(应在忠清南道西北岸的浅水湾一带,或指安眠岛);九日抵唐人岛(或在唐津北岸一带)、大青屿(或指大阜岛),复至紫燕岛(应在仁川附近,或指江华岛);十日来到急水门(在礼成江入海处一带);十二日顺礼成江上至礼成港(应在开丰附近),旋入于碧澜亭;十三日遵陆至于王城。其回程大体走原航路。② 南宋时北方的金比较强大,高丽断绝了与南宋的外交关系,但仍通过南线海道贸易往来。宋元对峙时期,高丽归附蒙元,南宋与高丽的往来遭蒙元的阻挠,南宋官方和商人的往返较为稀疏。南宋亡后,高丽保持对元朝的依附,不仅纳贡称臣,而且协助元朝远征日本,海上往来自然频繁。据《高丽史》统计,自1012年到1192年间,宋代商人到高丽贸易活动有117次,人数达4548名。③

　　宋代与日本的交通路线较固定,宋舶多是每年夏季从东南沿海地区尤

----

① 陈高华:《元朝与高丽的海上交通》,见《陈高华文集》,上海:上海辞书出版社,2005年,第372页;王文楚:《两宋和高丽航路初探》,见《文史》第12辑,北京:中华书局,1981年。
② 陈佳荣,钱江,张广达:《历代中外行纪》,上海:上海辞书出版社,2008年,第440页。
③ 朴真奭:《十一至十二世纪宋与高丽的贸易往来》,载《延边大学学报》,1979年第2期。

其是明州出发，越过东海，经平户岛驶往博多商贸，返航时多择中秋之后。这条航线在唐时已经开辟。当时宋代中国海与日本海的界限，据韩振华先生的研究，中国海占中日之间海域的2/3，日本海占不到1/3，其界限所在之处，约在今东经126.5°—127°。具体言之，在今朝鲜的济州岛和马罗岛以东的海深100米以上的海域。在今苏岩、鸭礁的附近及其海域，亦即此往西，在海深60米以下的海域，就是唐宋时代的唐海（中国海）的海域。[①] 中国商舶在对日贸易上是积极主动的，据日本史学家木宫泰彦的统计，北宋时期的中国商船往来日本至少70次，专门从事对日贸易的中国商人，姓名可考者有陈仁爽、徐仁满、郑仁德、朱仁聪、陈文佑、周文德、周文裔、孙忠、李充、陈一郎、陈咏等二十多人。[②] 而相反的是，北宋时日本禁止私自出海贸易，南宋以前罕见日船来华，南宋后其对外贸易政策转而开放，日本来华商船才多起来。宋代运往日本的货品主要有锦绫、香药、茶碗、文具、书籍等，日本运来的物品主要有砂金、水银、琥珀、鹿茸、茯苓、锦、绢、布、刀、扇等。除商贸活动外，日本仍有僧人来宋，最著名的当属奝然，他本是东大寺僧，在北宋太平兴国八年（983年）携弟子乘宋商陈仁爽、宋仁满之商船至天台山求法，后又搭乘台州商人郑仁德的船返国。虽宋日交通不若唐代之频密，但文化交流仍不可忽略。

元时，元朝征服高丽，于元至元三年（1266年）遣使通日，多次遭拒后，元朝决定出征日本。元世祖忽必烈于1274年和1281年先后两次东征日本，元军征日的路线是由高丽之合浦（朝鲜庆尚南道之马山）出发，攻占对马岛，旋登陆壹岐岛，与日本大战于福冈县等地。[③] 忽必烈死后，元朝再未有征日之举。元军东征失败，据现在的研究，主要是因为受风暴等天气的影响。此后，日本常有小股倭寇到高丽南部沿海劫掠，但对于元朝未酿成大患。整体来说，宋元时期在东北亚海域的文化影响力虽有所下降，但

---

① 韩振华：《唐宋以来中国东海海域的东面界限》，见《航海交通贸易研究》，香港大学亚洲研究中心，2002年，第198－200页。

② ［日］木宫泰彦：《日中文化交流史》，胡锡年译，北京：商务印书馆，1980年，第225－262页。

③ 陈佳荣，钱江，张广达：《历代中外行纪》，上海：上海辞书出版社，2008年，第579页。

论其海上综合力量仍占据主导地位。

宋元在南方海洋的经略。从其疆域上来说，自秦汉以来皆属中国版图的交趾(今越南的北部、中部)，在五代十国时期逐渐独立。宋代两次征伐交趾，第一次是在北宋太平兴国五年(980年)，分水陆两军分别自广州、邕州进入，但因前锋失利，匆匆班师。黎朝上表谢罪受封郡王后，不了了之。第二次是在北宋熙宁八年(1075年)十一月，交趾攻陷中国的邕州、钦州和廉州，故在次年二月宋神宗遣郭逵为安南道招讨使发兵讨之，其进军路线是"自邕州左江永平寨南行入其境机榔县，过乌皮、桃花二小江，至淜定江亦名富良江，凡四日至其国都"①，几覆其国，但交趾乞降后，又作罢。自此，交趾独立出去，有宋一代只是中国的外藩。南宋淳熙年间，交趾改称安南王国。蒙元兴起，南下灭大理国后，留守云南的蒙古大帅兀良合台曾于1257年派使节前去招降安南陈朝(越南北部)。但安南国王扣留了使节，拒绝投降。于是兀良合台率大军沿红河进攻安南，一举攻陷安南国都升龙(又名大罗城、河内)，安南国王逃往海岛。次年，安南新国王表示臣服。自此，按例纳贡并设置了安南达鲁花赤，纳入元朝统治。但不久安南不满，试图摆脱蒙元的控制，使元朝希望以其南部占城作为往海外发展基地的愿望落空。1283年，忽必烈决意发大兵征服安南、占城，但在1285年兵败未成。1287年，脱欢复率海、陆大军进攻安南，也以失败告终。1294年元成宗即位后，诏罢安南之战。

经过长期的海洋活动，中国南海疆域的范围和界限在宋元时期已逐渐形成。据成书于南宋淳熙五年(1178年)，由当时的桂林通判周去非所著的《岭外代答》中记载：

> 三佛齐之来也，正北行，舟历上下竺与交洋，乃至中国之境。
> 其欲至广者，入自屯门。欲至泉州者，入自甲子门。阇婆之来也，
> 稍西北行，舟过十二子石而与三佛齐海道合于竺屿之下。②

也就是说，从三佛齐往中国的船只，沿着正北方向航行，经过上下竺

----

① 周去非：《岭外代答》，杨武泉校注，见《中外交通史籍丛刊》，北京：中华书局，2012年，第55页。
② 同①，第86页。

和交洋，就进入中国的海境。打算去广州的，从屯门进入，打算去泉州的，从甲子门（今陆丰附近）进入。阇婆（今爪哇）来的船只，沿稍西北的方向航行，过了二子石（今加里曼丹）后，与从三佛齐来的船只会合于竺屿。上下竺，《岛夷志略》《星槎胜览》等书作"东西竺"，据考证，东竺是指印度尼西亚的北纳土纳群岛，西竺是指南纳土纳群岛。[①] 交洋是指越南北部的交趾洋（也称交阯洋）。成书于南宋宝庆元年（1225 年），由南宋提举福建路市舶任上的赵汝适所作的《诸蕃志》，在序中也说"暇日阅诸蕃图，有所谓石床、长沙之险，交洋、竺屿之限"[②]，说明当时以交洋、竺屿作为中国南部疆域的界限，也是宋元时航海诸蕃的常识。

元代汪大渊亲历东西洋后，在元至正九年（1349 年）所作的《岛夷志略》中，把中国南海诸岛称为万里石塘，时人多以此代称南海，其述及南海之范围：

> 石塘之骨，由潮州而生。迤逦如长蛇，横亘海中，越海诸国，俗云万里石塘。以余推之，岂止万里而已哉！舶自岱屿门，挂四帆，乘风破浪，海上若飞。至西洋或百日之外。以一日一夜行百里计之，万里曾不足，故源其地脉历历可考。一脉至爪哇，一脉至勃泥及古里地闷，一脉至西洋遐昆仑之地。盖紫阳朱子谓海外之地，与中原地脉相连者，其以欤！[③]

古里地闷，据法国汉学家纪里尼考证，在小巽他群岛东端的帝汶岛。但李金明认为是在今马来西亚的沙巴，西洋遐昆仑则在越南东南端海域的昆仑岛，并认为，宋元时期中国南海的疆域，其西面与越南的交趾洋接境，西南面到达越南东南端的昆仑洋面，南面与印度尼西亚的纳土纳群岛相邻，东南面到达文莱与沙巴洋面。[④] 宋元史籍对南海地名、航路记载之详细远非其他国家所及，再次证明南海是中国疆域。

宋元在南方海洋活动，仍沿袭前代，把从东南亚直至阿拉伯半岛以及

---

① 李金明：《中国南海疆域研究》，哈尔滨：黑龙江教育出版社，2014 年，第 24 页。
② 赵汝适：《诸蕃志》，杨博文校释，北京：中华书局，2008 年，正文第 1 页。
③ 汪大渊：《岛夷志略》，苏继庼校释，北京：中华书局，2009 年，第 318 页。
④ 同①，第 28 – 29 页。

非洲东岸的广大地区，通称为"南海诸国"或"海南诸国"。据《岭外代答》所记南海诸国中富盛且多宝货者，"莫若大食国，其次阇婆国，其次三佛齐国，其次乃诸国耳"①。大食国是对整个阿拉伯地区一带国家的泛称，大食诸国中比较著名的有麻嘉（今沙特阿拉伯麦加）、勿斯里（今埃及开罗）、弼斯罗（今伊拉克巴士拉）、层拨（今坦桑尼亚桑结巴尔）、弼琶罗（今索马里）等，大食诸国的中心地带是麻离拔国。阇婆国是在今印度尼西亚的爪哇岛中部北岸一带，在唐时曾为三佛齐所灭，到北宋时开始复兴，从广州发舶，顺风一月可到，也是东南诸国的都会。三佛齐是在印度尼西亚的苏门答腊岛东部，在唐时称室利佛逝，在北宋时仍然十分强盛，是正南诸国的中心，直至1017年遭注辇国侵占才渐渐衰落。这三个是活跃在宋元海上丝绸之路上，且来往中国以及中国商舶常往返的重要地区。南宋后期，因中国往阿拉伯、爪哇有了直航的航路，基本上不需中转三佛齐，导致了三佛齐的衰落，而爪哇地区则更加繁荣。此外，东南亚地区有交趾、占城（今越南南部）、真腊（今柬埔寨）、蒲甘（今缅甸中部）等，其中占城、真腊是这些地区的中心。印度半岛地区有故临（今印度西南奎隆）、注辇（今印度东南部，科摩林角东北）诸国，也是与宋朝使节来往和贸易较多的国家。《宋史》卷四八九《注辇国》，著录北宋大中祥符八年（1015年）注辇国使臣娑里三文之航行。注辇即汉代史籍中的黄支国，7世纪衰落后，9世纪复兴，10世纪时成为印度半岛以及拓展到苏门答腊岛的海上强国，其东来行程："三文离本国，舟行七十七昼夜，历郍勿丹山、娑里西兰山。至占宾国又行六十一昼夜，历伊麻罗里山至古罗国，国有古罗山，因名焉。又行七十一昼夜，度蛮山水口，历天竺山，至宾头狼山望东西王母冢，距舟所将百里。又行二十昼夜，度羊山、九星山，至广州之琵琶洲。离本国凡千一百五十日至广州焉。"更远的有波斯国（今伊朗地区）、昆仑层期国（今肯尼亚、坦桑尼亚地区）、木兰皮国（非洲北部诸国之总名）、大秦国（当时的罗马帝国一带）等，其中大秦国、木兰皮国是这些地区最繁盛的地方。海外诸番来华，三

---

① 周去非：《岭外代答》，杨武泉校注，见《中外交通史籍丛刊》，北京：中华书局，2012年，第126页。

佛齐、阇婆已如前述，其他国家大致是"大食国之来也，以小舟运至南行，至故临国易大舟而东行，至三佛齐国乃复如三佛齐之入中国。其他占城、真腊之属，皆近在交阯洋南，远不及三佛齐国、阇婆之半，而三佛齐、阇婆又不及大食国之半也。诸番国之入中国，一岁可以往返，唯大食必二年而后至。"①中国商舶去大食诸国，一般也在故临将大舟换成小舟前往。从《诸蕃志》看，所记载国家有 58 个，包括东自今日本、菲律宾；南止印度尼西亚各群岛；西达非洲及意大利之西西岛；北至中亚及小亚细亚。②而且逐条对各国的物产、风俗、从中国出发航行所经时间、大致距离，多有所描述。这说明不仅海外各国往来中国，且中国商舶也常前往海外，活跃的地区远至非洲、欧洲，包括地中海一带。当时所载各国物产有龙脑、乳香、没药、血碣、金颜香、笃耨香、苏合香油、栀子花、蔷薇水、沉香、笺香、速暂香、黄熟香、生香、檀香、丁香、肉豆蔻、降真香、麝香木、波罗蜜、槟榔、椰子、没石子、乌楠木、苏木、吉贝、椰心簟、木香、胡椒、珊瑚树、玻璃、猫儿眼、珠子、砗磲、龙涎香、象牙、犀角等。从这些物产来看，中国商舶前往海外购进的主要是香药。

元代对南海的经略，比较显著的体现是对海外的诏谕、征服。元至元年间，唆都奉玺书十通诏谕海外，未几，占城、马八儿国奉表称藩。至元十六年（1279 年）遣广东招讨司达鲁花赤扬廷璧诏谕俱蓝国，次年俱蓝遣使入贡。于是又遣杨廷璧出使南海，至元十八年（1281 年）从泉州入海，到达僧伽那山（锡兰）、马八儿国、俱蓝国、那旺国、苏门答腊等地方。其结果是南海诸国纷纷遣使来元。至元二十九年（1292 年）元世祖因爪哇黥诏使孟琪面，发福建、江西、湖广三行省之兵二万，舟千艘，以史弼等率军征爪哇。大军从泉州出发，过七洲洋、万里石塘，经占城，招降南巫里、速木都剌、不鲁不都、八剌剌诸小国后，在第二年（1293 年）正月至东董、西董山，牛崎屿，入混沌大洋，于橄榄屿、假里马答、勾阑等山驻兵，伐木造

① 周去非：《岭外代答》，杨武泉校注，见《中外交通史籍丛刊》，北京：中华书局，2012 年，第 126 - 127 页。

② 赵汝适：《诸蕃志》，杨博文校释，北京：中华书局，2008 年，第 6 页。

小舟进入爪哇。经过激烈的战争，爪哇国主投降，但其婿后又叛杀元军。史弼等得其金宝番布、地图户籍还国。①

元朝的海外征战，并未能把这些地区纳入自己的版图，但体现了当时官方已有一大批熟悉航海、海战的人员。元代吴鉴指出，自元以舟师讨定爪哇后，"自时厥后，唐人之商贩者，外蕃率待以使臣之礼，故其国俗、土产、人物、奇怪之事，中土皆得而知"②。元大德五年（1301年），杭州路总管杨梓之子杨枢，"年甫十九，致用院俾以官本船浮海至西洋"，从波斯湾还航时，巧遇波斯王合赞所遣使臣聘怀等出使中国，遂载之以来。波斯使臣回国时，请求由杨枢护送西还，元朝遂授杨枢忠显校尉、海运副千户，佩金符与俱行。大德八年（1304年）从大都出发，大德十一年（1307年）抵达忽鲁谟斯，"往来长风巨浪中，历五星霜。凡在舟楫糗粮，物器之需，一出于君，不以烦有司。既又用私钱市其土物，白马、黑犬、琥珀、葡萄酒、蕃盐之属以进"③。杨枢因航海经商为元廷赏识任用，但元朝官方的海外活动，是否使得当时海外经商者地位有所提高，这还很难说。

元代对海外诸国的交往、了解，留下了航海游历者亲身体会的著述，一是《真腊风土记》，二是《岛夷志略》。《真腊风土记》为周达观所著，元贞元年（1295年）他奉命随使真腊，次年由温州港开洋，居住一年，于元大德元年（1297年）在四明（今宁波）登岸，回国后著成此书。书中记述了真腊的山川、物产、居民生活、语言、习俗等当地有关的情况，且在总叙中记载了由温州前往真腊的针路。《岛夷志略》约成书于1349年，是汪大渊随舶游历南海后所著。汪大渊所记载的国家、地区多达90多个，包括对澎湖、台湾地区及中国南海的一些描述，还有东南亚、南亚、苏门答腊以西的众多地区及诸岛屿。因其著述乃其亲历后所为，故其参考价值颇高，所述及地方也得到学界的热情讨论。但就海洋空间而言，其记载不及《诸蕃志》广阔，对东边的日本、朝鲜未述及，对西边的阿拉伯半岛也只提及一个地区，对

---

① 参考冯承钧：《中国南洋交通史》，北京：商务印书馆，2011年，第59－67页；方豪：《中西交通史》（下），上海：上海人民出版社，2015年，第406页。
② 汪大渊：《岛夷志略》，苏继庼校释，北京：中华书局，2009年，第5页。
③ 黄溍：《松江嘉定等处海运千户杨君墓志铭》，见《金华黄先生文集》卷三十五。

东非沿海地区的地名记载也不如宋代多。这可能是元代比宋代"在阿拉伯半岛的贸易衰落，在东非的贸易发展缓慢，但在印度和波斯湾的贸易却蓬勃发展"的表现。①

　　总的来说，宋元时期所谓的海上丝绸之路，涉及从东到西的各个地区的航海贸易活动，在每个联系相对紧密的海域都可能形成一个贸易圈，且有其相对重要的都会。这时期的木兰皮国、大食国、阇婆、三佛齐、注辇国、占婆、真腊等，是这条从西到东的、漫长的海上通道上的重要节点。而中国无疑也是当时东方海域的大都会，是整个海上丝绸之路上的一个重要中心。东南亚地区国家的兴衰，往往受以中国为起点的主航道变化的影响。宋元沿海港口的发展、繁荣，不仅吸引各国使臣、商人等热衷前往，中国商舶也往来其间，最远到达非洲沿岸、欧洲地中海一带。中国商舶在海上丝绸之路上发挥了重要的作用，尤其是在过了印度半岛的故临国后，东来的各国商舶往往会换乘中国的大舶。宋元时期的海洋也是相对开放、通畅的，航海和造船技术的发展以及宽松的政策，使得中国的海外活动不局限于后世所谓的苏门答腊以东地区。与前代不同的是，打破了汉唐时期比较被动的局面，本土商舶主动出海者愈益增多，彰显了自身海洋发展的活力。宋元长期的海外活动，也造就了一批与航海相关的人员，积聚了自己在海洋空间活动中的实力。总的来说，不仅在东北亚海域的海洋活动中占据主导地位，确保了中国海域的相对安宁，且逐渐形成自己的领海范围。宋元时期，东海与朝鲜、日本的分界以及中国南海的大致范围和边界已有相对的初步奠定，南海成为中国的疆域。

明初海上力量与战略空间的收缩

　　忽必烈征日失败后，日本倭寇开始经常性地出没于高丽南部沿海劫掠。倭寇在元朝之所以未酿成大患，一般认为是与元朝大德年间后留心海防，

---

① 周运中：《中国南洋古代交通史》，厦门：厦门大学出版社，2015 年，第 430 页。

造船练兵，积极设防有关。① 元末明初，倭寇开始为患中国东部沿海地区。针对这一情况，明太祖朱元璋在早期采取了主动出海制敌的海洋军事战略，并拥有当时强大的海军。但可惜的是，这种战略并未持续下去，随着明洪武朝后期海洋战略向"不征""防海"的转变，中国海洋战略空间开始收缩，并给后世海洋发展带来负面影响。

一、从无舟楫到内陆水师的成长

朱元璋在濠州起兵并掌握郭子兴的军队后，在元至正十五年（1355 年）的战略布局是南渡长江攻取南京。据《明太祖实录》的记载，朱元璋"与诸将谋渡江，患无舟楫"②，说明他并无船舰来实现计划。此时，巢湖水寨盘踞着叛元的水师万余人，有船近千艘，由赵普胜、李普胜、俞通海父子等领导，由于屡次受到庐州左君弼的攻击，"五月丁亥，遣俞通海间道来附，乞发兵为导，使凡三至"②。巢湖水师取得与朱元璋的联系后，朱元璋往巢湖与之会谈，其结果是水师离开巢湖后，赵普胜带领其部下离走并投奔了陈友谅，余下的舟船到和州后才归顺了朱元璋。中间因舟船未到，"遣人诱蛮子海牙军来互市，遂执之，得十九人皆善操舟者，令其教诸军习水战，命廖永安、张德胜、俞通海等将之"②。因为巢湖水师的投靠，加上从元军水师中得到熟悉水战的人员的教习，朱元璋有了自己的第一支水师。至正十九年（1359 年），朱元璋的水师与赵普胜的手下在枞阳水寨相战，朱元璋"遣院判俞通海等往击败之，俘其将赵牛八等，普胜弃舟陆走，又擒其部将洪豹等，并获艨艟数百艘，遂复池州"③。至此，不仅增加了船舰的数量，巢湖水师几乎全归朱元璋所有。一大批巢湖出身、懂水战的将士，在以后征伐南方的水战中发挥了很大的作用，并且在他们的帮助下，还训练了一批原来不习水战的人员，内陆水师的规模和作战能力也在征战中得到提升。

其后，朱元璋的水师在与陈友谅、张士诚等的较量中得以扩充。陈友

---

① 陈文石：《明洪武嘉靖间的海禁政策》，台湾大学文学院，1966 年，第 7 页。
② 《明太祖实录》卷三，乙未夏四月丁丑。
③ 《明太祖实录》卷七，己亥夏四月癸酉。

谅盘踞江西、湖北、湖南等地，拥有在当时颇为强大的内河舰队。元至正二十年（1360年），陈友谅试图以其舰队的优势攻打在南京的朱元璋，但最终失利，其卒被俘2万余人，其将张志雄、梁铉、俞国兴、刘世衍等皆降，朱元璋"获巨舰名混江龙、塞断江、撞倒山、江海鳌者百余艘及战舰数百"[①]，并追击汉军至慈湖，纵火焚其舟，在采石又大败之。通过这次较量，朱元璋获取了一百多艘大船和数百艘战舰。次年起，朱元璋通过与陈友谅的一系列水战，终于在至元二十三年（1363年）的鄱阳湖之战中消灭了陈友谅，剩余的汉军舰队——总数有5万人[②]归降朱元璋。

消灭陈友谅后，明军开始转向攻打江浙一带的张士诚武装。张士诚是以操舟运盐起家的，名义上归附元朝并负责供应其海运所需的粮食等物资，有不少舟师。元至正二十六年（1366年），在江阴与张士诚的水战中，秦淮翼水军元帅康茂才等追至浮子门，"与士诚舟五百余艘相遇，茂才督诸军力战，大败之。获楼船三十余艘，斩虏甚众，乘胜逐北，覆其巨舰无算，又获其斗船十八艘，虏将校四百人，卒五千余人"[③]。其作战能力越来越强。接着，徐达率军至淮安，"闻张士诚将徐义军在马骡港，夜半率兵往袭之，破其水寨军，义泛海遁去，获船百余艘"[④]。至元二十七年（1367年），苏州城破，剩余的吴军停止抵抗后归降。

经过长期的征战，内陆水师已经成熟。然而，内陆水师与海军存在很大的差别，缺乏海战经验的水师难以胜任海上事务。因此，直到方国珍等民间海上武装的加入及整合，才使朱元璋拥有真正的海上武装力量。

二、方国珍等元末民间海上武装力量的整合

方国珍（1319—1374年），原名珍，字国珍，更名真，字谷贞、谷珍，元末浙江台郡黄岩洋山澳人，"世以贩盐浮海为业"[⑤]。方国珍入海起事的时

---

① 《明太祖实录》卷八，庚子五月庚申。
② ［英］崔德瑞，［美］牟复礼：《剑桥中国明代史：1368—1644年》（上卷），中国社会科学院历史研究所译，北京：中国社会科学出版社，2007年，第86页。
③ 《明太祖实录》卷一九，丙午正月癸未。
④ 《明太祖实录》卷二〇，丙午四月乙卯。
⑤ 《明史》卷一二三《方国珍传》。

间在元至正八年（1348年），缘由是被仇家诬告与海寇相通。《明太祖实录》记载：

> 元至正中，同里蔡乱头啸聚恶少年，行劫海上，有司发兵捕逐其党，多诛连平民。国珍怨家陈氏诬构国珍与寇通，国珍怒杀陈氏，陈之属诉于官，官发兵捕之急。国珍遂与其兄国璋、弟国瑛、国珉及邻里之惧祸逃难者亡入海中，旬月间，得数千人，劫掠漕运粮，执海道千户。[①]

方国珍因被人诬告而杀人吃了官司，才带领兄弟邻里入海为寇。宋濂在明洪武九年（1376年）奉诏所作的《故资善大夫广西等处行中书省左丞方公神道碑铭》中亦有记载，虽其言辞为方国珍入寇实为无奈之举有所辩护[②]，但对其前因后果的描述更为详尽：

> 至正初，李大翁啸众倡乱，出入海岛，劫夺漕运舟。剧盗蔡乱头闻其事，谓国家不足畏，复效尤为乱，势鸱张甚，濒海子女玉帛，为其所掠殆尽，民患苦之。中书参知政事朵儿只班发郡县讨蔡寇。公之怨家诬构与其通，逮系甚急。公大恐，屡倾资贿吏，寻捕如初。公度不能继，且无以自白，谋于家曰："朝廷失政，统兵者玩寇，区区小丑不能平，天下乱自此始。今酷吏藉之为奸，媒蘖及良民，吾若束手就毙，一家枉作泉下鬼。不若入海为得计耳。"咸欣然从之。郡县无以塞命，妄械齐民以为公。民亡公所者，旬日得数千，久屯不解。[③]

从这两段材料来看，元末温州、台州一带濒海之民入海为寇者并非特例。从地理环境来看，这一带岛屿丛生，而以出入海上贩盐为生之民也不在少数，这些人在朝廷眼里有通寇、为寇之嫌疑。更为重要的是，元代兴海运，运送漕粮的重要起点太仓诸港与台州的距离也很近，故材料中提到

---

① 《明太祖实录》卷八八，洪武七年三月壬辰。
② 左东岭：《〈方国珍神道碑铭〉的叙事策略与宋濂明初的文章观》，载《首都师范大学学报（社会科学版）》，2013年第6期。
③ 宋濂：《故资善大夫广西等处行中书省左丞方公神道碑铭》，见《宋濂全集》第三册，黄灵庚等编辑总校，北京：人民文学出版社，2014年，第1255页。

的海寇李大翁等就劫夺漕运舟，而方国珍入寇后也劫掠漕运粮，这不仅为海寇的补给提供便利，且有利于扩充其船舰数量。方国珍入海，得到家人、邻里的支持，并且才十多天追随者就多达数千人，其部下应该就有不少贩私盐者。据有关研究指出，方国珍完成武力积累的重要社会基础，多为元末生计窘迫的承运海漕的船户。他们中间很多人为逃避赋役而逃入海岛，加入方国珍的队伍中。①

因方国珍的行动破坏海道运粮的安全，元朝诏江浙行省参政朵儿只班总领舟师追捕，但兵败反为所执，没想到方国珍不杀他，反而迫使他请于朝，下招降之诏。"元主从之，遂授庆元定海尉。国珍虽授官还故里，而聚兵不解，势益暴横。"②方国珍接受招降后，在元至正十二年（1352 年）远征徐州，他怀疑元朝会乘此剿灭自己，复入海为叛。于是，元朝再次命台州路达鲁花赤泰不花讨之。"泰不花率舟师与战，众溃，泰不花自分必死，即前薄国珍船，手刃数人，遂为所杀。"②次年（1353 年）三月，元朝遣江浙左丞帖里帖木儿、南台侍御史左答里失前往诏谕授官，方国珍"疑惧不赴，拥舟千艘，复据海道，阻绝粮连。元复遣江浙右丞阿儿温沙与庆元元帅纳麟答剌会兵讨之，皆败。元无如何，复招安，从其所欲，以国珍为海道漕运万户，国璋为衢州路总管"③。在此期间，元朝还曾招募其他海上力量攻击方国珍，如"海上赵士正诸家起义兵与方氏战，子弟多创死，不获沾一命"③，而"方氏累叛累进，秩功罪反，人无以拳，于是上下解体，多甘心从乱而方氏益横。国珍既受官，不听调，时汝颍兵乱，四方多故，元益羁縻不能问"③。方国珍势力愈益扩展，甘心跟随他的人也越来越多。当时海内大乱，江淮南北诸郡纷纷聚众割据，元朝已无余力消除方国珍，只好任其发展。

元至正十四年（1354 年），方国珍攻据台州。至正十五年（1355 年），方国珍攻下温州、庆元。至正十七年（1357 年），元朝希望借助方国珍的海上

① 陈波：《海运船户与元末海寇的生成》，载《史林》，2010 年第 2 期。
② 《明太祖实录》卷八八，洪武七年三月壬辰。
③ 傅维麟：《明书》卷九○《方国珍记》，见《四部全书存目丛书》，史部第 39 册，济南：齐鲁书社，1996 年，第 217 页。

武装力量来讨伐割据江浙一带的张士诚，"国珍率兄弟诸侄等以舟师五万进击士诚昆山州，士诚将史文炳等御于翁子桥，国珍七战七捷，会士诚亦送款于元，愿奉正朔，元从其请，遂命国珍罢兵"①。这时候，方国珍拥有舟师五万，迫使张士诚称臣于元。方国珍还师后，"开治于庆元，而兼领温、台，全有三郡之地，遂以兄国璋、弟国瑛居台，侄明善居温，而留弟国珉自副"①。依靠海上舟师力量兴起的方氏，俨然已是一方强有力的势力。

当时，"元每岁遣官督国珍备海舟至张士诚所，漕米十万余石，渡海北输元都"①，也就是说，由张士诚负担海运中的粮米，而具体的海上运输则由方国珍负责。元末海运的路线，在朱清、张瑄开辟的基础上有所改进。自元至元三十年（1293 年）后，常走的是千户殷明略所开的新道，"从刘家港开船，由长江口出海以后即直接向东进入黑水大洋，经由黑水大洋又直接向北航行到成山角，再转西仍由渤海南部到达界河口"②。这条海路中的很长一段远离海岸，进入深海中。方国珍自海道运粮，应该也是常走此线，这就对其航海与造船技术以及海上防御能力的要求更高。正因为如此，方国珍加造大船，其部下也积累了相当的海运、御敌经验，为后来明朝的海运、御倭提供了条件。

元至元二十七年（1367 年）九月，朱元璋"命参政朱亮祖帅浙江衢州、金华等卫马步舟师讨方国珍"③。十月，又"命御史大夫汤和为征南将军，金大都督吴祯为副将军，帅常州、常兴、宜兴、江阴诸军讨方国珍于庆元"④。朱亮祖是多次和陈友谅作战且战功显著的将领，吴祯早年助其兄吴良守江阴一带，牵制张士诚的势力，有首破张士诚水寨之功，在跟随徐达由港口往湖州和围攻苏州城时建有奇功，也有相当的水战经验。兵至绍兴后，吴祯"引兵乘潮夜入曹娥江夷壩通道，出其不意，直抵车厩"⑤。至余姚时，其

----

① 《明太祖实录》卷八八，洪武七年三月壬辰。
② 章巽：《中国古代的海上交通》，北京：商务印书馆，1986 年，第 61 页。
③ 《明太祖实录》卷二五，吴元年九月甲戌。
④ 《明太祖实录》卷二六，吴元年冬十月癸丑。
⑤ 徐纮：《皇明名臣琬琰录》前集卷五，见《海国襄毅吴公神道碑》，台北：文海出版社，1987 年，第 141 页。

知州等出降。遂与汤和进入庆元城，方国珍趋部下乘海舟遁去，汤和率兵追之，吴祯等与方国珍部下在盘屿大战，"获海舟二十五艘，马四十一匹"①。还师庆元后，吴祯又马上往定海、慈溪等县，"得军士二千人，战舰六十三艘，马二百余匹，银印三，铜印十六，金牌二钱六千余锭，粮三十五万四千六百石"①。

尽管从方国珍处得到不少海舟，但在内河、内湖作战毕竟不同于海战，而这时方国珍已遁入海岛，朱元璋对"军士未尝涉海"②颇为担忧。所幸方国珍放弃了海上抵抗，遣使奉表谢罪乞降。吴元年（1367年）十二月，"方国珍及其弟国珉率所部谒见汤和于军门，得其步卒九千二百人，水军一万四千三百人，官吏六百五十人，马一百九十匹，海舟四百二十艘，粮一十五万一千九百石，他物称是"②。至此，不仅明水军的人数至少达到两三万，还获取了数百艘海舟，方国珍的子侄及其部下也加入到明军中。

除了方国珍的海军主力，元朝昌州达鲁花赤阔里吉思不久亦来降，"得其粮六万九千石，马五十匹，船四百八十二艘"③。同月，征南将军汤和、征南副将军廖永忠、都督佥事吴祯率舟师直接由海道自明州进入福州，不数日至城下，围其西南水部三门，一鼓克之，"获马六百三十九匹，海舟一百五十艘，粮一十九万九千五百余石，金一千四百五十两，胡椒六千三百余斤"④。明洪武元年（1368年）陈友定在延平被擒，闽海平定，其海上舟舰等也归明太祖朱元璋所有。

明太祖整合了这些海上武装力量后，在其接下来的南征北伐中都充分利用海道。明洪武元年二月，"诏御史大夫汤和还明州造海舟，漕运北征军饷；命平章廖永忠为征南将军，以参政朱亮祖为副帅，舟师由海道取广东"⑤。五月，昌国州兰秀山海寇入象山县作乱，对其经过和海寇身份，学

① 《明太祖实录》卷二七，吴元年十一月辛巳。
② 《明太祖实录》卷二八，吴元年十二月辛亥。
③ 《明太祖实录》卷二八，吴元年十二月辛亥。
④ 《明太祖实录》卷二八下，吴元年十二月庚午。
⑤ 《明太祖实录》卷三〇，洪武元年二月癸卯。

界有所研究①，多认为这些人是方国珍的余部。洪武二年（1369 年），吴祯调兵剿捕之，得到明太祖的嘉奖。洪武四年（1371 年）十二月，"诏吴王左相靖海侯吴祯籍方国珍所部温、台、庆元三府军士及兰秀山无田粮之民尝充船户者，凡十一万一千七百三十人，隶各卫为军，仍禁濒海之民不得私出海"②。曹永和先生解释这一段史料时指出，"这一段记述说明太祖扩张海军，增强了海防的措施"③。

总的来说，明太祖通过对方国珍等元末民间海上武装力量的整合，不仅使自己拥有了众多海舟、船舰以及熟悉海洋的将士，而且在以后的海运、抵御倭寇中也充分利用了这些力量。明太祖在早期听取了这些人中主动巡海、御倭于海洋的意见，并建立起一支强大的巡洋舰队，显示了洪武前期海军的力量。

三、"御海洋"战略与巡洋舰队的组建

"御海洋"是相对"固陆地"而言，指在海洋军事战略上重视海洋，主张积极主动地巡游击寇，争取制海权，而非被动地固守在海岸线以内。明初"御海洋"战略有其现实的考虑。明洪武元年，朱元璋在金陵即位后，辽东一带尚在元朝的控制之下。为解决北征的军粮问题，"中书省符下山东行省，募水工发莱州洋海仓饷永平卫。其后海运饷北平、辽东为定制"④，通过海运将江南的粮米等运至北直隶附近。并且，还大造海舟以补海运中舟船的不足。洪武元年二月，"诏御史大夫汤和还明州造海舟，漕运北征军饷"⑤。八月，"上命造海舟运粮往直沽，候大军征发。是岁，海多飓风，不可行，乃诏和以粮储镇江"⑥。洪武三年（1370 年），郑遇春"还京，督金吾

----

① 参见［日］藤田明良：《兰秀山之乱与东亚海域世界——14 世纪舟山群岛与高丽、日本》，见《历史学研究》698 号，1997 年；陈波：《兰秀山之乱与明初海运的展开——基于朝鲜史料的明初海运"运军"素描》，转引自郭万平，张捷：《舟山普陀与东亚海域文化交流》，杭州：浙江大学出版社，2009 年，第 44 – 58 页。
② 《明太祖实录》卷七十，洪武四年十二月丙戌。
③ 曹永和：《试论明太祖的海洋交通政策》，见《中国海洋发展史论文集》第 1 辑，台湾"中央研究院"中山人文社会科学所，1984 年，第 42 页。
④ 《明史》卷七九《食货三漕运》，北京：中华书局，2012 年，第 1915 页。
⑤ 《明太祖实录》卷三〇，洪武元年二月癸卯。
⑥ 《明太祖实录》卷三四，洪武元年八月癸未。

诸卫，造海船百八十艘，运饷辽东"①。洪武五年（1372 年），诏吴祯"分总舟师数万由登州转运以饷之"②，说明当时运兵的数量达到数万人。陈波引何乔远《名山藏》《国朝宪章类编》和《明太祖实录》中关于漕运的材料，指出洪武年间海运人数达到八万余人。③

与此同时，明朝建立之初，就出现倭寇侵扰的安全威胁。明洪武二年（1369 年）正月，倭人入寇山东海滨郡县，掠民男女而去。于是，朱元璋决定御敌于国门之外，命舟师在海上对敌实施进攻作战，甚至不惜渡海征讨，于二月诏谕日本："间者山东来奏，倭兵数寇海边，生离人妻子，损害物命，故修书特报正统之事，兼谕倭兵越海之由。诏书到日，如臣奉表来庭，不臣则修兵自固，永安境土，以应天休。如必为寇盗，朕当命舟师扬帆诸岛，捕绝其徒，直抵其国，缚其王，岂不代天伐不仁者哉！惟王图之。"④四月，倭寇出没海岛侵掠苏州、崇明一带时，太仓卫指挥佥事翁德"率官军出海捕之，遂败其众，获倭寇九十二人，得其兵器、海艘"。朱元璋即诏令升翁德为太仓卫指挥副使。同时遣使祭东海神："今命将统帅舟师，扬帆海岛，乘机征剿，以靖边氓。特备牲醴，用告神知。"⑤

明洪武三年（1370 年）三月，朱元璋遣莱州府同知赵秩持诏谕日本国王良怀，再次表达了若日本不约束其倭寇，明朝将不惜出兵征日的想法："蠢尔倭夷，出没海滨为寇，已尝遣人往问，久而不答，朕疑王使之故扰我民。今中国奠安，猛将无用武之地，智士无所施其谋。二十年鏖战，精锐饱食，终日投石，超距方将，整饬巨舟，致罚于尔邦。俄闻被寇来归，始知前日之寇，非王之意，乃命有司暂停造舟之役。呜呼……征讨之师，控弦以待。果能革心顺命，共保承平，不亦美乎？"⑥六月，倭寇劫掠福建沿海诸郡，

----

① 《明史》卷一三一《郑遇春传》，北京：中华书局，2012 年，第 3854 页。
② 徐纮：《皇明名臣琬琰录》前集卷五，见《海国襄毅吴公神道碑》，台北：文海出版社，1987 年，第 142 页。
③ 陈波：《试论明初海运之"运军"》，见《中国边疆史地研究》，2009 年第 3 期。
④ 《明太祖实录》卷三九，洪武二年二月辛未。
⑤ 《明太祖实录》卷四一，洪武二年戊子。
⑥ 《明太祖实录》卷五〇，洪武三年三月是月条。

"福州卫出军捕之,获倭船一十三艘,擒三百余人"①。七月,"置水军等二十四卫,每卫船五十艘,军士三百五十八人缮理,遇征调则益兵将之"②。新置直属京师的水军等卫,配置战船1200只,军士8400人。洪武四年(1371年)六月,倭夷寇胶州。洪武五年(1372年)五月,倭夷寇海盐之澉浦。六月,倭夷寇福州之宁德县。羽林卫指挥使毛骧,"败倭寇于温州下湖山,追至石塘大洋,获倭船十二艘,生擒一百三十余人,及倭弓等器送京师"③。八月,诏浙江、福建濒海九卫造海舟六百六十艘,以御倭寇。④十一月,诏浙江、福建濒海诸卫改造多橹快船,以备倭寇。⑤如此大规模的新造海舟,朱元璋担心给民众加重负担,中书省臣复奏说,"倭寇所至,人民一空,较之造船之费,何翅千百,若船成,备倭有具,濒海之民,可以乐业,所谓因民之利而利之,又何怨?"④正是在这种举朝积极造海舟主动追捕倭寇,鼓励海战的氛围下,洪武六年(1373年)正月,朱元璋采纳德庆侯廖永忠建言:"请令广洋、江阴、横海、水军四卫添造多橹快船,命将领之。无事则沿海巡徼,以备不虞;若倭夷之来,则大船薄之,快船逐之。彼欲战不能敌,欲退不可走,庶乎可以剿捕也。"⑥于是决定多造战船,组建一支中央直属的巡洋舰队,与倭寇决胜于海上。三月,诏以广洋卫指挥使于显为总兵官,横海卫指挥使朱寿为副总兵,出海巡倭。五月,"台州卫兵出海捕倭,获倭夷七十四人,船二艘,追还被掠男女四人"⑦。

在这种主动巡倭于海上的方针指导下,福建都司都指挥同知张赫统哨出海,在海坛岛外之牛山洋遇倭⑧,遂奋起迎击,对倭寇穷追不舍。明舟师驶过台湾岛北,顺着黑潮支流,过钓鱼列屿,横渡黑水沟到达琉球大洋,"与战,擒其魁十八人,斩首数十级,获倭船十余艘,收弓刀器械无算。帝

---

① 《明太祖实录》卷五三,洪武三年六月乙酉。
② 《明太祖实录》卷五三,洪武三年秋七月壬辰。
③ 《明太祖实录》卷七四,洪武五年六月癸卯。
④ 《明太祖实录》卷七五,洪武五年八月甲申。
⑤ 《明太祖实录》卷七五,洪武五年十一月癸亥。
⑥ 《明太祖实录》卷七八,洪武六年正月庚戌。
⑦ 《明太祖实录》卷八三,洪武六年七月丙寅。
⑧ 傅维鳞:《明书》卷九五《张赫传》。

伟赫功，命掌都指挥印"①。

明洪武七年(1374年)正月初八，朱元璋命靖海侯吴祯为总兵官，都督金事于显为副总兵官，"领江阴、广洋、横海、水军四卫舟师出海巡捕海寇，所统在京各卫，及太仓、杭州、温、台、明、福、泉、潮州沿海诸卫官兵，悉听节制"②。《海国襄毅吴公神道碑》所述"七年甲寅，海上警闻，公(吴祯)复领沿海各卫兵出捕，至琉球大洋，获倭寇人船若干，俘于京，上益嘉赖之"③，就是这次出海巡捕的战果。

此后，明朝海军舰队每年春季巡海，秋季撤回，越海捕倭成为常例。正是在御倭于海洋的举措下，从明洪武九年(1376年)到洪武十二年(1379年)，东海海上基本平静。

四、海洋战略空间的退缩

明洪武十四年(1381年)、洪武十五年(1382年)前后，朱元璋的海洋战略发生重大的改变。一是洪武十三年(1380年)朱元璋以胡维庸通日谋反为借口，不再试图通过外交途径解决倭患问题，洪武十四年(1381年)后基本与日本断绝正式的外交往来，也不再对日本颁布带武力威慑的文书；二是抗倭思路从御海洋转向御海岸，从谋求海战转向谋求海防，在沿海建立以守护海岸为中心的防御工程，并以倭寇仍不收敛为由，下令"禁濒海民私通海外诸国"④。

明洪武十五年(1382年)一月，停止山东舟师的出海巡倭："山东都指挥使言：每岁春发，舟师出海巡倭，今宜及时发遣。上曰：海道险、勿出兵，但令诸卫严饬军士防御之。"⑤四月，浙江都指挥使司要求更改巡海的地点或缩小各卫巡海的范围：

> 杭州、绍兴等卫，每至春则发舟师出海，分行嘉兴、澉浦、

---

① 张廷玉：《明史》卷一三〇《张赫传》。
② 《明太祖实录》卷八七，洪武七年正月甲戌。
③ 徐纮：《皇明名臣琬琰录》前集卷五，见《海国襄毅吴公神道碑》，台北：文海出版社，1987年，第142页。
④ 《明太祖实录》卷一三九，洪武十四年十月己巳。
⑤ 《明太祖实录》卷一四一，洪武十五年正月辛丑。

> 松江、金山防御倭夷，迫秋乃还。后以浙江之舟难于出闸，乃
> 聚泊于绍兴钱清区。然自钱清抵澉浦、金山，必由三江、海门，
> 俟潮开洋。凡三潮而后至。或遇风涛，动踰旬日，卒然有急，
> 何以应援？不若仍于澉浦、金山防御为便。其台州、宁波二卫
> 舟师，则宜于海门宝陀巡御，或止于本卫江次备倭，有警则易
> 于追捕，若温州卫之州，卒难出海，宜于蒲州、楚门、海口
> 备之。①

朱元璋采纳了这个建议。这样做减轻了各卫巡海的负担，实则降低了海军操练、巡防的责任，也给倭寇留下更大的海洋活动空间。明洪武十五年(1382年)十一月，朱元璋以天下无事，否定福建建造战船的计划。"福州左、右、中三卫奏请造战船，上曰：今天下无事，造战船将何施耶？不听。"②洪武十七年(1384年)，朱元璋命信国公汤和巡视浙江、福建要地，洪武二十年(1387年)，令江夏侯周德兴往福建择要地筑城，添设沿海防御卫所。③ 即建造以沿海陆基为根本的海防体系，海防战略由主动出海巡查的"巡海"转变到以被动防守为主的"防海"。水师御敌于海洋的功能削弱，退化为近岸禁查民众出海走私贸易。

明洪武初年，朱元璋重建朝贡体制，海外诸番与中国往来，使臣不绝。胡维庸案发后，三佛齐、渤泥、彭亨、百花、苏门答腊、西洋、邦哈剌等30国不再朝贡。到明洪武末年，和明朝保持朝贡关系的只有安南、占城、真腊、暹罗、琉球等国。明洪武二十八年(1395年)，朱元璋谕告天下，"四方诸夷，皆限山隔海，僻在一隅，得其地不足以供给，得其民不足以使令。若其自不揣量，来扰我边，则彼为不祥。彼既不为中国患，而我兴兵轻伐，亦不祥也。吾恐后世子孙，倚中国富强，贪一时战功，无故兴兵，致伤人命，切记不可"，将日本、朝鲜、大小琉球、安南等列为"十五不征

---

① 《明太祖实录》卷一四四，洪武十五年四月辛丑。
② 《明太祖实录》卷一五〇，洪武十五年十一月癸酉。
③ 关于洪武朝停止巡倭、海上军事防线的退缩，可参考杨国桢：《东亚海域漳州时代的发端——明代倭乱前的海上闽商与葡萄牙(1368—1549)》，载《RC文化杂志》中文版，2002年第42期。

之国"①。朱元璋将此写入《皇明祖训》的首章，并刊行颁布于世。至此，对日本"不征"的基调正式确定。根据万明的研究②，将"不征"写入家法还可追溯到洪武六年（1373年），早在《祖训录》修成时已有类似言论。③ 甚至有更早的"不征"之说，据《明太祖实录》所载，早在洪武四年（1371年），朱元璋就有"朕以诸蛮夷小国阻山越海，僻在一隅。彼不为中国患者，朕决不伐之"④之说。比较这三则"不征"材料中有关日本的内容，在洪武六年（1373年）不征之海外国家名单中并未列日本，而在洪武二十八年（1395年）则将日本明确列入"不征"之列，这也说明了从主动巡海到被动设防的转变，对日不征是在洪武十四年（1381年）到洪武二十八年（1395年）期间得以确定的。

因为明太祖海洋战略的转变，强大的海军力量被封存起来，中国海洋战略空间收缩。据研究，早在明洪武四年以前就有禁海令⑤，刚开始是出于防倭便利的考虑。洪武十四年（1381年）再次下令禁濒海民众私通海外诸国。《皇明世法录》卷二〇载禁令曰：

> 凡沿海去处，下海船只，除有号票文引，许令出洋外；若奸豪势要及军民人等，擅造二桅以上违式大船，将带违禁货物下海，前往番国买卖，潜通海贼，同谋结聚，及为向导劫掠良民者，正犯比照谋叛已行律处斩，仍枭首示众，全家发边卫充军。其打造前项海船，卖与夷人图利者，比照私将应禁军器下海者，因而走泄军情律，为首者斩，为从者发边卫充军。若止将大船雇与下海之人，分取番货，及虽不曾造有大船，但纠通下海之人接买番货，与探听下海之人，番货到来，私买贩卖苏木、胡椒至一千斤以上者，俱发边

---

① 傅维鳞：《皇明祖训》首章，《四库全书存目丛书》，史部第264册，济南：齐鲁书社，1996年，第167页。
② 万明主要通过洪武朝对周边国家的外交诏令文书来探讨明初外交格局，认为"不征"政策的最终奠定是在明洪武十九年（1386年）至洪武三十一年（1398年）。可参考万明：《明代中外关系史论稿》，北京：中国社会科学出版社，2011年，第12页，第71页，第141－145页。
③ 《祖训录》首章《箴戒》，洪武六年五月。
④ 《明太祖实录》卷六八，洪武四年九月辛未。
⑤ 曹永和：《试论明太祖的海洋交通政策》，见《中国海洋发展史论文集》第1辑，"台湾中央研究院"中山人文社会科学所，1984年，第42页。

卫充军，番货并没入官。①

对造船和出洋的限制，使沿海之民不能如前代般比较自由地造大舟往远洋获利。明洪武二十三年（1390 年）再诏户部严申金银、铜钱、缎匹、兵器等物品不准出番，并严惩两广、浙江、福建之民私易番物。洪武二十七年（1394 年）禁止民间用番香、番货，洪武三十年（1397 年）再次申禁沿海之民不得擅自出海贸易。明太祖"禁海令"的颁布，堵塞了传统朝贡体制下允许中外民间贸易的渠道，民间海洋发展空间受到严格的控制。在"重陆轻海""以陆防海"的强大观念下，后世皇权体制基本贯彻朱元璋"片板不许下海"的祖训，扼杀了中国通往海洋国家的道路。

朱元璋的海洋政策以朝贡贸易与海禁为中心，民间海洋发展空间受到管制和挤压。但宋元时代积累下来的海洋发展能量并没有消失，而是保存在沿海地区与民间。朱元璋所赐琉球久米村的闽中舟师三十六姓，造就了琉球王国航海贸易的繁荣。移居海外的华商也促进了东南亚的开发，承继中国传统海洋文化，扩大了中华文化在海外的影响力。

郑和七下西洋的空间拓展

"靖难之役"后，朱棣即位，改元永乐，是为明成祖。朱棣继承朱元璋的遗志，对抚绥四夷，建立以明朝为天下共主的国际秩序——朝贡体系表现出浓厚的兴趣。他多次遣使东西洋，诏谕海外诸国，以远迈唐宋的气魄推动了郑和七下西洋的壮举。郑和下西洋连通西亚、东非，是海洋世界和平交往、不同海洋文明交流互鉴的伟大实践。

一、七下西洋始末与航程

郑和下西洋，又称"三宝（保）太监下西洋"。明代"西洋"所指的范围与宋元相比有所变化，在洪武年间曾一度实指"西洋琐里"等国度，但在永乐年间，随着郑和等奉使西洋的影响扩大，"西洋"一词在明代社会凸显出来，并有"下

---

① 《皇明世法录》卷二〇。

西洋"一说。狭义的"西洋"包括印度洋至波斯湾、北非红海一带；广义上的
"西洋"泛指海外诸国。[①] 关于东洋与西洋的分界，学界讨论颇多，此处不再
赘述。[②] 将"郑和"与"下西洋"联系起来成为一种俗称，始于何时，尚待考证。
而"三保太监下西洋"的说法，最早出现在明代罗懋登的小说《三宝太监下西洋
记》中。杨国桢先生说，"不管明成祖的主观动机如何，他采取海洋进取的积
极态度，是传统王朝体制下中央政权经略海洋最为开放的一次……郑和下西
洋是世界航海史上第一次大规模的越洋远航。其所集结的船只和人员之多，
航行范围之广，持续时间之长，证明中国是当时世界最大的海上力量。"[③] 而考
察郑和下西洋的行程，几乎涵盖了中国古代西向海洋活动的全部空间。

　　郑和（1371—1435 年），云南昆阳州人。其先西域人，世为回教徒，元
初移居云南。父姓哈只，母姓温，永乐时赐姓郑。《明史》卷三〇四有传，
谓其事燕王朱棣于藩邸，从起兵有功。关于其七次下西洋的业绩，太仓刘
家港天妃宫所立《通番事迹记》碑、福建长乐县南山寺所立《天妃之神灵应
记》碑、福建东山县所发现的《舟师往西洋记》碑文皆有记载。据《天妃之神
灵应记》所记，该碑是明宣德六年（1431 年），时年 61 岁的郑和在第七次远
洋航行前，候风开洋，向海神妈祖祈求庇护平安所立。碑文开头部分指出：

　　　　皇明混一海宇，超三代而轶汉唐，际天极地，罔不臣妾。其西
　　域之西，迤北之北，固远矣，而程途可计。若海外诸番，实为遐
　　壤，皆捧珍执赞，重译来朝。皇上嘉其忠诚，命和等统率官校、旗
　　军数万人，乘巨舶百余艘，赍币往赉之，所以宣德化而柔远人也。
　　自永乐三年奉使西洋，迨今七次，所历番国，由占城国、爪哇国、
　　三佛齐国、暹罗国，直逾南天竺、锡兰山国、古里国、柯枝国，抵
　　于西域忽鲁谟斯国、阿丹国、木骨都束国，大小凡三十余国，涉沧

----

① 万明：《释"西洋"——郑和下西洋深远影响的探析》，载《南洋问题研究》，2004 年第 4 期。
② 参考沈福伟：《郑和时代的东西洋考》，见《郑和下西洋论文集》第二集，南京：南京大学出版社，
　　1985 年；刘迎胜：《东洋与西洋的由来》，见《走向海洋的中国人》，北京：海潮出版社，1996 年。
　　陈佳荣：《郑和航行时期的东西洋》，见《走向海洋的中国人》，北京：海潮出版社，1996 年。
③ 杨国桢：《从中国海洋传统看郑和远航》，见《郑和远航与世界文明——纪念郑和下西洋六百周年
　　论文集》，北京：北京大学出版社，2005 年。

溟十万余里。①

实际上，明洪武初年就有遣使诏谕南洋诸国，而明永乐元年（1403年），遣中官马彬使爪哇诸国，后又奉使满剌加（马六甲），遣中官尹庆奉使古里，闻良辅、宁善等使西洋琐里、苏门答剌（今印度尼西亚苏门答腊岛西北部），行迹已遍及南洋的大部分。但无疑，郑和在永乐三年（1405年）六月乘坐宝船从南京浏河港出发，作为统率数百船舰的正使，开始长达30年、七次往返南海、印度洋的远行。每次出洋官军皆在一两万人以上，金钱货物之交易赠匮，纵横南洋诸岛、印度沿海、阿拉伯沿海，以至非洲东岸一带，遍历三十余国，其影响之大是前所未及的。

对于郑和七次下西洋的时间，尤其是中间五次，学界颇有争论。但大致来说，第一次下西洋始于明永乐三年六月，止于永乐五年九月（1405—1407年）②。《明史·郑和传》记载："永乐三年六月，命和及其侪王景弘等通使西洋。将士卒二万七千八百余人，多赍金币。造大舶，修四十四丈，广十八丈者六十二。自苏州刘家河泛海至福建，复自福建五虎门扬帆，首达占城，以次遍历诸番国，宣天子诏，因给赐其君长，不服则以武慑之。五年九月，和等还，诸国使者随和朝见。和献所俘旧港酋长。帝大悦，爵赏有差。旧港者，故三佛齐国也，其酋陈祖义，剽掠商旅。和使使诏谕，祖义诈降，而潜谋邀功。和大败其众，擒祖义，献俘，戮于都市。"③郑和下西洋集中国古代造船、航海科技之大成，郑和与王景弘率领由大、中号宝船、战船、粮船、马船、坐船等208艘船组成的庞大船队驶往西洋，这些船的制造或来自福建或来自南京，代表当时世界上最先进的造船技术。④ 据20世纪80年代邱克在北京图书馆发现的《瀛涯胜览》明抄本《三宝征夷集》所载，当时船队的情况：

---

① 中国航海史研究会：《郑和研究资料选编》，北京：人民交通出版社，1985年，第42页。
② 其航程往返日期，参考方豪：《中西交通史》（下），上海：上海人民出版社，2015年，第523 - 524页。
③ 《明史》卷三百四《郑和传》，北京：中华书局，2012年，第7766 - 7767页。
④ 关于郑和乘坐的宝船、船队以及造船等问题，可参考庄为玑：《郑和下西洋及其宝船新考》，见《中国航海学会郑和讨论会论文》，1983年；郑鹤声，郑一钧：《略论郑和下西洋的船》，载《文史哲》，1984年第3期；庄为玑：《郑和航海与福建的关系》，见《郑和与福建》，福州：福建教育出版社，1988年；周运中：《郑和下西洋新考》，北京：中国社会科学出版社，2013年，第53 - 67页。

宝船六十三只：大者长四十四丈四尺，阔一十八丈。中者长三十七丈，阔一十五丈。计下西洋官校、旗军、勇士、力士、通士、民稍、买办、办事，通共计二万七千六百七十员名；官八百六十八员，军二万六千八百二名。正使太监七员、监丞五员、少监十员。内官内使五十三员、户部郎中一员、都指挥二员。指挥九十三员、千户一百四十员、百户四百三员。教谕一员、阴阳官一员、舍人二名、余丁一名。医官、医士一百八十名。[①]

　　郑和船队的人员组织是非常严密的。并且，郑和出使每到一地，均向当地国王或酋长宣读明朝皇帝的诏敕，加以赏赐，并接受当地的贡纳，也包括一些贸易交流活动，形成一种比较和平良好的关系。首航依次到达占城、爪哇、旧港（今印度尼西亚苏门答腊岛东南部）、满剌加、阿鲁（今苏门答腊）、苏门答剌、锡兰山、印度西南岸的小葛兰、柯枝（今印度的柯钦）、古里（今印度咯拉拉邦北岸的卡利卡特，又译作科泽科德）等地方。古里是郑和第一次奉使西洋主船所到的最远地方。古里是西洋诸番的都会，其酋长曾在明永乐元年（1403年）遣使朝贡，这次又接受了郑和带来的册封。为了纪念这一事件，郑和在古里立石勒碑，碑曰：

　　　　其国去中国十万余里，民物咸若，熙暤同风，刻石于兹，永昭万世。

　　此碑象征了两国的世代相好。其后，古里国王多次遣使来华朝贡方物。而以后下西洋之宝船，均在此地停留补给，古里成为下西洋的中转站。

　　第二次下西洋自明永乐五年九月至永乐七年夏（1407—1409年），此次出使，刘家港、长乐碑皆有记载。永乐五年（1407年）九月初五日，命都指挥使汪浩改造海运船249艘，备使西洋诸国。在年冬或次年春出发，派遣太监郑和等敕使古里、满剌加、苏门答剌、阿鲁、加异勒、爪哇、暹罗、占城、柯枝、阿拨把丹、小柯兰、南巫里、甘巴里诸国，赐其国王锦绮纱罗。这次航程大致同前，增加了暹罗、南巫里（今印度尼西亚岛北部班达亚齐一带）、加异勒（今印度南部东岸的卡异尔镇）、甘巴里（今印度西南之科因巴

①　马欢：《明抄本〈瀛涯胜览〉校注》，万明校注，北京：海洋出版社，2005年，第26－27页。

托尔)、阿拨把丹(今印度西北岸或西南)等国。此次郑和抵锡兰山后，在当地佛寺用汉文、泰米尔文及波斯文立碑，该碑于 1911 年被发现，汉文碑文曰：

> 大明皇帝遣太监郑和、王贵通等，昭告于佛世尊曰：仰惟慈尊，园明广大，通臻玄妙，法济群伦，历劫沙河，悉归弘化，能仁慧力，妙应天方。惟锡兰山介乎海南，言言梵刹，灵感翕张。比者遣使召谕诸番，海道之开，深赖慈佑，人舟安利，来往无虞，永惟大德，礼用报施。谨以金银织金、纻丝宝幡、香炉花瓶、表里灯烛等物，布施佛寺，以充供养，惟世尊鉴之……永乐七年岁次己丑甲戌朔日谨施。

第三次下西洋自明永乐七年九月至永乐九年六月(1409—1411 年)。奉诏是在永乐六年(1408 年)九月二十八日。此次随行的官兵二万七千余人，《星槎胜览》的撰者费信也在内，据其记载行程："首抵占城国新洲港(越南归仁)，然后自灵山(越南中部的华列拉角)、宾童龙(越南藩朗)而抵昆仑山，向北至暹罗国，自南经交栏山(加里曼丹西南岸外的格兰岛)而至爪哇。复自爪哇经旧港、满剌加、九洲山(马来半岛西岸外的斯米兰群岛)，出马六甲海峡，抵苏门答剌、花面国(在苏门答腊岛北部之实格里一带)，又自龙涎屿(苏门答腊西北岸外的布勒韦岛)经翠蓝屿(印度尼西亚的尼科巴群岛)而达锡兰山，然后由锡兰山航抵小喃、柯枝、古里。"[1]马六甲海峡是下西洋的必经之路，明朝下西洋宝船以满剌加为一中转基地，立排栅墙垣，设四门更鼓楼，内石立重城，盖造库藏完备，设置了海上补给、储存货物的官仓。满剌加中转基地的设置，对下西洋来回航行、贸易番货、分綜出访、保障海路通畅等都有很重要的作用。在郑和第三次下西洋时，册封其首领为国王，扶植满剌加成为独立国家。此后，直至 1511 年葡萄牙入侵之前，满剌加均前来朝贡，与明朝保持非常友好的关系。

第四次是在明永乐十年十一月至永乐十三年七月(1412—1415 年)。《明实录》记载，"遣太监等敕往赐满剌加、爪哇、占城、苏门答剌、阿鲁、

---

[1] 陈佳荣，钱江，张广达：《历代中外行纪》，上海：上海辞书出版社，2008 年，第 714 页。

柯枝、古里、喃渤利、彭亨、急兰丹、加异勒、忽鲁谟斯、比剌、溜山、孙剌诸国王，锦绮纱罗采绢等物有差"①。此次下西洋的重点在马六甲海峡以西，包括阿拉伯半岛的许多国家，所以郑和特意去西安求访通晓阿拉伯语的人②，会稽人马欢因会通译番书也被选入列，后著有《瀛涯胜览》。阿拉伯地区的忽鲁谟斯也十分重要，应该是当时阿拉伯海航海贸易的中心地。③根据永乐十三年（1415 年）、永乐十四年（1416 年）来贡国家中有不少位于东非的，不少学者认为第四次下西洋的船队已到了东非。④

　　第五次下西洋是自明永乐十四年十二月至永乐十七年七月（1416—1419年）。所到国家包括古里、爪哇、满剌加、占城、锡兰山、木骨都束、溜山、喃渤利、不剌哇、阿丹、苏门答剌、麻撒、忽鲁谟斯、柯枝、南巫里、沙里湾泥、彭亨诸国、旧港等。最远到达非洲的比剌和孙剌⑤，在今莫桑比克地区。

　　第六次下西洋自明永乐十九年正月至永乐二十年八月（1421—1422年）。此番出使航线与前同，到达忽鲁谟斯、阿丹、祖法儿、剌撒、不剌哇、木骨都束、古里、柯枝、加异勒、锡兰山、溜山、喃渤利、苏门答剌、阿鲁、满剌加、甘巴里共十六国，最远到达东非沿岸及阿拉伯沿岸的祖法儿、阿丹。而且，在第六次出使到达孟加拉地区时，据《明史》卷三百二十六记载可知，郑和一行受到了榜葛剌国的隆重欢迎。

　　第七次下西洋自明宣德五年六月至宣德八年七月（1430—1433 年），正式出发在闰十二月。据祝允明《前闻记下西洋》记其行程，从刘家港出发，到长乐港，经过福建五虎门，到占城、爪哇、满剌加、苏门答剌、锡兰山、古里国、忽鲁谟斯等地。八年二月二十八日开船回洋直至七月二十一日进太仓。⑥ 此次到达二十多个国家或地区，阿拉伯地区的忽鲁谟斯依旧是其重要停靠点。

----

① 《明成祖实录》卷一三四，永乐十年十一月丙申。
② 方豪：《中西交通史》（下），上海：上海人民出版社，2015 年，第 526 页。
③ ［德］廉亚明，葡萄鬼：《元明文献中的忽鲁谟斯》，姚继德译，银川：宁夏人民出版社，2007 年。
④ 沈福伟：《中国与非洲——中非关系两千年》，北京：中华书局，1990 年。
⑤ 金国平，吴志良：《郑和航海的终极点：比剌和孙剌考》，载《郑和研究》，2004 年第 1 期。
⑥ 同②，第 528 - 529 页。

考其航线，大舰大致从龙湾—刘家港—长乐港—占城—爪哇—旧港或渤淋邦—满剌加—苏门答剌—锡兰山—古里，然后自古里以分舰前往西亚、东非诸国，再集结古里，以大舰回洋。[①] 分舰路线甚多，其出发地大约有五：其一，由占城之新州（今越南归仁）出发，赴渤泥岛文莱航线，赴暹罗航线，赴爪哇苏儿把牙航线；其二，由苏门答腊岛西北之苏门答剌港出发，赴榜葛剌航线，赴锡兰航线（两线皆经南巫里、翠蓝屿，在哑齐分道，大舰循后一线）；其三，由锡兰岛别罗里（今科伦埠附近）出发，赴溜山群岛航线，赴小葛兰航线；其四，由小葛兰出发，赴非洲木骨都束航线，赴柯枝航线；其五，由古里出发，赴忽鲁谟斯航线，赴祖法儿、剌撒、阿丹航线。[②] 关于郑和船队下西洋的航程与所到达的空间范围，众说纷纭。一般认为郑和船队确实已到达东非沿岸。也有些人认为郑和船队早已到达美洲大陆，美国人孟席斯的畅销书《1421 年：中国发现美洲大陆》就一度引发各界关注，但一些学者认为此说尚缺乏足够的证据。

在七下西洋的尾声中，郑和逝世。他逝世的地点或说在古里，或说在南京。而明朝内部对下西洋的评论越来越低，再加上北方内陆的忧患，大规模的下西洋活动就戛然而止了。郑和下西洋终止后，明朝官方的关注点从海洋回归到大陆，而学者认为有关郑和远航的记录很可能被随之销毁[③]，中华海洋文明在国家层面上出现断裂。

二、郑和航海图

"郑和下西洋"浩浩荡荡的事业，不仅其规模是空前的，而且其活动空间亦是十分广阔的。费信所著《星槎胜览》序言中曾说，郑和船队"历览风土人物之易，采辑、图写成帙，名曰：《星槎胜览》"[④]。《明书·郑和传》也说："凡至其国，皆图其山川、城郭、条其风俗、物产，归成帙以进。"[⑤]也

---

① 具体航线地名等可参考周运中：《郑和下西洋新考》，北京：中国社会科学出版社，2013 年。
② 方豪：《中西交通史》（下），上海：上海人民出版社，2015 年，第 531 页。
③ 朱京哲：《深蓝帝国：海洋争霸的时代 1400—1900》，北京：北京大学出版社，2015 年。
④ 费信：《星槎胜览》，冯承钧校注，北京：中华书局，1954 年，第 11 页。
⑤ 傅维鳞：《明书》卷一五八，《四库全书存目丛书》，史部第 40 册，济南：齐鲁书社，1996 年，第 330 页。

就是说，当时应该绘制了不少关于航海地理、风土物产的图册。但可惜的是，现在这些图帙几乎无从考证，或者是被销毁了。长期以来，学界所知道的记载郑和下西洋航程的直接史料，主要有《郑和航海图》《前闻记》《瀛涯胜览》《星槎胜览》《西洋番国志》等。其中《郑和航海图》尤为重要，它几乎包括郑和航海的所有空间。其图收录于茅元仪《武备志》卷二四〇，原名《自宝船厂开船从龙江关出水直抵外国诸番图》。现在比较常见的即向达整理本。一般来说，《郑和航海图》被普遍认为是郑和下西洋时期实际使用过的海图，大概是郑和随行的航海者们集体制作的。所谓《郑和航海图》涉及海域范围是：从南京城外的龙江宝船厂出发，自长江口，经东海、南海、马六甲海峡，横渡印度洋，或沿着印度半岛到达阿拉伯半岛与忽鲁谟斯，或抵东非沿岸。《郑和航海图》由 46 幅海图构成，注明了航海线路以及沿途所用的航海技术，实际上可以看作是郑和下西洋的导航图。

《郑和航海图》中的海域大概可分为国内、东南亚、南亚、非洲四部分，其涉及的地点，韩振华、周运中等人多有考证。国内部分包括江浙、闽粤海域以及当时属明朝领土的安南海域。东南亚部分包括中国南海到爪哇、到马六甲、到苏门答腊等海域的航线，其地名标注比较密集，也是中国古代航海极为熟知的海域之一。南亚部分包括前往缅甸、安达曼海、孟加拉、东南印度、阿拉伯海的航线，其中古里、阿丹、忽鲁谟斯等地是航行最为重要的地方。往非洲部分的航线主要有两条，一是从阿拉伯海沿岸近海航行到达红海口，再往下航行；二是自苏门答腊以后，直接横渡南印度洋到达非洲沿岸。

在整个航行过程中，涉及两种比较重要的航海技术。一是更路导航，这是建立在对沿途山形水势十分熟悉与运用罗盘指南针定向的基础上，代表了当时我国先进的航海技术。譬如经过昆仑山（今越南南岸）回归中国的航线，在《郑和航海图》里除了有相关岛屿、山形的图外，还配有如下文字："昆仑山外过，用癸丑（北二十二度半）针十五更，船取赤坎山，用丑艮（北三十七度半东）及丹艮（东北）。"这就是依靠更路导航。癸丑、丑艮是罗盘上的刻度，丹艮应该是"单艮"即艮位。一般明清时期的罗盘上有子、癸、丑、艮、寅、甲、卯、乙、辰、巽、巳、丙、午、丁、未、坤、申、庚、酉、辛、戌、乾、亥、壬二十四位的刻度，配合指南针来确定航行的方位。"更"是海上计时计程单位，这里是计算路程的单位。海上把一日一夜分为十更，一更等于1.2个时辰，船在比较正常的航行环境下，1.2个时辰内所走的水程即一更，十五更即走了18个时辰的水路。但是，一更约等于多少里，是不一定的。据研究，在某些海域正常航行时一更约等于六十里，但并不尽然。这段话的意思就是：从昆仑山外过，往癸丑方向走十五更的水程，就大概到达赤坎山，然后转变方向，朝丑艮的方向前行。利用更路导航时需要凭借熟悉的山形水势，也就是必须对这些沿途作为标志物的山脉、岛屿等海上看到的标志物的方位十分了解。在整个《郑和航海图》中，可以看到这些山、岛屿等的描绘，从东南沿海到红海口、非洲沿岸的沿途都有精心绘制。这就说明了中国航海家对这些海域的熟悉程度，反映了明代中国广阔的海洋活动空间。

但同时，经过有些海域的航路上是难以看到有标志物的山、岛等地形的，更路导航在这些地方不太适用，于是在《郑和航海图》中描绘了另一种导航技术，即过洋牵星术导航。过洋牵星术是指利用某个特定星（如北辰星、华盖星等）的高度，来判定某地的位置。或说这种技术是阿拉伯人发明的，或说是以中国的观星术发展出来的，或说这是元明以来中国航海技术与阿拉伯人航海技术的结合。简单地说，其测量仪器是依靠一块中心穿着绳子的四角板，绳子上打上九个结子。使用方法是拉直绳子，使它与四角板垂直，板子的下端保持水平，上端对准特定的星，这时星的高度就由绳子长度上的结目而推断。其单位是指、角。如《郑和航海图》所记："柯枝国，北辰三指一角；古里国，北辰四指；忽鲁谟斯国，北辰十四指；阿丹国，北辰五指；木骨都束，北辰二指一角。"诸如此类。这种导航方法常用于苏门答腊以西的海域，包括往来印度、西亚、非洲东岸以及印度洋上各国。这是因为在某些航行海域（主要在过苏门答腊以西横渡南印度洋的某段航线中），往往没有海上标志物作为参照，所以只好利用牵星指数，其原理好比纬度的作用，可以明确某地的方位，调整船行的方向，以实现正确导航。①

正是通过对这些航海技术的掌握，远洋船队才能有计划地到达那么远的地方。郑和远航，是建立在对这些海域十分熟悉的基础上，也是长期以来东西洋海洋活动的结果。但可惜的是，官方大规模的海洋活动未能得到进一步发展，而其航海图保存下来的也很有限。当然，这主要与其远洋活动缺乏必需的经济动力有关，在耗费民力、无利可图的情况之下，光凭国家财力是很难持久支撑的。但是，郑和下西洋显示了中国有在海洋生存发展的强大力量。随着远洋海舶的制造和航海技术的进步，中国海洋商业活动群体开始逐利于西洋，宋元已形成往返东西洋的航海网络。到郑和下西洋时期，官方的海洋活动空间达到极盛，各国纷纷前来朝贡，马六甲等地成为郑和船队的中转、补给基地，印度洋与红海贸易也因郑和船队的到来更加活跃。

三、东南亚的"郑和记忆"

关于郑和下西洋的使命，众说纷纭。但总的来说，其主要任务是诏谕海外各国入朝进贡。在政治上对关系较深的国家加以册封，赐以金银印，颁布大统历，使之奉正朔，建立朝贡国关系；在经济上，则偏重于对诸国施恩厚赐，并大量采办海外的珍异。郑和下西洋的大规模活动，整体上是和平友好的，给东南亚地区人民留下的也多是和平友好的记忆。虽然过去了漫长的几百年，但郑和在东南亚活动的历史事实和民间传说，以及现代社会中有关艺术作品的再现，体现了郑和海洋文化在海外的影响力。

在东南亚地区，不仅有不少供奉郑和的三宝太监祠庙（有些香火还十分旺盛），也有与郑和相关的其他名胜古迹。譬如，在泰国比较著名的就有：①三宝港，以郑和名字命名的海港，据说在湄公河的出海口，濒临暹罗湾。在张燮的《东西洋考》中有所记载。②锡门，据说在暹罗阿瑜陀耶城的华人聚居区，此门的楔子是郑和派人打的，且为之题写了"天竺国"的匾额。③礼拜寺，永乐年间郑和所建，甚为宏丽。④三宝庙，坐落在阿瑜陀耶城

---

① 刘璐璐：《过洋牵星术用于印度洋考释》，载《中国历史地理论丛》，2016 年第 1 期。

郊，泰名帕南车寺，祭祀郑和。正殿大门上端有"三宝佛公"的木匾，两旁配有对联，其中一联为：三宝灵应风调雨顺，佛公显赫国泰民安。另外一联为：七度使邻邦有明盛记传异域，三宝驾慈航万国衣冠拜故都。落款为：丁巳年春夏秋冬日吉旦沐恩治子柯光汉拜题。在马来西亚，历史悠久的郑和庙有：①马六甲州市区内的"宝山亭"，位于三宝山西南山麓，是华人甲必丹(首领)蔡士章在清乾隆六十年(1795 年)创建的，供奉着三保公郑和及其左右陪祀剑童、印童，天后圣母以及福德正神。②登嘉楼(丁加奴)州首府的"三保公庙"。相传郑和的船队或支队曾到过此地，因此当地人兴建庙宇以纪念与供奉，1942 年当地热心人士又发起建立"三保公庙"。③槟城州峇都茅的"郑和三保宫"，1995 年建成，传说中的三保公脚印即在此地。④砂拉越州古晋县石角区的尖山"义文宫三保庙"，坐落在砂拉越河畔，至今香火十分鼎盛，等等。值得一提的是，2004 年 1 月，在当地官方政府的主持下，马六甲历史博物馆郑和文物纪念廊的庭院内移置了 13 年前从福建泉州订制的郑和石像。郑和石像重现马六甲古城，马来西亚各界尤其是华人社会共同感受了这份情感，也圆了他们的心愿。

除这些遗迹以供缅怀外，民间也流传着关于郑和的种种传说。如郑和在暹罗与鬼斗法，一夜之间筑成寺塔。传说郑和还在马六甲的三宝山麓挖掘七口井，时人称为"七星坠地"。还有郑和教化当地民众，收服猛兽、与鳄鱼斗智等故事。据曾玲教授研究，在福建省漳州市著名的侨乡龙海县角尾镇有关郑和的记忆与传说，就涉及当地人与东南亚的联系。如一则故事在村中广泛流传：据说很早以前，一些村民准备到另一个村落抢劫，这时太保公显灵，告诉他们南洋是个赚钱的好地方，不要去邻村抢劫，后来这些村民听了太保公的劝告，果然去南洋发了大财。①而 1948 年郑鹤声编的《郑和遗事汇编》，就收录了不少流传于东南亚的郑和传说。② 安焕然在《先民的足迹——郑和在马来西亚的史实与神化》中引述李业霖的话："在东南

---

① 曾玲：《一个闽南侨乡的郑和传说、习俗与崇拜形态及其社会文化意义》，见《东南亚的"郑和记忆"与文化诠释》，合肥：黄山书社，2008 年，第 103 页。
② 郑鹤声：《郑和遗事汇编》，上海：上海中华书局，1948 年。

亚华人眼中，郑和已成了一个半神的人物。"

　　这些传说与故事反映了郑和在东南亚民众心中的形象。在崇拜与敬慕等因素下，郑和到来的史实随着时间的推移，逐渐演变成一种民间信仰的情愫，郑和也有被"神化"的一面。追根究底，历史上的郑和凭借明朝之声威远航海外，在对外宣谕中华文化时，给南洋诸国带来了商业上的繁荣，并且以和平友好的方式得到了人们的尊重与感念。同时，郑和七下西洋，率领庞大的船队访问了西太平洋、印度洋三十多个国家与地区，并远至非洲东海岸，强化了明朝与东南亚、南亚、东非的联系，体现了明朝高超的航海、造船技术与文化实力，是官方海洋空间拓展的极盛时期。

第五章

空间秩序：海国竞逐下的东亚海域

明代中后期，葡萄牙、西班牙和荷兰人等西方海上势力，利用明朝官方大规模航海活动销声匿迹后让出的海洋空间，相继东来，东亚海域的空间秩序进入海国竞逐的状态。葡萄牙人寄居澳门；荷兰人入据台湾，在台湾海峡掀起惊涛骇浪；倭寇对朝鲜、琉球与中国沿海的侵扰，酿成了嘉靖倭患与万历壬辰倭乱。同时，中国沿海走私贸易活跃，民间海上武装力量壮大，参与海洋竞逐。尤其是郑芝龙海上力量的崛起，在金门料罗湾海战击败荷兰舰队；郑成功建立明郑海上政权，收复台湾，控制东亚海域的制海权，恢复了马六甲海峡以东的海洋空间。

西方海洋势力的东来

15 世纪末至 16 世纪初，位于欧洲西南角伊比利亚半岛的葡萄牙和西班牙为发展海外贸易，掀起前往中国和印度洋的热潮，积极开辟通往东方的海上通道。17 世纪初，号称"海上马车夫"的荷兰加入其中。最早，他们与阿拉伯商人竞争夺取马六甲海峡以西的海上贸易权，其贸易活动随之遍及印度、苏门答腊、爪哇和摩鹿加岛等地，并在中国周边海域建立起立足点，并为掌控亚洲海洋空间相互对抗与竞逐。

一、葡萄牙人东来与寄居澳门

明朝人对葡萄牙与西班牙，初通称"佛郎机"，后有"葡都丽家"与"干系腊"之分。葡萄牙人发现新航路后，开始经营红海东境及印度沿岸之地，于明正德五年(1510 年)以武力攻陷果阿，稍后，侵占波斯湾的重要中心忽鲁谟斯和红海东口之撒哥他拉，阿拉伯人原来在这些海域的贸易主导权被葡萄牙人夺走。1511 年夏，葡萄牙攻取了东西方贸易的咽喉之地满剌加(马六甲)。满剌加陷落后，国王退走彭亨，遣其叔父向宗主国明廷求援，希望能助兵复其国，但明廷以北方边患未息，未允出兵，只敕责佛郎机归复满剌加之地，谕邻近的暹罗诸夷救恤。一纸空文，满剌加遂为葡萄牙所侵据。满剌加为其控制后，葡萄牙人迫不及待地想了解中国的情况并计划访问中国。1514 年，满剌加的新总督乔治·德·阿尔布克尔克派遣一支探险队抵达广东屯门岛。1515 年，在印度新任的总督罗泊·苏亚雷斯·德·阿尔伯加利又遣其属佩来斯特罗等乘土人小艇来到中国，一年后带回了在中国赢利 20 倍的好消息。1516 年，前往中国的葡萄牙人再次赚了大钱并回到马六甲，更加激发了他们的信心。于是在正德十二年（1517 年）六月，满剌加总督再遣费尔南·佩雷斯等人率领 8 艘船前往中国，佐以皮莱资为大使，试图通聘中国。八月十五日，他们抵达屯门，想驶进广州，但守臣不允许。到十一月，费尔南·佩雷斯被允许留在广州怀远驿，但其船突然在内河开炮，铳声如雷，并在桅杆上悬挂旗帜，此举违反了禁止擅自鸣炮的规矩，但也得到广州地方官员的重视。葡萄牙人被安排住在岸上等待朝廷回复，在此期间，葡萄牙人乘机访问调查中国的情况。1518 年 9 月，费尔南·佩雷斯离开广东，他的兄弟西芒·德·安德拉德在 1519 年来到屯门，并非法建起一座木石城堡，架起大炮，甚至掠夺其他国家过往的船只。正德十五年（1520 年）一月，西芒·德·安德拉德等人离开广东，但在 1517 年借口朝贡留下的托姆·比勒斯等人的使团在贿赂了官员后，被允许进京觐见。但不久，朝廷和地方官员就拆穿了葡萄牙人残暴、非法的行径，同时满剌加出逃的王子也到达北京，强烈谴责了葡萄牙人屠掠侵夺其国的罪行。次年（1521 年）武宗驾崩，朝廷对葡萄牙的态度开始强硬起来，广东的官员也奉命逐葡商出境，中止对外通商。但葡萄牙人不服从命令，继续载其货物驶往屯门岛，广东海道副使汪鋐率军驱逐，葡人多战死或被俘虏，后有大约 50 名妇女儿童和 60 名男犯被释放。后葡人得到其他船只的增援，中国将士围攻甚急，余下的葡人舟船不得不在九月逃往满剌加。

屯门之役后，葡萄牙人败走。但另一支葡方船队得知消息后依旧驶往中国，并集合了屯门逃回的葡商。葡方致书广州总督要求恢复贸易，遭拒绝后，明嘉靖二年（1523 年）西草湾战事复起，据《明实录》记载：

> 佛郎机国人别都卢……率其属疏世利等千余人，驾舟五艘破巴西国（今苏门答腊北），并寇新会县西草湾。备倭指挥柯荣、百户王应恩率师截海御之。转战至梢州，向化人潘丁苟先登，众兵齐进，生擒别都卢、疏世利等四十二人，斩首三十五级，俘被掠男妇

十人，获其二舟。余贼米尔丁、甫思多灭尔等复率三舟接战，火焚先所获舟，百户王应恩死之，余贼亦遁。①

西草湾战败后，葡萄牙人多假满剌加、暹罗等地番商之名，转往福建、浙江海面。时闽、浙沿海走私贸易活跃，福建九龙江口月港、海沧、浯屿一带的海商都纷纷与葡萄牙人互市，并引葡萄牙人到舟山群岛的双屿贸易，与对日贸易连通。葡萄牙人遂在双屿港居留下来，建屋舍，建码头，聚集了约有1200人；在浯屿也建有防御工事、港口和商馆，大约住有葡萄牙人五六百。浙江双屿和福建浯屿成为东亚海域国际贸易中心，"富商大贾，牟利交通，番船满海间"。葡萄牙人不仅从日本购买白银，还带来胡椒、苏木、象牙、沉香等产品，与中国商人交易。明嘉靖二十六年（1547年），副御史朱纨巡抚浙江，兼制福、兴、漳、泉、建宁五府军事。嘉靖二十七年（1548年）四月，朱纨派遣都指挥卢镗、海道副使魏一恭等人进击双屿，"官兵奋勇夹攻，大胜之，俘斩溺死者数百人"②。卢镗入港后，又烧毁上面的天妃宫和营房、战舰，双屿荡平，余众逃往福建浯屿。接着，朱纨下令追击，直指浯屿。朱纨奏报，嘉靖二十八年（1549年）二月二十日，卢镗、柯乔在诏安走马溪大破葡萄牙船队，烧毁葡船13只，500名葡萄牙人仅有30人逃命。又称捕获"海盗"96人，全部斩首示众。③

此后，葡萄牙人退往广东。最早，葡萄牙人曾屯留于澳门西南之浪白澳潜行经商。明嘉靖三十二年（1553年），葡商借口舟触风涛，希望在香山县南虎跳门外的濠镜暂留，海道副使受贿赂后，允许他们暂居。④自后，葡萄牙人在澳门筑屋，聚集来此者越来越多，到1557年左右已俨然成邑。1563年，澳门的葡萄牙居住人口达到900人。明万历元年（1573年），明朝允许葡萄牙人在澳门居住，每岁收取地租500两白银作为补偿。万历二年

① 《明世宗实录》卷二四，嘉靖二年三月壬戌。
② 郑若曾：《筹海图编》卷五，李致忠点校，北京：中华书局，2007年，第322-323页。
③ 关于所谓"走马溪大捷"的具体经过和其中疑点，可参考杨国桢：《东亚海域漳州时代的发端——明代倭乱前的海上闽商与葡萄牙（1368—1549）》，载《RC文化杂志》中文版，2002年第42期。
④ 关于葡萄牙人到底何时入居澳门的争论，可参考戴裔煊：《〈明史·佛郎机传〉笺正》，北京：中国社会科学出版社，1984年，第66-77页。

（1574 年），明朝设置关口、配置官兵管理进出的葡萄牙人。在澳门设有提调、备倭、巡缉行署。明代守澳官、香山县和市舶司及海道官员等负责澳门军事守备、政务和贸易关税管理。明代对到澳门停泊、居留的外国商舶进行登记，发放"部票"加以管理，且征收商税。葡萄牙人寄居澳门后，澳门开始成为东方贸易的一个中心并发展起来。自 1558 年之后的十年，可被视为澳门商业的鼎盛期。[①] 澳门港崛起，东通吕宋、日本，南往南洋，西至印度、波斯以及地中海，将东、西海洋贸易圈连接起来。外商往来，常集聚澳门，闽、广海商也往来澳门交易。澳门成为中国商品输出的中心辐射地，从澳门往返的贸易航线包括：澳门—果阿—欧洲航线，主要输出中国的生丝、丝绸、瓷器、药材，由里斯本经印度果阿运来大量白银，还有西方的工艺品、玻璃制品、毛织品和印度的香药、暹罗的皮制品等；澳门—日本航线，主要是用中国的生丝和丝织品交换日本的白银；澳门—马尼拉—美洲航线，中国的丝货等输出到西班牙占据的马尼拉，马尼拉大帆船将之运往美洲墨西哥的阿卡普尔科港，换回大量的美洲白银；澳门—东南亚航线，澳门船也将中国的丝货运往东南亚各国，交换香药、宝石等物产。

二、西班牙经营菲律宾群岛

早期西方人东来，主要是葡萄牙人与西班牙人的竞争。麦哲伦在西班牙王室的支持下环球航海，曾于明正德十六年（1521 年）到达菲律宾南部。当时葡萄牙初至东方，盛产香料的摩鹿加岛为两国争夺之重点。为解决争端，1529 年西、葡缔结条约，西班牙放弃在摩鹿加岛的经营，自此它将目光投向中国周边海域。明嘉靖二十一年（1542 年），西班牙驻守墨西哥的维拉鲁布斯奉命驶往菲律宾，次年到达菲律宾群岛，但因当地居民的敌视不得不逃离，在往摩鹿加岛时向葡萄牙人投降。在 1556 年，西班牙国王开始遣兵远征菲律宾岛。1564 年，驻墨西哥总督遣李葛斯皮等人率战舰 5 艘，亦前往菲律宾，并用武力使其降服。明隆庆六年（1571 年），西班牙舰队司令官攻下吕宋，与之订约。于是，菲律宾群岛为之臣服，西

---

① 张天泽：《中葡通商研究》，王顺彬、王志邦译，北京：华文出版社，2000 年，第 86 页。

班牙开始以马尼拉为中心，据诸岛开展在东方的贸易。除借助华商外，西班牙还谋求直接到中国的贸易。明万历二十六年（1598 年）八月，西班牙抵澳门要求开贡互市，督抚司道以其越境违例，将之驱逐。九月，至虎跳门等候，并结屋集居，但被海道副使章邦翰饬兵焚其聚落，次年不得不退还。西班牙人要求澳门通商失败后，在明天启六年（1626 年）进入中国台湾，以侵占北部的鸡笼、淡水为港口，并以高价吸收中国商品，但由于荷兰人的竞争和台湾海峡这一时期海盗颇频繁，福建商人去这两地贸易者较少。① 明崇祯十五年（1642 年）鸡笼、淡水为荷兰人所陷，西班牙人退出台湾北部。

　　在西班牙占据菲律宾之前，已有许多华商在此活动。尤其是其中的吕宋岛，与漳州很近，唐宋时期就已有中国人迁居此地，漳、泉人士尤多。此地在明初也数次与中国通贡，西班牙殖民者刚入吕宋时甚至曾以为这是中国的一个省。在西班牙略定吕宋时，正好粤东"巨盗"林凤率众至此。林凤，广东饶平县人，在隆庆末至万历初活跃于闽广海上。② 明万历二年（1574 年）七月，在明朝的追剿下，他退出台湾往澎湖，十一月，又往吕宋。当时，他率战船 62 艘，兵士 4000 人，其中包括水手、农民和工匠等，妇女 1500 人，装载大量农具、种子和牲畜等准备移居吕宋。在吕宋南依罗戈海岸遇到一艘西班牙船，将之击败。二十九日，林凤率舟抵达马尼拉湾并遣小队登岸，分路多次进攻西班牙殖民者，惜均遭失败，只得退去。③ 在这期间，福建巡抚刘尧诲曾遣把总王望高与西班牙同约夹击林凤，林凤因主力被王望高消灭，又未能立足于吕宋，只好返航于东南沿海，但先后被闽总兵胡守仁追至淡水洋，沉其船 20 余艘，又被浙、广解获其党，遂逃往外域，不知去向。林凤是与西方海洋势力竞逐海洋空间的海上英雄。张维华先生评述称："林凤南犯吕宋，昔人视为海寇逃亡之穷技。今宜视为华人向海上之拓展。盖林凤诚能立国吕宋，华人经营南洋之事业，或可自此渐

---

① 徐晓望：《明末西班牙人占据台湾鸡笼、淡水时期与大陆的贸易》，载《台湾研究集刊》，2010 年第 2 期。

② 关于其活动事迹可参考汤开建：《明隆万之际粤东巨盗林凤事迹详考——以刘尧诲〈督抚疏议〉中林凤史料为中心》，载《历史研究》，2012 年第 6 期。

③ 具体经过，可参考孙福生：《林凤的海上武装活动及其反西班牙殖民者的斗争》，载《学术研究》，1979 年第 6 期。

盛。明人见不及此，必邀西兵共期驱除，林凤固无所容身，而华人之寄居菲岛者，亦因此惨遭屠戮，而无可如何矣。"[1]

西班牙人在菲律宾群岛的经营，充分利用侨居在菲的华人，但他们对华人的态度始终是充满猜忌甚至仇杀。明万历二十一年（1593 年），因荷兰人进攻葡萄牙人所在的摩鹿加岛，西班牙招募华人为士卒前往支援，华人不堪其辱中途潜逃。其后，西班牙人把流寓吕宋的华商迁出马尼拉城外，并刑杀追究叛逃之人。万历三十一年（1603 年），西班牙人借口明朝官员将来吕宋岛采金之事，屠杀华人 2 万余人。明崇祯十二年（1639 年）十一月，再次屠杀聚居在吕宋的华人，肆意残杀华民四个月，死者 22 000 人。

明中叶华商往贩吕宋已为平常，尽管有西班牙屠杀华人事件，但通贸已久，并未因此衰落。华商入泊马尼拉港后，领取西班牙总督颁发的许可证方可登岸通商。通过马尼拉贸易，西班牙将太平洋、印度洋的贸易路线连接在一起，尤其是西班牙将美洲墨西哥、秘鲁的白银运至东方，扩宽了白银流入中国的渠道，晚明之后，西班牙银元在中国社会流行。据统计，1493—1600 年世界银产量是 2.3 万吨，美洲产量就达 1.7 万吨，其中高达 60% 以上通过直接或间接的方式转运到亚洲，而它们中间的大部分大约有 5000 吨流入中国[2]。对于美洲白银流入中国的数量，学者们估算不一，弗兰克、谢和耐等认为美洲白银中至少有一半流入中国[3]，肖努、全汉昇的估计则是 1/3 左右[4]。

三、荷兰人东来与侵据台湾

荷兰人继葡萄牙人、西班牙人东来，在明朝文献中，荷兰人往往被称为红毛番或红毛夷。其势力东侵，始于明万历二十三年（1595 年）豪特曼

① 张维华：《明清之际中西关系简史》，济南：齐鲁书社，1987 年，第 42 页。
② Ward Barrett, " World Bullion Flows, 1450—1800", in James D. Tracy, The Rise of the Mechant Empires, Long Distance Trade in the Early Modern World, 1350—1750, Cambridge, Cambridge University Press, 1990.
③ ［德］贡德·弗兰克：《白银资本——重视经济全球化中的东方》，北京：中央编译出版社，2000 年，第 204 页。
④ 全汉昇：《明清间美洲白银输入中国的估计》，见台湾"中央研究院"史语所集刊（第 66 本），1995 年。

（C. Houtman）率船队来到爪哇西部的万丹，这里聚集了很多华人，华商在当地很有实力，是中国帆船自规模庞大的下西洋终止后到东南亚的最后一站。根据 1594 年成立的远方贸易公司的指令，豪特曼这次的计划是：要与印度人、特别是葡萄牙人尚未到达地区的那些印度人建立牢固的香料和其他商品的贸易关系。但在他装载香料返国途中，船舶遇风沉没。万历二十六年（1598 年），荷兰人再次东来，并在爪哇柔佛等地建立商馆，开展与东方的贸易。万历二十九年（1601 年），荷兰人范·纳克率 6 艘船只组成的舰队来到澳门，但其中一艘船登陆澳门后有 17 名水手被葡萄牙人拘留并处死，最终只有一名幸存者回到荷兰。于是荷兰人展开报复，在亚洲海域各地劫掠葡萄牙商船，因此而给中国人留下"海盗"的坏印象。荷兰人至澳门求市，未被允许，《东西洋考》有记载：

> 不知何国，万历二十九年冬，大舶顿至濠镜。其人衣红，眉发皆赤……澳夷数诘问，辄译言不敢为寇，欲通贡而已。当道谓不宜开端，李榷使召其酋入见，游处会城，一月始还。诸夷在澳者，寻共守之，不许登陆，始去。①

为了对付葡萄牙和西班牙在东方的竞争，1602 年荷兰联结各家公司组成一个巨大的贸易实体——联合东印度公司。同时，荷兰人也与其他西方殖民者一样，充分利用熟悉亚洲海域事务且在南洋占据优势的华商。荷兰人东来之后，又侵据了南洋几个要地作为基地：一是马来半岛东部的大泥（北大年）；二是爪哇的咬留吧（巴达维亚）；三是葡萄牙人原来占据的摩鹿加岛。这几个地方原来也是华商往来、聚集之地。明万历三十二年（1604 年），荷兰人韦麻郎东犯澎湖，在大泥的华商海澄人李锦为之向导，《东西洋考》曰：

> 澄人李锦者，久驻大泥，与和兰相习。而猾商潘秀、郭震亦在大泥，与和兰贸易往还。忽一日与酋麻韦郎（应为韦麻郎）谈中华事。锦曰："若欲肥而橐，无以易漳者。漳故有澎湖屿在海外，可

---

① 张燮：《东西洋考》卷六《红毛番》，谢方点校，北京：中华书局，2008 年，第 127 页。

营而守也。"酋曰："倘守臣不允，奈何?"锦曰："案珰在闽，负金
钱癖，若第善事之，珰特疏以闻，无不得请者，守臣安敢抗明诏
哉!"酋曰："善。"乃为大泥国王移书闽当事，一移中贵人，一备兵
观察，一防海大夫，锦所起草也，俾潘秀、郭震赍之以归。防海大
夫陶拱圣闻之大骇，白当道，系秀于狱。震续至，遂匿移文
不投。[1]

福建漳州商人在为荷兰求通市中献谋出力，李锦还随乘渔舟入漳为荷
兰人刺探情报，但因早被官员所知，遂被擒获入狱。之后，荷兰人虽已重
金贿赂高寀，但沿海官员坚决反对允许荷兰人在沿海自由贸易。南路总兵
施德政遣材官沈有容将兵剿之，沈有容却只身一人往澎湖劝谕，荷兰人终
答应离去。但到明天启二年(1622 年)，荷兰东印度公司再遣雷伊尔斯苏恩
(Kornilis Reyerszoon)来华，意在攻取澳门或澎湖岛。攻袭澳门的行动失败
后，于六月转航澎湖，遣人至闽求互市，未许，犯漳、浦附近的六敖，为
总兵刘英所败。荷兰人于是并力攻打浯屿，并登岸鼓浪屿烧屋船，又为守
兵击败。在此期间，荷兰人在澎湖筑堡设防，在中国沿海侵扰长达 2 年，
劫掠华商，勾结海寇，希望互市。澎湖为福建之门户，荷兰人的盘踞侵扰，
封锁中国沿海交通，福建海商开始不满，抚臣南居益也上疏请往剿灭之。
天启四年(1624 年)二月，遣将夺回镇海港，四月，居益亲巡海上，发兵登
陆围攻澎湖，荷兰人不敌，澎湖收回。八月，荷兰人退走台湾。自此荷兰
人侵占台湾，直至清顺治十八年(1661 年)为郑成功驱逐，荷兰人以台湾为
据点经营东方贸易长达 38 年。

明嘉靖、万历时期倭患与海洋空间秩序

明代中后期(16 世纪中叶至 17 世纪中叶)海上贸易发展，中国海域不
仅面临着西方海洋势力到来的挑战，而且海防告警，倭患问题严重。嘉靖

---

[1]　张燮：《东西洋考》卷六《红毛番》，谢方点校，北京：中华书局，2008 年，第 127 页。

年间的倭寇与中国东南沿海从事走私贸易的海商、海盗纠结在一起，凸显
海洋空间秩序的复杂与混乱。隆庆开海，拨乱反正，重整了海洋空间秩
序。万历年间，日本举兵侵略朝鲜，明朝出兵救援，维护了东亚海域的空
间秩序。同时，明朝朝野对万历倭患的不同应对态度，也体现了大陆思维
与海洋精神的差异。

一、嘉靖倭患下的私人海上贸易

关于嘉靖时期的"南倭"问题，近年来多被置于明代中后期海上贸易发
展的大背景下去诠释。① 所谓倭寇，其成分十分复杂，除了流亡在海岛上的
日本无业"浪人"和活动于日本濑户内海与九州附近海面的走私商人，还包
括葡萄牙、西班牙等西方海盗以及在中国东南沿海一带从事走私贸易的海
商、海盗。而中国人流于海寇者，《筹海图编》中记载闽县知县仇俊卿的说
法："有冤抑难理，因愤而流于寇者；有凭藉门户，因势而利于寇者；有货
殖失计，因困而营于寇者，有功名沦落，因傲而放于寇者；有庸赁作息，
因贫而食于寇者；有知识风水，因能而诱于寇者；有亲属被拘，因爱而牵
于寇者；有抢掠人口，因壮而役于寇者。"②海寇的主要成分是沿海居民，寇
首也多是中国人，这与明初倭患主要是日本人不一样。

嘉靖倭患产生的原因，与沿海形势的变化和私人海上贸易的发展有很
大关系。明朝自朱元璋开始虽厉行海禁，后代也沿袭这一政策，但东西洋
航路的开辟和海洋之利的驱使，使沿海居民冲破海禁下海经商者前赴后继，
莫能禁止。宣德年间，漳州龙溪县民私往琉球、爪哇等贩货，开拓东亚与
东南亚之间的贸易网络，明正统十四年（1449 年）至明天顺二年（1458 年），
漳州月港海商严启盛崛起，船队活动范围东抵福建，西抵广西，以漳潮海

---

① 关于嘉靖时期倭患的性质、成因等问题，在明清的文献中即有争议，而近代以来引发的对倭寇
研究的几个高潮中，在 20 世纪三四十年代日本加紧入侵中国时期，学界多认为倭寇是入侵中国
的日本海盗；20 世纪五六十年代，开始有人提出倭寇中尚有其他成分。中国内地学者中开始对
倭寇的性质产生质疑，并将之与资本主义萌芽联系起来。台湾地区学者中，有人认为沿海私人
贸易与海禁的冲突似乎是嘉靖倭患的原因。其后，在 20 世纪 80 年代对倭寇研究再兴高潮，对
于嘉靖倭患的性质、成因，或认为是明代海禁政策引发的沿海人民反海禁的斗争，或认为倭患
与海禁政策有关，但海禁不是其根本原因，倭寇中仍有不少日本海盗，嘉靖倭患是内外各种力
量的合流。
② 郑若曾：《筹海图编》卷五，李致忠点校，北京：中华书局，2007 年，第 785 页。

域、香山澳门为贸易场所和据点，称雄一时。到成化、弘治年间后，私人海上贸易有很大发展，"成弘之际，豪门巨室间有乘巨舰贸易海外者。奸人阴开其利窦，而官人不得显收其利权。初亦渐享奇赢，久乃勾结为乱，至嘉靖则弊极矣"①。嘉靖时期私人海上力量实力、规模之大，活动范围之广，人数之多均属空前，还拥有自己的武装力量，但其发展非但没有得到明朝的认可与支持，反而被当成"海寇"取缔。明嘉靖二年（1523 年），在浙江的日本贡使团为了争夺朝贡贸易权引发了"宁波争贡之役"，日本人焚掠宁波的海寇行径使明朝非常不满，再加上这年葡萄牙人在东部沿海的侵扰和广东"西草湾之役"的爆发，朝廷再次加强了海禁。嘉靖三年（1524 年）四月，对"私代番夷收买禁物者""揽造违式海舡，私鬻番夷者"②，皆要严定律例，给予重罚。嘉靖四年又下诏，"浙福二省巡按官，查海舡但双桅者即捕之，所载即非番物，以番物论，俱发戍边卫。官吏军民，知而故纵者，俱调发烟瘴"③。嘉靖八年（1529 年），又明令"禁沿海居民毋得私充牙行，居积番货，以为窝主。势豪违禁大船，悉报官拆毁，以杜后患。违者一体重治"④。嘉靖十二年（1533 年），又再次令"兵部其亟檄浙、福、两广各官督共防剿，一切违禁大船，尽数毁之。自后沿海军民私与贼市，其邻舍不举者连坐。各巡按御史速查连年纵寇及纵造海船官，具以名闻"⑤。嘉靖朝对海上走私贸易的打击越来越严厉，到嘉靖二十六年（1547 年）海禁派的极端代表朱纨任浙江巡抚，总督福建五府海防时，更是积极出兵剿平走私海商、海盗的基地。

在嘉靖时期活跃的民间海上武装力量中，实力强大的如李光头、许栋、何亚八、徐朝光、谢老、严山老、洪迪珍、以张维为首的月港二十四将、王直、徐海、邓文俊、林碧川、曾一本、林道乾等人。嘉靖初期，浙江海面的首领李光头即福建人李七，许栋即安徽徽州歙县人许二，在明嘉靖十

---

① 张燮：《东西洋考》卷七《饷税考》，谢方点校，北京：中华书局，2008 年，第 131 页。
② 《明世宗实录》卷三八，嘉靖三年四月壬寅。
③ 《明世宗实录》卷五四，嘉靖四年八月甲辰。
④ 《明世宗实录》卷一〇八，嘉靖八年十二月。
⑤ 《明世宗实录》卷一五四，嘉靖十二年九月辛亥。

九年(1540年)因罪系福建狱,后逃到海上,聚集于浙江双屿,其党徒有王直、徐惟学、叶宗满、谢和、方廷助等人。他们既从事中日间的海上贸易,还诱引葡萄牙人来双屿贸易,同时也在东南海面从事海盗活动,后因朱纨遣兵围剿双屿,李光头被擒,许氏兄弟逃往西洋。王直,又称汪直,也是歙县人,是"嘉靖大倭患"时期东海声名最响亮的"海寇"。他年轻时曾与徐惟学等做过盐商,后下海投奔许氏,成为许二手下的主要头目之一。许氏被朱纨击溃后,王直领其余党,吞并了在浙江海面的陈思盼海商势力,成为势力最大的海上武装组织。毛海峰、徐碧溪、徐元亮、徐海、陈东、叶麻等也加入了王直的行列。王直人众船多,在日本萨摩州之松浦津有其贸易基地,并自称"徽王",凡"三十六岛之夷,皆其指使"。嘉靖三十一年(1552年),王直纠岛倭、漳泉海盗,率巨舰百余艘,蔽海而来,濒海数千里告警。嘉靖三十三年(1554年),王直占据浙江柘林,并遣分支出入太仓,进攻嘉定县城,官兵不敌。但王直并不是为了和官军对抗,而是希望官方能由此开海禁。嘉靖三十六年(1557年),王直回到舟山群岛,向直浙总督胡宗宪递交了代为疏请通商的请求书。他表示若能开海禁通商,愿意助官兵剿灭倭寇:

> 臣同正使蒋洲抚谕各国事毕方回,我浙直尚有余贼,臣抚谕归岛,必不敢仍前故犯,万一不从,即当征兵剿灭以夷攻夷,此臣之素志,事犹反掌也。如皇上慈仁恩宥,赦臣之罪,得效犬马微劳驱驰,浙江定海外长涂等港,仍如广中事例,通关纳税,又使不失贡期,宣谕诸岛,其主各为禁例,倭奴不得复为跋扈,所谓不战而屈人之兵者也。敢不捐躯报效,赎万死之罪。①

但明朝未采用王直的建议,而是利用其等待通商互市的答复,将之诱捕。当时与王直齐名的有徐海,徽州歙县人,曾是王直手下的大头目,其叔父徐惟学是有名的海商。徐惟学在广东被守备黑孟阳所杀后,徐海不得不偿还其留下的有关债务。徐海经营中日贸易,有自己的船队,明嘉靖三

---

① 采九德:《倭变事略·附录》,北京:中华书局,1985年。

十三年(1554年)，他占领浙江柘林建立贸易基地，曾一度侵扰闽浙沿海，希望能以柘林、乍浦为基地，攻占杭州、南京，扩大自己的海上贸易，但后为胡宗宪挑拨离间其内部关系而瓦解。在江、浙、皖活动的还有萧显、邓文俊、林碧川等海商、海盗群体，后亦被官军击溃。

　　闽、广是航海、贸易发达的省份，漳州、潮州一带沿海居民下海通番者甚多，规模较大的海上贸易群体也不少。如何亚八，广东东莞人，在嘉靖时期从事海上走私贸易，曾与陈老、沈老、王明、王直、徐铨、方武等海商联合，聚众数千，活跃于浙江、福建、广东海面，后为黑孟阳所破。许栋，广东饶平人，从事中日贸易，在明嘉靖三十七年(1558年)曾往日本纠结倭奴谋大举，但在归途中为其养子许朝光伏兵舟中杀死。许西池，可能就是许栋养子，又称许朝光。他接替许栋后，"尽有其众，号澳长，势益炽，踞海阳之辟望村，潮阳之鲶浦，计舟榷税，商船往来，皆给粟抽分，名曰买水"①。许朝光用买水抽税的方法控制广东海域，还在月港与南澳从事走私贸易。后为官兵所败，才退出月港，为部下所杀。谢老，名谢策、谢和，以浯屿为基地在闽广海面从事走私贸易。严山老、洪迪珍以月港为基地，嘉靖三十七年(1558年)，谢老与洪迪珍率3000余人泊船浯屿，次年正月，"由岛浮渡浮宫直抵月港，夺民舟，劫八九都，珠浦、寇山等处，复归浯屿"。五月，严山老等遁出海洋，在梅花外洋被打败，严山老被擒。嘉靖三十九年(1560年)七月，谢和等突入诏安梅岭走马溪，被官兵追踪打败，又入安溪、长泰、同安、宁化、诏安等县，次年又退回南澳。张维，龙溪九都人，嘉靖四十年(1561年)前后发生了以张维等24人为首的叛乱，他们又称月港二十四将。据日本学者片山诚二郎的分析，他们应该是中小商人的联合。② 他们叛乱后受招抚，但在嘉靖四十三年(1564年)复叛，为巡海道周宣檄、同知邓士元擒杀。吴本、曾一本都是福建诏安县人，与广东惠来人林道乾都是闽广民间海上武装力量首领，后在官兵的追击下逃往海外。

----

① 清乾隆年间《潮州府志》卷三八《征抚》。
② ［日］片山诚二郎：《月港二十四将的反叛》，见《清水博士追悼纪念文集》，大安株式会社，1962年。

二、御倭战争与隆庆开海

明嘉靖三十一年（1552年）四月，王直、徐海等引倭寇大举进犯浙江台州，破黄岩，大掠象山、定海等地，浙东大震。七月，明廷不得不恢复浙江巡视，命巡抚山东都察院右佥御史王忬担任，并兼管福、兴、泉、漳等地方，同时由都指挥佥事俞大猷和中都留守司管操指挥佥事汤克宽担任新设的浙、直参将职务，并释放因走马溪事件入狱的卢镗、柯乔、尹凤且予以重用。次年（1553年）三月，王忬遣俞大猷和汤克宽攻王直据点，王直败逃。卢镗也打败在嘉定、太仓一带劫掠的萧显。嘉靖三十三年（1554年），由南京兵部尚书张经接任江南、江北等地总督，调山东水陆兵6000人赴扬州御倭。张经修筑城池、加强防御，还调广西狼兵来对付倭寇。在嘉靖三十四年（1555年）四月，张经取得了倭患以来"战功第一"的王江泾大捷，但因赵文华的诬告，遭权臣严嵩陷害致死。嘉靖三十五年（1556年），胡宗宪继任直浙总督，戚继光、谭纶、俞大猷受到重用，并诱杀巨寇首领王直、徐海等，两浙倭患渐平。胡宗宪后来因弹劾入狱，在嘉靖四十四年（1565年）服毒自杀，但御倭战争也基本胜利，东南沿海的秩序也重新稳定。

在御倭过程中，御倭将领们水陆并进，加强了沿海的防御体系。沿海各卫所、城寨、烽堠、墩台、水寨等防卫设置加强，抗倭官员、将士也意识到海上御倭、造备战船练海军的重要性。如戚继光在《纪效新书》中就专门列出《治水兵篇》，对在不同类型的兵船上如何组织配合，如何训练将士应敌取得海战的胜利进行分析。他在浙江台州、金华、严州一带负责海防时，调集横江船、鸟尾船等战船200余艘，还改造福清船400余艘。俞大猷也看到了海战的重要性，建议在福建造大船击倭[1]，在浙江"苏、松倘得一大枝泊于宝山之下，往来于太仓，吴淞之间，则贼自不至"，并且应该在要害的港澳"各设兵船一枝，以防贼人之登舟劫海岸""另设游兵船只数枝，伏于各岛，以邀击洋中初至之寇"[2]。俞大猷认为御倭之上策是建几支巡洋舰

---

[1] 俞大猷：《正气堂集》卷五《议以福建楼船击倭》，见《正气堂全集》，廖源泉，张吉昌整理点校，福州：福建人民出版社，2007年，第159页。

[2] 同[1]《防倭议》，第162、163页。

队，歼敌于海上，并且每支舰队应该由一定数量的大船加中小船只构成，无论在汛期还是汛期过后，都应设防，"倭奴入寇，来则就洋攻之，去则出洋追之。屡来屡攻，屡去屡追，日久则自惊畏，而不敢复来矣"①。

　　尽管在嘉靖御倭战争中海战的重要性已为众所知，但在实际击倭中围绕"御海洋"与"固海岸"孰为第一要义，官员们展开了争论。唐顺之指出："御倭上策，自来无人不言御之于海，而竟罕有能御之于海者。何也？文臣无下海者，则将领畏避潮险，不肯出洋。将领不肯出洋，而责之小校水卒，则亦躲泊近港，不肯远哨，是以贼惟不来，来则登岸，则破地方。"②兵部尚书杨博云："平倭长策，不欲鏖战于海上，直欲邀击于海中；比之制御北狄，守大边，而不守次边者，事体相同，诚得先发制人之意。国初更番出洋者，极为至善。至于列船港次，犹之弃门户而守堂室，寖失初意，宜复祖宗出洋之旧制。"③归有光云："国家祖宗之制，沿海自山东、淮、浙、闽、广，卫所络绎，都司、备倭指挥使俟贼之来，于海中截杀之。贼在海中，舟船火器皆不能敌我，又多饥乏。惟是上岸，则不可御矣。不御之于外海，而御之于内海；不御之于海中，而御之于海口；不御之于海口，而御之于陆；不御之于陆，则婴城而已，此其所出愈下也。宜丕复祖宗之旧，责成将领，严立格条，御贼于外海者，乃为上功。"③这些人支持俞大猷的主张，就是要恢复明初主动备倭海上之制，如"国初靖海侯吴祯追而捕之于琉球大洋，由是不敢复来"，实现从海上打击倭寇，主动夺取制海权，将外患远远地消灭于海中。但这种主张受到一批官员的反对，正如主张"御海洋"为第一要义的唐顺之指出的，"海战之弊有四：万里风涛不可端倪，白日阴霾咫尺难辨一也；官有常汛，使贼预知趋避二也；孤悬岛中，难于声援三也；将士利于无人掩功讳败四也"④。"固海岸"派官员主要以海战的难度和弊端

① 俞大猷：《正气堂集》卷七《论海势宜知海防宜密》，见《正气堂全集》，廖源泉，张吉昌整理点校，福州：福建人民出版社，2007年，第195、197页。
② 唐顺之：《条陈海防经略事疏》，见《明经世文编》卷二六〇，北京：中华书局，1962年，第2745页。
③ 郑若曾：《筹海图编》卷十二上《御海洋》，李致忠点校，北京：中华书局，2007年，第764页。
④ 姜宸英：《海防总论拟稿》，见《清经世文编》卷八十三《兵政》十四。

来否定"御海洋"的可行性。如御史徐爌认为，水兵哨船设险于远海是不可取的，"出海太远，声援不及，备倭甚难"。谭纶也指出："今之谈海事者，往往谓御倭之于陆，不若御之于海。其实大海茫茫，却从何处御起！自有海患以来，未有水兵能尽歼之于海者，亦未有能逆之使复回者。不登于此，必登于彼。即使得其一二，彼亦视为不幸而遇风者耳。侥幸之心，固自在也。若陆战，一胜即可尽歼，贼乃兴惧，不复犯我。此水战陆战功用相殊。而将官则力主海战为是者，以海战易于躲闪，陆战则瞬息生死，势不两立，且万目共睹，不能作弊。当事者宜坐照之，勿堕将官术中，自失长算，可也。"①言下之意，还是认为"固海岸"的陆战更有操作性，更为可靠。此说得到副使张情等相当一部分人的支持。在"御海洋"与"固海岸"的争论中，要实现"御海洋"，除克服海战的风险和难度外，还要有足够的大战船，需要一个长期的规划来精练水军。用俞大猷的话说，"未有暇为一年之图者，而况二三年乎"②。基于练水兵、造战船等各方面的困难，没有长远的财政、人力支持，把建造几大巡洋舰队作为长久之策的考虑，也就很难被持续推行。到嘉靖末、隆庆初，海上设置起严密的防线，海军力量有很大增加，多次在海上歼灭倭寇，保卫了东南沿海的安全。但总的来讲，明军船型较小，远不及明初洪武、永乐年间的，不能远洋作战；且分属于各个防区，力量不集中，没有建立起明洪武年间那样规模的远洋舰队和郑和舰队那样在各个海区和远洋机动作战的海军。③

嘉靖御倭期间，另一讨论点在于朝廷内部的"开海"与"禁海"之争。支持海禁的主张中，最极端的是闭关绝贡，同时仍旧进行朝贡贸易，但海禁也仍旧。此外是从海防的角度考虑，为了利于御倭应当实行海禁。嘉靖三十九年（1560 年），都御史唐顺之奏请严行福建沿海通倭之禁。当时胡宗宪认为：

----

① 郑若曾：《筹海图编》卷十二上《御海洋》，李致忠点校，北京：中华书局，2007 年，第 770、771 页。
② 俞大猷：《正气堂集》卷九《请多调战船》，见《正气堂全集》，廖源泉、张吉昌整理点校，福州：福建人民出版社，2007 年，第 215 页。
③ 可参考范中义：《明代海防述略》，载《历史研究》，1990 年第 3 期。

倭奴拥众而来，动以千万计，非能自至也，由内地奸人接济之
也。济以米水，然后敢久延；济以货物，然后敢贸易；济以向导，
然后敢深入。海洋之有接济，犹北陲之有奸细也。奸细除而北房可
驱，接济严而后倭夷可靖。所以稽察之者，其在沿海寨司之官乎。
稽察之说有二，其一曰稽其船式，盖国朝明禁，寸板不许下海，法
固严矣。然滨海之民以海为生，采捕鱼虾有不得禁者，则易以混
焉。要之，双桅尖底始可通番，各官司于采捕之船，定以平底单
桅，别以记号。违者毁之，照例问拟，则船有定式，而接济无所施
矣。其二曰，稽其装载，盖有船虽小，亦分载出海，合之以通番
者，各官司严加盘诘。如果是采捕之船，则计其合带米水之外，有
无违禁器物乎？其回也，鱼虾之外，有无贩载番货乎？有之即照例
问拟，则载有定限，接济无所容矣。此须海道官严行设法，如某寨
责成某官，某地责成某哨，某处定以某号，某澳束以某甲，如此而
谓通番之不可禁，吾未之信也。①

按照胡宗宪的主张，应当建立严格的海洋盘查稽查制度，来达到严禁
通番的目的。但开海派则认为应当放宽海禁，发展海上贸易。明嘉靖四十
三年（1564 年），福建巡抚谭纶上疏说："闽人滨海而居，非往来海中则不
得食。自通番禁严，而附近海洋鱼贩一切不通，故民贫而盗愈起，宜稍宽
其法。"②王忬、王世懋、唐枢等人也支持允许民间出海贸易，开海互市。

在倭乱几近平息后，明隆庆元年（1567 年），福建巡抚都督史涂泽民上
疏，"请开海禁，准贩东西二洋"③，得到朝廷许可。由是，从月港到越南、
马六甲的西洋航线和从月港到菲律宾、文莱的东洋航线允许贸易，但与日
本的贸易依然严厉禁止。隆庆开海是在官府控制下的有限的"开禁"，具体
开放的地点在福建漳州月港。月港的海外贸易在成化、弘治年间就已迅速
发展，为闽南一大都会，有"天下小苏杭"之誉，在正德、嘉靖年间已进入

----

① 胡宗宪：《胡少保海防论》卷三《广福人通番当禁论》，见《明经世文编》卷二六七。
② 《明世宗实录》卷五三八，嘉靖四十三年九月丁未。
③ 张燮：《东西洋考》卷七《饷税考》，谢方点校，北京：中华书局，2008 年，第 131 页。

繁盛时期。为加强控制，自明嘉靖九年（1530年）开始，对其行政、军事设置等都有所调整。嘉靖四十四年（1565年），漳州知府唐九德筹建"割龙溪一都至九都及二十八都之五图，并漳浦二十三都之久图，凑立一县"①。明隆庆元年（1567年），海澄县正式建立，县治在月港桥头。明万历年间，把海防馆改为督饷馆，专门管理月港海商贸易，设置税务官员一名，饷吏二名，书手四名。起初由漳州海防同知担任税务，明万历二十一年（1593年）改为各府任官轮流主管，虽后有高寀专权等变动，但主要是漳州府官员负责。其管理办法，第一是对进出港商船要加以盘验，采取发放船引的办法，出海贸易必须有海防官发给的船引才能出港。船引上要填写船商姓名、年貌、户籍、住址、开向何处、回程日期、货物器械名称等具体信息，如所报有差错，船货都可能没官。初定每张东西洋船引税银三两，至鸡笼、淡水等航程较近的，每张税银一两，后分别增至六两、二两。对船引的分配，万历十七年（1589年），据福建巡抚周寀的规定，东西洋商船额数每年限88只，东洋、西洋各44只。后因引数有限，贩者增多，增至110只。商船出港、回航都要接受验查，对回来的日期往往也有所限制，主要是防止通倭和人口流失等。第二是对海商征商税，分水饷、陆饷、加增饷三种。水饷，也称"丈抽法"，按照船只的大小、广狭征收船税。如行西洋船，船阔一丈六尺（约5.33米）以上者，每尺抽银五两，一船共八十两，每加阔一尺，累加征银五钱。贩东洋船则按照西洋船丈尺税则，量抽7/10。陆饷，是指商品的进出口税，按货物价值或多寡来计算。加增饷，是对从吕宋回来的商船所征的专税，因中国海商去往吕宋往往运回大量的墨西哥银元而少货物，故对其船主额外征税银150两，后改为120两。

隆庆开海顺应了沿海海商的要求，也填补了国库收入。但明朝对与日本通商等方面的限制，却无法真正控制海商与日本方面的联系和海上走私等问题；官方对民间航海、贸易发展始终有所顾忌，对海商也多加限制并

---

① 清乾隆年间《海澄县志》卷一。

课以重税，很难主动地推动海洋贸易发展。

三、万历倭乱时期的海上应对

明万历年间，日本关白丰臣秀吉发兵侵略朝鲜，引发了事关东亚海域秩序的国际战争（1592—1598 年），中国学界往往称之为万历援朝御倭之战，朝韩学者称为万历壬辰倭乱，日本则称作文禄、庆长之役。以往的研究中，往往将其放在东亚国际关系以及朝贡体制所受的挑战等框架下来讨论，若放在海洋史的视角来看，这不仅是日本等势力对原本中国占主导的亚洲海洋空间的进逼，而且体现了在面临这种来自海上的挑衅和危机时，明朝朝野的应对以及东西方海上力量是如何竞逐的。

丰臣秀吉统一日本后，就有试图向东亚海域扩展其利益的野心。明万历十六年（1588 年），九州萨摩大名岛津义久致书琉球曰："方今天下一统，海内向风，而独琉球不供职。关白方命水军，将屠汝国，及今之时，宜其遣使谢罪，输贡修职，则国永宁矣。"[1]琉球不得不遣使前往，三年后丰臣秀吉又修书琉球国王尚宁，要求其为侵略朝鲜出兵力，被琉球拒绝后，两国断交。万历十九年（1591 年），丰臣秀吉致书葡萄牙在果阿的总督，又遣商人原田孙七郎送信给西班牙在菲律宾的总督，威胁其来入贡，否则定当讨伐，但都未达到目的。

明万历十五年（1587 年），丰臣秀吉曾三次要求朝鲜向日本进贡，但均遭拒绝。丰臣秀吉在万历十八年（1590 年）致书朝鲜国王，公然声称他要"长驱直入大明国，易吾朝之风俗于四百余州，施帝都政化于亿万斯年"[2]。万历二十年（1592 年）三月，丰臣秀吉派遣水陆大军 158 000 人，率舟师数百艘，从对马岛渡海后在釜山登陆，发动对朝鲜的侵略战争，五月即侵占了朝鲜京城。被一时的胜利冲昏头脑的丰臣秀吉便叫嚣迁都北京，由天皇统治中国，甚至将其养子丰臣秀次封为大唐（中国）关白，十分狂妄。朝鲜国王向自己的宗主国明朝不断请兵求救，明朝决定出援。万历帝先后派祖

---

① ［日］上田信：《海与帝国：明清时代》，高莹莹译，广西师范大学出版社，2014 年，第 256 页。
② 《史料日本史》近世编，吉川弘文馆，1964 年，第 59 页。

承训、宋应昌、李如松等带兵前往交战。在次年元月，李如松率军取得平壤大捷的胜利，大破日军精锐。平壤大捷后，日本军队厌战情绪高涨，同时粮草不济，疾疫流行，丰臣秀吉不得不向明朝媾和，但仍提出诸多无理要求。万历二十五年（1597年），丰臣秀吉再次派兵侵略朝鲜。次年，丰臣秀吉病死，日军撤出朝鲜，在露梁海峡被明朝援军邓子龙部和朝鲜李舜臣部水军截击，大败而逃。前后长达六年的战争宣告结束。

在援朝击倭的过程中，中国沿海的戒备加严，直隶、山东、辽东的防御体系大大增强。明万历二十一年（1593年），浙江的水军兵船达到1117只、水军30 154名，福建也新添设了嵛山、海坛、湄洲、浯铜、玄钟、澎湖等水师游兵。万历二十六年（1598年），陈璘、邓子龙、陈蚕等率水军13 000余人，战舰数百艘，远赴朝鲜海域，和朝鲜水师一起抗击日军，并一起取得了露梁海战的胜利。"这是郑和下西洋一个半世纪之后，明廷较大舰队第一次远离本国海域作战"①，显示了中国海军有远洋作战、维护东北亚海域秩序的实力。同时，在援朝战争期间，东南沿海海商也发挥了一定的作用。早在战争发动前夕，就有流寓琉球经商的福建同安商人陈申递告日本即将入寇的消息回国，侨居日本的医生许仪和海商朱均旺也不顾个人安危将情报传递回国。② 可惜的是，这些海商的爱国之心，未必皆被官府重视，尤其是在月港开禁后明令禁止往日本贸易，往来日本者未免通倭之嫌。万历二十六年（1598年），福建巡抚金学曾向朝廷奏报了许仪提出的倭情，认为可乘日本内乱，乘机征讨。③ 可惜的是，其奏折被阁部压置不能上闻，机会就此丧失了，其后至崇祯末年，海防削弱，也无暇北顾。

值得一提的是，在明万历三十七年（1609年），日本萨摩藩入侵琉球，琉球国王被强行带至江户，被迫写效忠的誓文。但在这种两属的艰难处境下，并未妨碍琉球继续向明朝朝贡。中琉之间的朝贡册封关系很早就已建立，在明洪武五年（1372年）明太祖派遣行人杨载携诏书出使琉球，琉球国

---

① 范中义：《明代海防述略》，载《历史研究》，1990年第3期。
② 周志明：《明末壬辰战争与中国海商》，载《福建师范大学学报（哲学社会科学版）》，2009年第4期。
③ 《明神宗实录》卷三二八，万历二十六年十一月癸巳。

受诏称臣，并奉明正朔，用其历法。洪武八年（1375 年），朱元璋专门在福建"附祭琉球山川"①。洪武十六年（1383 年），琉球山南王、山北王入明纳贡，明太祖又遣使向中山王颁赐镀金银印，并劝解三王和平共处。洪武十八年（1385 年），又赐山南、山北二王驼纽镀金银印。洪武二十五年（1392 年），赐闽人三十六姓居琉球，这些人在中琉交往中发挥了很大作用。此后，有明一代，中国向琉球派遣使者 23 次，琉球入贡明朝 300 多次，在嘉靖、万历倭患期间亦是绵延不断。明嘉靖十三年（1534 年）和嘉靖四十一年（1562 年）派出陈侃、郭汝霖使团，万历七年（1579 年）和万历三十年（1602 年）又两次遣使册封琉球，并于万历年间在漳州补赐三十六姓，以满足琉球的要求。中琉互往的海上航线，主要是从福州长乐梅花所出发，通过台湾海峡、钓鱼岛等岛屿后，进入琉球国。而从针路等看，当时中国与琉球、琉球与日本的海上分界线也是显而易见的。举嘉靖十三年（1534 年）给事中陈侃出使琉球的记录：

> 十日，南风甚迅，舟行如飞。然顺流而下，亦不甚动。过平嘉山、过钓鱼屿、过黄毛屿、过赤屿，目不暇接，一昼夜兼三日之程，夷舟帆小不能及，相失在后。十一日夕，见古米山，乃属琉球者。夷人鼓舞于舟，喜达于家。②

根据其记载，中国与琉球的边界就是古米山，而未达古米山的钓鱼屿、黄毛屿、赤屿即现在所谈的钓鱼岛及其附属岛屿，正是在中国疆域之内。而琉球国往东其与日本的国界，据记载：

> 云远见一山巅微露，若有小山伏于其旁，询之夷人，乃曰："此热璧山也，亦本国所属；但过本国三百里。至此，可以无忧。若更从而东，即日本矣。"②

热璧山是琉球国所属，琉球与日本的国界则至少还在三百里外。明嘉靖四十一年（1562 年）出使琉球的郭汝霖在《使琉球录》中也同样记载了赤屿

---

① ［日］伊波普猷等：《琉球史料丛书》第四卷，名取书店，1941 年，第 41 页。
② 陈侃：《使琉球录》，见萧崇业：《使琉球录》，《台湾文献丛刊》第 287 种，1957—1972 年，第 11、13 页。

以内皆属中国海疆范围。明万历七年(1579年),萧崇业、谢杰的《使琉球录》也记载了古米山乃中琉之界,钓鱼岛及其附属岛屿是属于中国的。谢杰在《琉球录撮要补遗》中更明确提到中琉之间的"去由沧水入黑水,归由黑水入沧水"[1]的黑水沟。万历三十年(1602年),夏子阳的《使琉球录》再次记载了中琉之间的海沟分界"黑水沟"。明崇祯六年(1633年),胡靖在《琉球记》中也说明了古米山是琉球国界,这种划分也是两国认同的。

明嘉靖、万历时期因倭患引发对海洋防御的重视,出现了一系列关心海防、航路和日本入倭等的书籍,包括郑舜功的《日本一鉴》(1565年)、严从简的《殊域周咨录》(1574年)、邓钟的《筹海重编》(1592年)、谢杰的《虔台倭纂》(1595年)、王在晋的《海防纂要》(1613年)、张燮的《东西洋考》(1617年)、茅元仪的《武备志》(1621年)等。在这些史籍中记录了倭情、针路及海防地图等内容,其中不乏对维护中国海域秩序等的真知灼见,也再次重申了中国的海洋空间,对钓鱼岛及其附属岛屿属于中国领土不乏明确记载。

郑氏海上力量的崛起与收复台湾

郑芝龙、郑成功领导的郑氏海上力量,是明代民间海上力量发展的顶峰。郑芝龙的崛起、纳入明朝体制以至郑成功对东亚海权的控制,体现了明末海洋社会权力从民间—地方官府—海上政权的整合。郑成功打败海上霸主荷兰,收复台湾,不仅是中国海洋发展的重大成果,也是17世纪东亚海权竞逐中的重大事件。

一、异军突起的郑氏海上力量

郑芝龙(1604—1611年),字曰甲,号飞黄,小名一官,福建南安石井人。明代安平海商十分活跃,明隆庆元年(1567年),漳州月港作为东西洋贸易的出国口岸开港后,石井江两岸有不少人到澳门谋生。郑芝龙的母舅

---

① 谢杰:《琉球录撮要补遗》,见夏子阳:《使琉球录·附旧使录》,《台湾文献丛刊》第287种,1957—1972年,第269页。

黄程也在香山澳经商，明天启元年（1621 年），郑芝龙与其弟郑芝虎、郑芝豹一起赴澳门寻找黄程，并跟随他从事海洋贸易。郑芝龙因此积累了不少经验，不仅在澳门学会了葡萄牙语，还前往马尼拉，后转到日本平户经商。在此期间，他和日本女子生下儿子郑森，即后来的郑成功。郑芝龙的发迹和李旦、颜思齐息息相关。①

李旦，泉州晋江、南安或同安人，是漳州港区著名的大海商，荷兰人称他为"Adn Dittas"或"Andrea Dittus"。他早年以马尼拉为基地从事海外贸易，明万历二十八年（1600 年）已是当地的中国头领。万历三十五年（1607 年），李旦逃到日本平户，万历四十七年（1619 年）被推举为长崎、平户等地华商的领袖。他持有日本幕府将军德川家光签发的朱印状，拥有大量船舶，从事日本、台湾地区和福建沿海之间的贸易。李旦在厦门的贸易合伙人和结拜兄弟许心素（Simsou），是九龙江（荷兰人称为漳州河）口从事台湾贸易的主导人物。在官场上，李旦以名将俞大猷之子、天启年间担任福建总兵的俞咨皋为"保护伞"。李旦势力强大，荷兰人说，"厦门都督和附近的大官们都相当认识他"②。明天启三年（1624 年）十二月，郑芝龙获得李旦信任后，被推荐到澎湖当荷兰人的通事。次年，他离开荷兰人，不知何故而继承了李旦的财产，自立门户。

颜思齐（1589—1625 年），福建海澄人，字振泉，"为势家所凌，殴其仆致毙，虑罪逃入日本，久之，积颇饶"③。大概是在明万历四十六年（1618 年），颜思齐从北港登陆入台湾，或说在日本时就已劝说郑芝龙一起入台，或说郑芝龙是在明天启元年（1621 年）途中为海盗所劫夺方入台的④。入台后，"筑寨以居，镇抚土番，分讯所部耕猎"⑤，入台的民众越来越多。郑芝龙受到颜思齐重用，位居十寨之首。天启五年（1625 年），颜思齐死后，郑

---

① 关于李旦与颜思齐是否为同一人，学界有所争论。日本学者岩成生一曾推测为同一人，为不少学者接受。但据近年来的研究，两者的死亡地点、籍贯均不同，应该为不同的两个人。
② 《巴达维亚城日记》第一册，1625 年 4 月 6 日，原译村上直次郎，中译郭辉，台湾省文献委员会，1970 年。
③ 《福建通志》卷二六七。
④ 黄志中：《颜思齐、郑芝龙入台年代考》，载《福建师范大学学报（哲学社会科学版）》，1983 年第 1 期下卷。
⑤ 连横：《台湾通史》卷二九《颜思齐、郑芝龙传》，北京：九州出版社，2008 年，第 441 页。

芝龙又继承了他的资财，成为活动于福建沿海的重要海上力量。

郑芝龙得势于海上后，礼贤下士，劫富济贫，闽广流民往海上谋生者多愿从之。不久，聚众数万，船舰千艘，并掠海攻城，屡败官兵。明天启六年(1626 年)起，郑芝龙"劫掠闽广间，至袭漳浦旧镇，泊金厦树旗招兵，旬日之间，从者数千人，勒富民助饷，谓之报水"①。天启七年(1627 年)，郑芝龙在诏安湾击败荷兰船队，乘胜长驱，报水者户十有五。十二月攻闽山、铜山、中左等处，并乘胜入中左所(厦门)，逼走俞咨皋，求食者争往投之，各港船舶纷纷来报水。不久，俞咨皋被参逮问，郑芝龙杀许心素，完成对厦门湾的控制。此后，上至台温吴淞，下迨潮广，近海州郡，皆报水如故。郑芝龙的水军"习于海战，其徒党皆内地恶少，杂以番倭剽悍，三万余人矣。其船器则皆制自外番，艨艟高大坚致，入水不没，遇礁不破；器械犀利，铳炮一发，数十里当之立碎"②。荷兰人记载说："中国海贼已成为海上主宰，因此我们不得不暂时退却，海贼一官拥有二千余艘的帆船。"③"我们的船只以及中国帆船无一敢往来于台湾与漳州等大陆沿海之间。由于中国海贼势力的剧增，日渐支配于中国海上，他们有六七万人之多。"④

郑芝龙夺取对海上商业和航运的控制权后，于明崇祯元年(1628 年)接受了福建巡抚熊文灿的招抚，并被授官为防海游击。他一方面保持一定的独立性，另一方面被纳入朝廷体制之内，并借助朝廷支持削平海上群雄，和荷兰海洋势力争夺东南制海权。荷兰人说他建造了 30 艘特别的战舰，有些得到欧洲船只的启发而两边甲板配有大炮，"由如此壮观、巨大、充分武装舢板组成的舰队……在此之前从未见于中国"。崇祯二年(1629 年)六月，郑芝龙击溃杨禄、杨策，收其众。八月，又消灭广东诸彩老。崇祯三年(1630 年)，除李魁奇，加参将职衔。崇祯四年(1631 年)，灭钟斌，民间海上武装力量基本归附于郑芝龙。崇祯五年(1632 年)，因灭海贼有功，授

---

① 周凯：《厦门志》卷十六。
② 《兵部题行"兵科抄出两广总督李题"稿》，见《明清史料乙编》第七本，第 615 页。
③ 《巴达维亚城日记》第一册，1628 年 6 月 1 日，原译村上直次郎，中译郭辉，台湾省文献委员会，1970 年。
④ 《燕·彼得逊·昆东印度商务文件集》卷五，第 71—72 页。

郑芝龙五虎游击之职。

明崇祯七年（1634 年），荷兰东印度公司决定"对中国发起一场严酷的战争"，由荷兰驻台湾长官普特曼斯率领一支 1300 人的大舰队，前往广东、福建沿海。7 月 11 日，乘郑芝龙前往广东之机，荷方偷袭厦门港，摧毁了郑芝龙正在船坞整修的、"按荷兰模式建造"的战船 15 艘，其他大小战船 20～25 艘，并提出在鼓浪屿建立交易所，在漳泉之间进行自由贸易、允许荷船不受干扰地在鼓浪屿、厦门、烈屿、浯屿等处停泊，中国商船只许往巴达维亚，不许再往马尼拉、鸡笼等荷兰敌对方占据地区等议和条件。郑芝龙从广东赶回后，为等候台风季节到来，虚与周旋，尽力拖延时间，暗中备战。荷兰舰队不得要领，于 8 月 20 日开到闽江口，抢劫民船，又南下澳门挑衅。9 月，荷兰舰队与刘香海盗集团联合，进攻澎湖。郑芝龙密派部将驾船渡澎，设计剿捕，于 10 月 3 日在澎湖大屿与其激战，焚烧荷兰夹板船 1 艘，生擒荷将 1 名。荷兰与刘香的联合舰队计荷兰夹板船 9 艘、刘香海盗船 50 艘，自南北上，遂往金门料罗湾集结。

10 月 22 日凌晨，以郑芝龙为前锋的明军水师大型战船 50 艘、中小型战船 100 艘从围头出发，黎明时分抵达料罗湾。郑芝龙指挥 30 艘大型战船从东南海面进攻，另 20 艘大型战船迂回到下风处，阻断敌船退路。100 艘中小型战船顺东南风火攻敌船。烈火一施，波涛尽赤，"各路会师，前冲者真如摧枯拉朽，随后者无不乘胜长驱，将士浑身是胆，各效一臂"，焚毁夹板巨舰 5 艘、小舟 50 余艘，俘获夹板巨舰 1 艘。郑芝龙取得料罗湾海战大捷，"闽粤自有红夷来，数十年来，此捷创闻"[1]。荷兰余舰逃回台湾，从此不敢再犯中国沿海。

明崇祯八年（1635 年），郑芝龙与明朝水军把刘香包围在田尾洋，将其击溃，并卷其资蓄并其众。明崇祯九年（1636 年），郑芝龙以五虎游击升副总兵加一级，世袭百户，御笔特改世袭锦衣卫副千户。郑芝龙为明朝掌控环中国海海洋空间，"海舶不得郑氏令旗不能往来"[2]。

----

① 邹维琏：《达观楼集》卷十八《奉剿红夷报捷疏》。
② 邹漪：《明季遗闻》卷四。

郑芝龙统一海洋社会权力以后，"厦门、安海成为漳州港区的主港，垄断了东南沿海的海外贸易。虽然明廷没有解禁对日贸易，但在郑芝龙的操作下，开通了厦门、安海到长崎的直接贸易，对日贸易进入半合法状态，扩展并取代马尼拉在东洋贸易的龙头地位"[①]。明隆武元年(1645年)，基于清军入关后局势的变化，郑芝龙拥护福州的唐王政权，并晋升为"钦命居守福京总督留后一切军国事务、兼总督中军等五军都督府印务、东南直省粮饷军务、赐坐蟒尚方剑挂平虏大将军印、招讨西北直省剿逆便宜行事、专理巡务带管守事、保疆奉驾大师平虏侯爵"[②]。隆武二年(1646年)，清军入闽，唐王小王朝覆灭，郑芝龙降清。后被软禁在北京，在清顺治十八年(1661年)为清朝所杀，其海上力量为郑成功继承。

明天启四年(1624年)，郑成功生于日本肥前平户，明崇祯三年(1630年)回国后，居住在安平，改名森，时年7岁。他受过传统的儒学教育，15岁时补县学生员，21岁入南京太学，师从钱谦益。明隆武元年八月，芝龙引森陛见，隆武帝对他异常赏识，并赐国姓，更名成功，协助统领禁军，以驸马的礼节行事，由是中外称其"国姓爷"。郑芝龙降清后，郑成功以抗清忠明报国为己事，奉明正朔，抗清数十年。他吞并郑彩、郑联的势力，并吸收闽、浙、广抗清武装和降兵，主要以厦门、金门所在的漳州港区为基地建立海上政权，发展海洋贸易。在郑成功的经营下，通贩日本、吕宋、暹罗、交趾各国，成为当时东亚海域最强大的海上力量。明永历十一年(1657年)至十三年(1659年)他几次亲率舟师北伐，曾集兵金陵，扬州、芜湖、滁州以至江浦、安庆诸县纷纷归附，名震一时。永历十五年(1661年)，郑成功率领数百船舰从料罗湾出发，东渡台湾，次年(1662年)赶走侵占台湾38年之久的荷兰侵略者，迫使其签订投降书，收复了祖国的领土。此后，国姓爷的威名在东亚海域如雷贯耳，也显示了中国海上政权的力量。

----

① 杨国桢：《郑成功与明末海洋社会权力的整合》，见《瀛海方程——中国海洋发展理论和历史文化》，北京：海洋出版社，2008年，第293页。原载《中国近代文化的解构与重建(郑成功、刘铭传)——第五届中国近代文化问题学术研讨会文集》，台北：政治大学文学院，2003年。
② 林春胜，林信笃：《华夷变态》上册卷一，东洋文库，1981年，第19页。

二、郑氏对东亚海权的控制

17 世纪是东亚海权竞逐的时代，各种海上势力复杂交错，郑氏家族能将印度尼西亚以东的大洋变成中国人的"内湖"，自有一套控制海洋航行、贸易等的办法。

首先，离不开强有力的军事支持。在郑芝龙时代就以海利养兵，郑成功时编制进一步扩大，有兵十余万。[1] 水师的编制及其演变尚不太清楚，有说分楼船镇、水师镇共 10 镇，或说 20 镇。郑成功曾说，"我师所致力者，全赖水师"[2]。郑军水师在当时是十分强大的，据北伐南京时的郑军马龙部舰船统计，5 艘船中装备有红衣炮 13 位，铜百子炮 45 位，三眼枪、鸟枪 10 杆，火药 42 桶，连桶共重 1889 斤，红衣铁弹 1663 出，百子铁弹 183 桶，铁碎子 105 桶，铁盔甲 42 项，铁甲 26 身，铁蔽手 9 副，铁裙 9 条，铁遮窝 14 副以及棉盔甲、刀、箭、长枪、藤牌等。[3] 优越充足的海战利器，是郑军克敌制胜的法宝。到郑经时代，"水陆官兵计 412 500 名，大小战舰，约计 5000 余号"[4]。在与各国贸易中，大量购买军火，增强战舰的战斗力。由于日本的锁国，清朝的海禁，东亚并无国家政权在海上与其争雄。郑成功倚仗南明王朝的公权力，建立海上军事力量，抵消了荷兰东印度公司拥有的优势——国家支持，能够封锁住台湾海峡，禁航马尼拉与台湾，对横行霸道的西班牙和荷兰等外国势力加以经济制裁。

其次，对过往商船等有一套管理办法。郑芝龙控制东南沿海后，"凡海舶不得郑氏令旗者，不得来往，每舶例入二千金，岁入以千万计，以致富敌国"[5]。对此，有学者认为其渊源与神宗时"水饷"有关，不过化公为私，与"报水"混为一谈[6]，或认为应该是月港"水饷"与"引税"的合二为一[7]。

---

[1] 关于郑成功兵额，参考杨彦杰：《郑成功兵额与军粮问题》，载《学术月刊》，1982 年第 8 期。

[2] 杨英：《先王实录》，陈碧笙校注，福州：福建人民出版社，1981 年，第 237 页。

[3] 佟国器：《三抚捷功奏疏》，"为恭报投诚伪帅仰祈部从优叙用以彰鼓励事"题本。

[4] 《李率泰题为郑泰等派员议降事本》，见《郑成功档案史料选辑》，福州：福建人民出版社，1985 年，第 448 页。

[5] 连横：《台湾通史》卷二五。

[6] 张炎：《关于台湾郑氏的"牌饷"》，见《台湾郑成功研究论文集》，福州：福建人民出版社，1982 年。

[7] 林仁川：《明末清初私人海上贸易》，上海：华东师范大学出版社，1987 年，第 304 页。

事实上，在史料上多次可见的是"报水"一词，原是官府抽分非朝贡番舶进口税的俗称。"诸番远来，船至报水，计货抽分"，它起于明正德四年（1509年）广东镇巡官对暹罗漂风船番货的抽分。后因广东海禁，私商严重，官员收取报水，被视为对控制海洋的公权力的滥用。万历时，明廷把"报水"定为私出外境及违禁下海罪名之一。嘉靖后期，海商向海寇"报水"成为民间通则。许朝光、曾一本、林道乾、李魁奇等海贼皆令海商报水纳税。郑芝龙控制海上后，过往贸易之私舶，自行计货抽分，不受官方的控制。报水虽然是对海商的经济抽剥，但一般也得到海上社会的认可，因为报水持有郑氏令旗后，海商可以在郑氏的武装船队保护下自由航行。万一被其他海盗劫掠，郑氏一般也会为之讨回公道。在郑芝龙统一海洋社会权力之后，持有郑氏符令、令旗者，可得到出口地和国外贸易地官方的认可，在中国沿海航行，还受到水师的保护。郑成功时期，继承了海上征税制度，改名为牌饷，发放旗、票，派员到各港口征收船饷。郑成功未入台期间，其势力就延伸到台湾海峡两岸的沿海地区。给荷兰担任通事的何斌（又名何廷斌）就在台湾地区向过往中国船只派送国姓票，以便进入厦门港贸易。清军占领的沿海地区民船下海，也要购买国姓旗、票，方可通行。关于牌饷的内容，据日本学者太田南亩《一话一言》的记载，郑成功曾寄给留居日本的同母弟弟七左卫门两封信，其中一封信写道：

> 东洋牌饷银原定五百两，客商请给，须照顾输纳，吾弟受其实惠，方可给与，切不可为商人所瞒短少饷额也，已即发给十牌一张，寄给省官处，可就彼对领。出征戎务方殷，余不多及。此札。名具正。五月初八日□时冲。[①]

另一封信写道：

> 东洋牌船应纳饷银：大者贰仟一百两，小者亦纳银五百两，俱有定例，周年一换。其发牌之商，须察船之大小，照例纳银与弟，切不可为卖，听其短少！不佞有令：着汛守兵丁，地方官盘验，遇

---

① ［日］太田南亩：《一话一言》卷四二，引自张菼：《关于台湾郑氏的"牌饷"》，见《台湾郑成功研究论文集》，福州：福建人民出版社，1982年。

有无牌及旧牌之船，货、船没官，船主、舵工拿解。兹汪云什一船系十年前所给旧牌，已经地方官盘验解散，接吾弟来字，特破例从宽免议，但以后不可将旧牌发船，恐遇汛守之兵，船只即时搬去，断难追还，其误事不小！切宜慎之！所请新牌即着换给，交汪云什领去；如短少吾弟饷银，后年再不发给也！此札。各具正幅。六月十二日巳时冲。①

从这两封信中可知牌饷是按照船只大小收取，大者 2100 两，小者 500 两，十牌一年一换，否则货、船没收，船主、舵工逮捕解送。郑氏"牌票"的形制、格式，据《兵部残题本》所载，"同安侯郑府令牌各一张，牌内俱备写本商船一只，仰本官即便督驾，装载夏布、瓷器、鼎铫、密料等项，前往暹罗通商贸易……每一牌内挂号与同安侯之下用有篆文图记二伙"②。到郑经时期，将"牌饷"改为"梁头饷"，"牌票"改为"梁头票"，据季麒光《覆议康熙二十四年饷税文》所记，"梁头牌银一千五百两零七分。查伪郑时计船二百一十只，载梁头一万三千六百三十七担③，每担征银一钱一分"。

在郑氏的整合下，零散的民间海上武装力量集合在他的旗号下，内抗清朝禁海令，外挑战西洋势力。郑氏积极发展往日本、南洋各国的海上贸易，也鼓励各国商船来华贸易。在收复台湾后，还发展与英国的贸易，并提出条款管理来华外商，对西方人的劫掠等行为也加以制裁。明永历七年（1653 年），荷兰人在澳门南部岛屿附近劫掠郑成功赴广南贸易的船只后，郑成功致书荷兰大员索赔，并表示非我之船，未经允许，任何船只不得赴台湾。致使荷兰人不得不将抢劫的货物归还。永历九年（1655 年），在菲律宾的西班牙人抢夺船货后，郑成功下令禁止与马尼拉通商，并通知荷兰驻台湾长官与荷兰巴达维亚总督办理。永历十年（1656 年），菲律宾的西班牙殖民者不得不派遣使者来厦门求和通商。永历十一年（1657 年），荷兰驻台湾长官揆一遣通事何斌送宝物请求通商，并口头承诺善待巴达维亚的华侨，

① ［日］太田南亩：《一话一言》卷四二，引自张菼：《关于台湾郑氏的"牌饷"》，见《台湾郑成功研究论文集》，福州：福建人民出版社，1982 年。
② 《兵部残题本》，见《明清史料》乙编，第 5 本。
③ 1 担 = 50 千克。

尽管在事实上他们总是阳奉阴违。永历十二年（1658 年），荷兰人劫掠从柔佛开返中国和由暹罗南部的北大年返回的两艘中国船只，郑成功据理力争要求赔偿。

郑氏海上贸易资本雄厚，除通过管理海商获得银两外，主要是经营对日本和西洋各国的贸易。据韩振华的研究，在 17 世纪 50 年代，前往日本的中国商船平均每年有 60 余只，平均每只船的贸易额大概是 2 万两银，估算每年在日本的贸易额，平均约 120 余万两银。其中，郑成功的"官商"占到贸易额的 6/10，约 71 万两银。郑成功时代，每只航行西洋的中国商船贸易额为 8 万～10 万两银。17 世纪中叶后，因西方殖民者的干扰，每年往东南亚的船只数额减少，每年平均只有 14 只左右，大概能保持 120 余万两银的贸易额。[①] 据杨彦杰的估算，郑成功从事往日本、东南亚的贸易，其中不乏多角贸易关系。自 1650 年至 1662 年间，每年用于日本贸易的船只约 30 艘，贸易额约 216 万两，往今越南、柬埔寨、泰国、马来西亚、印度尼西亚等东南亚地区的船只 6～10 艘，从事中国—东南亚—日本三角贸易的约 10 艘，其海上贸易总额年均约 424 万两，获利年均 250 万两。[②] 尽管在当时有清朝的禁海、迁界等内逼和荷兰等西方殖民者的外扰，仍无损他在海权竞逐中的重要地位。尤其是收复台湾后，东亚贸易格局出现结构性的变化，使得荷兰人退至巴达维亚，其经营重点被迫退缩到印度洋。

三、郑成功收复并经营台湾

台湾地区与大陆的渊源深刻，在荷兰人侵占台湾之前，就有许多汉人往台定居。而对于只有一水相隔的福建渔民，台湾也是他们传统的捕鱼场所，他们常年往来海峡之间，闽台早是一家。汉人不仅熟悉台湾地形，融入土著社会，或狩猎开垦，或经营鹿皮等恒常贸易，而且在明天启元年（1621 年），郑成功的父亲郑芝龙就已到台湾，跟随海上巨商颜思齐以台湾北港为据点，筑寨开垦，管理过往人、船，发展海外贸易。郑芝龙受明朝

----

① 韩振华：《郑成功时代的对外贸易和对外贸易商》，载《厦门大学学报》，1962 年第 1 期。
② 杨彦杰：《1650—1662 年郑成功海外贸易的贸易额和利润估算》，载《福建论丛》，1982 年第 4 期。

招抚后，还劝说福建巡抚熊文灿将福建饥民移置台湾。

明天启四年（1624年），荷兰侵据台湾后，台湾成为荷兰东印度公司在东亚苦心经营的一环。荷兰殖民者不仅以台湾为基地发展海外贸易，还利用当地汉人开垦宝岛，但同时对台湾的汉人社会充满恐慌与敌意，并征以重税极力剥削汉民。明永历六年（1652年），爆发了郭怀一领导的汉民起义。据荷兰史学家包乐史的记述：

> 郭怀一原是一个平原村落的长老，1652年9月8日，他率领四千多汉族农民，袭击荷兰人居住的小村普罗文查（Provintia），很快荡平这个小村。第二天，热兰遮城内的荷军在土著民支援部队的协助下进行反击，不久就击败了起义军。12日，荷兰人对起义军进行总清算。在荷兰人的优势炮火下，起义军很快鸟兽散。四千多汉族农民丧失生命，起义终于遭到血腥镇压，正如当时在荷兰出版的一本小册子所说的，"与其说这是一场中、荷战争，不如说是对中国人的屠杀。这样说更符合实际……"①

郭怀一起义失败后，荷兰人修筑赤嵌城加强对汉民的监督，并试图入贡清朝获得通商支持以围困郑成功，但并未成功。而在台湾的汉民思归心切，希望国姓爷早日来台驱逐荷兰人。而此时郑成功自金陵战败后，只占据金、厦二地，也需要谋求一处更长远的根据地。明永历十三年（1659年），前荷兰通事何斌因与荷兰人发生债务纠纷而逃到厦门，向郑成功建议攻取台湾。他说："台湾沃野数千里，实霸王之区。若得此地，可以雄其国；使人耕种，可以足其食。上至基隆、淡水，硝磺有焉。且横绝大海，肆通外国，置船兴贩，桅舵铜铁不忧乏用。移诸镇兵士眷口其间，十年生聚，十年教养，而国可富，兵可强，进攻退守，真足与中国抗衡也。"②同时献上台湾地图，讲解当地形势以及水路变化。何斌强调台湾的粮食与军用物资充足，贸易位置理想，又有海峡天险，每一项都是郑军的迫切需求，

---

① ［荷］包乐史：《中荷交往史1601—1989》，庄国土、程绍刚译，［荷］高柏校，路口店出版社，1989年，第59页。
② 江升：《台湾外纪》卷五。

使郑成功非常心动。郑成功遂决意驱逐荷兰侵略者，收复领土台湾，以为抗清根本。永历十五年（1661年）正月，郑成功在思明州（厦门）会同诸将密议攻台事宜，曰：

> 天未厌乱，闰位犹在，使我南都之势，顿成瓦解之形。去年虽胜鞑虏一阵，伪朝未必遽肯悔战，则我之南北征弛，眷属未免劳顿。前年何廷斌所进台湾一图，田园万顷，沃野千里，饷税数十万，造船制器，吾民麟集，所忧为者，近为红夷占据，城中夷众，不上千人，攻之可垂手得者。我欲平克台湾，以为根本之地，安顿将领家眷，然后东征西讨，无闪顾之忧，并可生聚教训也。①

在熟悉台湾地形、水势的何斌的向导下，郑成功于明永历十五年（1661年）三月二十三日午率舟船数百艘，将士25 000多人自金门料罗湾出海，二十四日至澎湖。次日，郑成功到各岛巡视，认为澎湖在军事上很重要，遂令四位将领留守，自己率军继续东征。二十七日，郑成功率军驶抵柑橘屿（今东吉屿、西吉屿）海面时，遭遇暴风，只好返回澎湖。风暴的阻遏使郑军给养消耗大半，也影响军队士气，更重要的是不能按预定日期开进鹿耳门港。因为要顺利进入鹿耳门，必须利用每月初一和十六日的大潮，如错过时机，就要向后推迟半个月。为此，郑成功当机立断，决定强渡海峡。一些将领鉴于风大浪险，力劝郑成功不要贸然从事，要求暂缓开航。郑成功果断地说："冰坚可渡，天意有在。天意若付我平定台湾，今晚开驾后，自然风恬浪静矣。不然，官兵岂堪坐困斯岛受饿也。"于是，他下令立即横渡海峡，"是晚一更后，传令开驾，风雨少间，然波浪未息，惊险殊甚。迨至三更后，则云收雨散，天气明朗，顺风驾驶"②。四月一日，在何斌的指引下，郑成功船队利用潮势从一原本不深的水道出其不意地顺利通过鹿耳门港，一路登上北线尾，一路驶入台江，准备在禾寮港登陆。在海上，郑军击沉荷夷主力舰"赫克托"号，并烧毁荷船"格拉斯兰"号。在陆上，消灭

---

① 杨英：《从征实录》，见《台湾文献史料丛刊》第6辑，台北：大通书局，北京：人民日报出版社，2009年，第134页。
② 福建师范大学历史系：《郑成功史料选编》，1982年，第243页。

北线尾岛上的荷夷铳兵，取得初步胜利。四月三日，郑成功率兵 1.2 万包围荷夷的主要据点赤嵌城，断城内水源，在城周布设火器，对荷军形成军事威慑。遣送俘获的赤嵌守军头目描难实叮之弟夫妇回城劝降。四月四日，描难实叮因势率众出降。郑成功予以厚待，又派描难实叮去荷兰总督及评议会所在地台湾城招降揆一。揆一想以赔款换取郑军撤离，被郑成功严词拒绝。揆一凭借台湾城负隅顽抗，拒绝投降，以等待荷兰的救援。郑成功因势改攻为围，而分兵收复岛上其他失地。

荷兰东印度公司为挽回败局，派海军统领雅科布·卡宇率舰船 12 艘、士兵 720 人增援台湾，被郑军打得大败而逃。十月，荷兰殖民者再命卡宇为司令率兵救援，又被郑军击退。台湾城被围困 8 个月后，第二批郑军登陆。十二月初六，郑军炮轰台湾城外重要据点乌德勒支堡，龟缩台湾城内的荷夷残兵败将只剩 600 余人，几乎丧失战斗力，只好投降。十二月十三日，揆一代表荷兰殖民者在投降书上签字。至此，被荷兰殖民者侵占达 38 年之久的台湾回归祖国。

郑成功收复台湾后，诏谕百姓，改赤嵌地方为东都明京，设一府二县。即承天府，天兴县和万年县，以杨戎政为府尹，以庄文烈知天兴县事，祝敬知万年县事，并改台湾为安平镇。安抚居民后，郑成功谕告官兵，奖励开垦，并向土人传授耕种技术，教之稼穑，奋力开发台湾。郑成功令军兵屯垦，在明永历十五年（1661 年）四月登陆不久就开始了，"二十四日，藩以台湾孤城无援，攻打未免杀伤，围困俟其自降。随将各镇分派汛地屯垦"[①]。郑成功希望通过兵农合一，寓兵为农的办法来解决粮食等问题，实现长治久安。五月十八日，他发布告谕：

> 东都明京，可为万世东都明京，开国立家，可为万世不拔基
> 业。本藩已手辟草昧，与尔文武各官及各镇大小将领、官兵家眷□
> 来胥宇，总必创建田宅等项，以遗子孙计。但一劳永逸，当以己力
> 京（经）营，不准混侵土民及百姓现耕物业。兹将条款开列于后，

---

① 杨英：《从征实录》，见《台湾文献史料丛刊》第 6 辑，台北：大通书局，北京：人民日报出版
　社，2009 年，第 152 页。

咸使遵依。如有违越，法在必究。着户官刻板颁行。特谕：

一、承天府安平镇，本藩暂建都于此，文武各官及总镇大小将领家眷暂住于此。随人多少圈地，永为世业，以佃以渔及京（经）商取一时之利；但不许混圈土民及百姓现耕田地。

二、各处地方，或田或地，文武各官随意选择创置庄屋，尽其力量，永为世业；但不许纷争及混圈土民及百姓现耕田地。

三、本藩阅览形胜，建都之处，文武各官及总镇大小将领，设立衙门，亦准圈地创置庄屋，永为世业；但不许混圈土民及百姓现耕田地。

四、文武各官圈地之处，所有山林及陂池，具图来献，本藩薄定赋税，便属其人掌管；须自照管爱惜，不可斧斤不时，竭泽而渔，使后来永享无疆之利。

五、各镇及大小将领官兵派拨汛地，准就彼处择地起盖房屋，开辟田地，尽其力量，永为世业，以佃以渔及京（经）商；但不许混圈土民及百姓现耕田地。

六、各镇及大小将领派拨汛地，其处有山林陂池，具启报闻，本藩即行给赏；须自照管爱惜，不可斧斤不时，竭泽而渔，使后来永享无疆之利。

七、沿海各澳，除现在有网位、罟位、本藩委官征税外，其余分与文武各官及总镇大小将领前去照管，不许混取，候定赋税。

八、文武各官开垦田地，必先赴本藩报明亩数而后开垦。至于百姓必开亩数报明承天府，方准开垦。如有先垦而后报，及少报而垦多者，察出定将田地没官，仍行从重究处。①

郑成功开发管理土地的办法，相当于在逐渐开发台湾的过程中形成"土地制度"。在郑经时期也遵循屯垦之法，不断招纳流民，兴修水利，发展生产，其开垦区域南起恒春，北迄鸡笼、淡水，已布及台湾全境。此外，他

---

① 杨英：《从政实录》，见《台湾文献史料丛刊》第6辑，台北：大通书局，北京：人民日报出版社，2009年，第153－154页。

还制定法律，定官职、兴学校，并亲自巡视高山族聚居地，帮助他们耕作，使得民心悦服。① 用曹永和先生的话说，"汉人在台湾的坚固基础，我人不能不认定确为郑氏所建立"②。

此外，郑成功重视发展海洋贸易。作为南明政权的延续，郑氏在"通洋裕国"的思想下建立起海上政权，海洋贸易成为其力量的经济支撑。郑成功及其家族大规模从事海外贸易，但并不垄断。他们保护其亲属、部将以及一般海商的正常贸易往来。郑氏海上政权，冲破清朝的禁海迁界政策与荷兰海盗等的破坏，在东西方海上竞逐的环境下成为东南沿海最强大的海上力量。

郑成功收复台湾后，闻知西班牙殖民者虐待吕宋华人，有征伐之意。"初，罗马神甫李科罗布教厦门，成功延为幕客，军国大事时资问焉。克台之翌年，召之来。春三月。命赴吕宋，劝入贡，而阴檄华侨起事，将以舟师援也。既至，吕宋总督礼之。华人闻者，勃勃欲动，盖久遭西人残暴，思歼灭之，以报夙怨。事泄，西班牙人戒严。五月初六日，以骑兵一百，步兵八千，分驻马尼拉。凡华人商工之地，皆毁城破寨，虑被踞，而华人已起矣。鏖战数日，终不敌，死者数万。多乘小舟入台，半溺死，成功抚之。"③但不久，郑成功突然因病过世，观其一生功绩名节，有如1875年沈葆桢题郑成功庙之联："开万古得未曾有之奇，洪荒留此山川，作遗民世界；极一生无可如何之遇，缺憾还诸天地，是创格完人！"

此后，清康熙十一年（1672年），即明永历二十六年，郑氏内部又开始议论攻取吕宋之事，"二十六年春正月，统领颜望忠、杨祥请伐吕宋，以为外府。侍卫冯锡范以为不可，曰：'吕宋既已入贡，修好往来，今若伐之，有三失焉。师出无名，远人携贰，一也；残扰地方，得之无用，二也；戍兵策应，鞭长莫及，三也。且自频年以来，岁幸丰稔，民乐其业，岂可复

---

① 《安海志》，晋江县印刷厂，1983年，第332页。
② 曹永和：《郑氏时代之台湾垦殖》，见《台湾早期历史研究》，台北：联经出版事业公司，1979年，第293页。
③ 连横：《台湾通史》卷十四《吕宋经略》，北京：生活·读书·新知三联书店，2011年，第289页。

兴无益之兵。'议遂止"①。在重臣冯锡范的积极反对下，计划被打断。康熙
二十二年（1683 年），清朝福建水师提督施琅于澎湖海战中歼灭郑氏水军主
力后，郑氏政权中再议取吕宋之事。建威中镇黄良骥主其议，中书舍人郑
德乾出吕宋地图，指其险要，力赞成。但郑克塽犹豫未决，后在冯锡范等
人的主导下降清，南征之议，终清世未有人再议。

---

① 连横：《台湾通史》卷十四《吕宋经略》，北京：生活·读书·新知三联书店，2011 年，第 289 页。

第六章

有海无防：内外焦灼与海洋空间危机

在海国竞逐时代的后三百余年，中国正值清王朝与民国时期，是中国海洋危机缠绕与海洋空间萎缩的衰退时期。清朝建立之初，为消灭沿海郑成功抵抗力量，实行严酷的禁海与迁界政策，给海洋空间发展带来沉重打击。虽然在清康熙二十三年（1684年）开海贸易，但在禁海前提下对海洋贸易空间限制重重。在一口通商与十三行贸易时期，与西方尤其是英国的矛盾不断积聚，最终英国借口中国禁烟运动发动侵略战争，轰开了中国大门，中国成为列强的掠夺对象。晚清希望创建海军来拯救时局，但是刚建立起来的海军被新兴的日本彻底打败，海军强国之梦破碎。失去国家防护的中国海洋空间愈益消逝，似有实无。

禁海迁界与海洋空间的退缩

海国竞逐时代的后半期，发生了对中国海洋空间发展产生重大影响的王朝更替事件。明崇祯十七年（1644年）四月，偏居东北的后金军队在明朝降将吴三桂的引导下攻入山海关，击败李自成农民军。十月，爱新觉罗·福临在北京重新即位，改元顺治，清王朝正式建立。清军入关后，拉拢勾结地主官僚镇压农民军，同时施行圈地、剃发、强迫投充，甚至屠城等民族高压政策，激起各地人民的激烈反抗。北京、山东、山西、河南和江苏等地人民的反清斗争风起云涌，南方沿海有张煌言、郑成功等海上力量的强烈抵抗。郑成功依靠强大的海上力量有力地抗击南下的清军，甚至一度兵临南京城下，给清王朝很大的威胁。清顺治十五年（1661年），郑成功收复台湾，以此作为抗清的基地。清廷为消灭郑成功海上抗清力量，实行禁海、迁界等极端政策，彻底扭转了海国竞逐时代中国海洋空间发展的方向。在击败郑氏海上力量后，康熙恢复海界，开海贸易，但直到鸦片战争前，清朝的开海贸易始终是在"寓开为禁"的思想下进行的，使中国海洋空间逐步退缩，错失海国竞逐时代向海洋发展的机遇。

一、清初的禁海迁界政策

清军虽然在陆上不断取得胜利，但在沿海尤其是在与郑成功海上抗清力量的斗争中屡受重创。为消灭郑成功海上抗清力量，清王朝不惜采取禁海迁界的坚壁清野政策。清初禁海、迁界，当时方立国之初，首先是要肃剿，因而其禁海、迁界具有很强的针对性，它只希望用较短的时间禁绝民间与郑氏的往来，逼使郑氏投降或自灭。①

在顺治初年，就有清朝大臣建议在部分地区实行海禁。清顺治六年（1649 年），福建巡抚张学圣在题本中就建议通过"严禁接济，设法提防"来对付郑成功海上抗清力量。据顺治十年（1653 年）三月十七日《户部题本》云："自我朝鼎革以来，沿海一带，俱有严禁，一板不得下海开洋。"②则似乎在清朝入关时就已经实行了海禁政策。另据顺治十一年（1654 年）任闽浙总督的佟岱等云："前总督陈锦、刘清泰在任时，均有禁海法令在案，可供查阅。"陈锦任职于顺治四年（1647 年），顺治九年（1652 年）被刺死。由上述几条史料推断，海禁应该是清王朝建立以来的惯常政策。顺治十一年（1654 年）招抚郑成功失败，同时张名振又率舰船直达金山寺，威胁南京城，使清朝统治者意识到郑成功海上力量的巨大威胁，禁海之议四起。闽浙总督佟岱即"疏请申海禁，断接济，片帆不得出海，违者罪至死"③。继任的福建巡抚佟国器在福建继续实行海禁，"三令五申各汛官兵时加巡缉，倘有私犯，立行拿解"，"福州府、兴化府、福宁州沿海各汛，在港渔船，不许出洋，寇艇无使入港。保约澳甲不时稽查，防汛官兵时时盘诘，海贼无所施其伎俩"，"凡系要害隘口，一应米谷、竹木、铜铁、丝绵之类严禁下海"，希冀断绝内地的接济，困死郑氏海上力量。④

海禁的另一个推动人物是郑军降将黄梧。清顺治十三年（1656 年）六月，黄梧因揭阳失守被郑成功处罚，"戴罪代守海澄"，但他害怕再次犯错被罚，因此与副将苏明投降清朝。黄梧向清军献策说："一、金、厦两岛，弹丸之区，得延至今日而抗拒者，实由沿海人民走险，粮饷、油、铁、桅船之物，靡不接济。若从山东，江、浙、闽、粤沿海居民尽徙入内地，设

----

① 王日根：《明清海疆政策与中国社会发展》，福州：福建人民出版社，2006 年，第 141 页。
② 《明清史料》巳编，第 2 本，第 142 页。
③ 《清史稿》列传二十七《佟代传》。
④ 《明清史料》丁编，第 2 本，第 112－113 页。

立边界，布置防守，则不攻自灭也。二、将所有沿海船只悉行烧毁，寸板不许下水。凡溪河竖椿栅，货物不许越界。时刻瞭望，违者死无赦。如此半载，海贼船只无可修葺，自然朽烂。贼众许多，粮草不继，自然瓦解。此所谓不用战而坐看其死也。"①黄梧是郑成功手下大将，熟悉他的情况，因此他提出的建议得到清王朝的赞同。为剿灭郑成功海上力量，顺治遂下旨在全国沿海施行海禁。

早在清顺治十二年（1655 年），顺治即下令："严禁沿海省份，无许片帆入海，违者置重典。"②黄梧建议禁海之后，顺治十三年（1656 年）六月十六日，顺治发敕谕给浙江、福建、广东、江南、山东、天津各地督抚，严申海禁：

> 皇帝敕谕浙江、福建、广东、江南、山东、天津各督抚，海逆郑成功等窜伏海隅，至今尚未剿灭，必有奸人暗通线索，贪图厚利，贸易往来，资以粮物。若不立法严禁，海氛何由廓清？自今以后，严禁商民船只私自出海，有将一切粮食货物等项与逆贼贸易者，或地方官察出，或被人告发，即将贸易之人不论官民，俱行奏闻正法，货物入官，本犯家产尽给告发之人，其该管地方文武各官不行盘诘擒缉，俱革职，从重治罪。地方保甲通同容隐不行举首，皆论死。凡沿海地方，大小贼船可容湾泊登岸口子，各该督抚镇俱严饬防守，各官相度形势，设法拦阻，或筑土坝，或树木栅，处处严防，不许片帆入口，一绒登岸，如仍前防守怠玩，致有疏虞，其专汛各官即以军法从事，该督抚镇一并议罪。③

海禁政策自此在全国沿海范围内展开，试图以此来围剿郑氏海上力量。

但清廷似乎认为如此还不足以困死郑成功，害怕沿海边民冒死接济，于是实行残酷的"迁界"政策。迁界的始作俑者应该是闽浙总督李率泰，清顺治十三年（1656）九月，"户部议复福建总督李率泰奏，以海氛未靖，迁同

---

① 江日升：《台湾外志》卷十一，济南：齐鲁书社，2004 年，第 169–170 页。
② 蒋良骐：《东华录》卷七，北京：中华书局，1980 年，第 119 页。
③ 《清世祖实录》卷一〇二，顺治十三年六月癸巳。

安之排头、海澄之方田沿海居民入十八堡及海澄内地，酌量安插。从之"。
清廷担心沿海居民不顾海禁禁令，继续接济郑成功海上力量，因此采取坚
壁清野的残酷政策，将沿海居民内迁安插，断绝其对外接济的可能，以此
使郑氏力量坐以待毙。前往主持迁界的多是满洲八旗大员，先后进行了两
次大规模的迁界，一次比一次严格、野蛮。第一次迁界始于顺治十八年
（1661 年），有些省份内迁 30 里，有些省份内迁 50 里。福建是郑成功海上
力量首当其冲的地区，由户部尚书苏纳海管理迁界事宜。他到福建后，"迁
沿海居民入内地，离海三十里；村庄田宅悉皆焚弃，城堡台寨尽行拆毁，
撤回汛兵，于内地画界筑垣备御，并禁渔舟、商舟出海，令移民开垦荒
坡"①。迁界令下达后，沿海居民"挈妻负子载道路，处其居室，放火焚烧，
片石不留，民死过半，枕藉道途"，大部分生活积蓄无法及时搬运，只能销
毁，"火烧二个月，惨不可言。兴、泉、漳三府尤甚"②，百姓哀鸿遍野，凄
惨无比。迁界后，在界限处或"浚以深沟"，或"筑土墙为界"，建立堡寨、
墩台，派官兵扼守，以防越界出海或逃回原地，有敢出界者杀无赦，以致
大批滨海居民死于"透越"。而清政府允诺的安置条件根本无法兑现，迁居
的沿海居民居无定所，别无生计，生活惨淡，大部分人濒于死亡。"自迁界
以来，民田废弃二万余顷，亏减正供约计二十余万之多，以至赋税日缺，
国用不足。"③迁界尚且影响清廷的赋税收入，何况被迁的普通百姓呢！

　　浙江迁界之害稍次于福建，但也十分惨重，尤以靠近福建的温州最甚。
浙江限令十天搬迁，十天之后由清军清理，实际就是抢夺沿海居民来不及
搬运的家资积蓄，而且往往不及十天，清军就大肆掠夺，甚至拦路抢劫。
据当时的见证人王至彪记载，"迁徙之期，限令下十日之内，而未及期限，
兵丁即大肆抢掠，在迁徙途中，又横加掠夺……严令遣徙，余从闽回，
尚未至家，闻限十日为居民搬运蓄储，才至五日，兵丁拥集，抢掠一空。

---

① 《闽海徙民志略》，见《台湾文献史料丛刊》第 7 辑，第 123 册，台北：大通书局，北京：人民日
　报出版社，2009 年，第 26 页。
② 海外散人：《榕城纪闻》，北京：中华书局，1980 年，第 22 页。
③ 范承谟：《条陈闽省利害疏》，见《皇朝经世文编》卷八十四。

余家悬罄，无可运，亦号能运，儿辈仅携书籍数箧。中途遇兵丁，截路遍搜，无当意者，遂翻书入水，掠空箧而去"①。如此苛政暴行下，大部分人的积蓄无法及时搬迁，平白遭受清兵抢掠与焚毁。迁界之后，"永强距海三十里，南北长五十里之地，田禾弃而不收，房屋祠庙，悉遭焚毁，而当路仍征索赋税甚急"①。一边先期强令迁徙，一边却仍征索赋税，令人骇言。迁徙造成地方衰败萧索，"三百年之生聚，一日俱倾，十万户之居庐，经燹而尽"②。迁徙的居民积蓄来不及搬迁，往往生活无着，甚至造成新的社会动荡，"迁民人众，界内屋少，贫而无亲戚者，凡庙宇及人家门外，皆设灶榻。男号女哭，四境相闻。其中黠悍者倡率愚民，所在抢夺殷户积谷，几至大变"③。

广东迁海先由满洲镶黄旗科尔坤、介山主持。迁海始于清康熙元年（1662年）二月，"忽有迁民之令，二大人者亲行边徼，令滨海民悉徙内地五十里"。总督王国光、巡抚董应魁会奏，"令虎门以西，崖门以东沿海居民，迁徙内地五十里"。王国光奏令的迁界范围，当年立刻实行，沿海岛屿也一并迁徙，"自古镇历观音山至小虎山为香山边，边界以外黄梁都、沙尾村，北山岭，旗毒蠔澳，横琴山诸海岛皆移"④。当时广东沿海从潮州至钦州，中经惠州、广州、肇庆、高州、雷州、廉州等七府所属二十七州县，地方三千余里，除澳门及海南岛外，尽数迁徙。许多地区限三天内迁走，过期即派兵驱赶，"以军法从事"，居民被迫弃家上路，流落城乡。一些地区民众不愿意迁徙，隐藏在山林里，清军对此不惜大肆屠戮。据记载，当时香山地区一些民众藏匿在山林之中，平南王尚可喜左翼总兵班际盛设计将其引诱出来，允诺点明人数上报督抚后即允许恢复旧业，藏匿的民众不知是计，深信不疑，而"际盛乃勒兵长连埔，按名令民自前营入，后营出，即杀，无一人幸脱者，复界后，枯骨遍地"⑤。这就是当时著名的"木龙塚"

---

① 王至彪：《玄对草·言愁集》。
② 项永生：《十禽言序语》。
③ 民国《平阳县志》卷十八《武卫志》。
④ 杜臻撰：《粤闽巡视纪略》卷二，《近代中国史料丛刊二辑》抄本。
⑤ 清光绪年间《香山县志》卷二二《纪事》。

事件，实属骇人听闻。更为严峻的是，在迁徙 50 里之后，清廷认为不够远，又两次迁徙 30 里：康熙元年(1662 年)立界是 50 里，第二年再迁 30 里，至康熙三年(1664 年)，清政府"以迁民窃出鱼盐，恐其仍通海舶"，又下令再迁 30 里。"诸臣奉命迁海者，江浙稍宽，闽为重，粤尤甚。大较以去海远近为度，初立界犹以为近也，再远之，又再远之，凡三迁而界始定。"①这次迁界的高潮一直持续到康熙五年(1666 年)，当时清军攻占厦门、金门，郑氏力量退保台湾，清王朝才暂时放松了禁海、迁界政策。在福建总督李率泰的奏请下，同意"略宽界限，俾获耕渔，稍苏残喘"②。

但好景不长，清康熙十二年(1673 年)，平西王吴三桂因康熙撤藩而在云南起兵反叛，靖南王耿精忠次年响应，平南王尚之信也在康熙十五年(1676 年)响应，三藩之乱全面爆发。耿精忠还与台湾郑经相勾结，以提供战船为条件，要求郑经出兵相助。康熙十三年(1674 年)五月，郑经抵达厦门，不久占据海澄、同安，但与耿精忠产生矛盾而交恶。之后，郑经先后占据了厦门、漳州、泉州、潮州、惠州等地区，再次直接威胁清廷统治。郑经的出兵，使清王朝在一些地区继续执行迁界政策，如广州府在康熙十三年(1674 年)"续迁番禺、顺德、新会、东莞、香山五县沿海之民，先画一界而以绳直之，其间多有一宅而半弃者，有一室而中断者稍逾跬步，死即随之。迁者委居捐产，流离失所"③。康熙十五年(1676 年)五月，耿精忠战败投降，郑经直接面临清朝大军的进攻，十月在福州被清军打败。郑经退回厦门，在福建占领的地区全部丧失。康熙十七年(1678 年)二月，郑经派刘国轩反攻，后占据海澄，其他地区的争夺则处于胶着状态。清政府企图与郑经议和，但没有成功。为解决郑经的威胁，康熙十七年(1678 年)十二月再次严行禁海、迁界政策。康熙上谕称："议政王等曰海寇盘踞厦门诸处，勾连山贼煽乱地方，皆由闽地濒海居民为之藉也。应如顺治十八年立界之例，将界外百姓迁移内地，仍申严海禁绝其交通。"④沿海居民再次被迫

----

① 王云撰：《漫游纪略》卷三《笔记小说大观》本。
② 《清圣祖实录》卷一八，康熙五年正月丁未。
③ 钮玉琇：《觚賸》卷七《粤觚》"徙民"条。
④ 《平定三逆方略》卷三十六，见《景印文渊阁四库全书》第 354 册，第 252 页。

迁徙。在福建,"上自福宁,下至诏安,置兵守之,仍筑界墙,以截内外。滨海数千里,无复人烟"①。"边海地方播迁,百姓抛产弃业,流离失所者二十年矣"②,二十余年的禁海迁界使沿海百姓遭受灭顶之灾。之后虽因郑经势力衰退,迁界、禁海有所松弛,但直到康熙二十二年(1683年)施琅克复台湾后才结束。

二、海禁前提下的海洋政策

清康熙二十二年(1683年)收复台湾后,在台湾设置一府三县进行管理,同时也结束了禁海迁界政策,允许沿海人民复业,并派吏部侍郎杜臻、内阁学士席柱前往福建、广东勘定海界,工部侍郎金世鉴、副都御史雅思哈前往江南、浙江勘定海界。

清朝统治者为安抚民心,恢复社会秩序,逐步放开海禁政策。清康熙二十三年(1684年)三月,康熙允许浙、闽、粤援山东例,任凭百姓进行海洋贸易与捕鱼,九月发布谕令,正式宣告"开禁",准许开海贸易。谕令说:"向令开海贸易,谓之闽、粤边海民生有益,若此二省民用充阜,财货流通,各省俱有裨益。且出海贸易,懋迁有无,薄征其税,不致累民,可充闽粤兵饷,以免腹里省份转输协济之劳,腹里省份钱粮有空,小民又获安养,故令开海贸易。"③清朝虽然允许"开海贸易",但作为"异族"建立的统治,"胸中横亘着对汉人无法消解的猜疑和防范"④。康熙甚至说:"海外如西洋等国,千百年后,中国恐受其累。此朕逆料之言。汉人心不齐,如满洲蒙古,数十万人皆一心。朕临御多年,每以汉人为难治,其不能一心之故。国家承平日久,务须安不忘危。"⑤康熙心里其实也认为汉族难以完全服从清廷的统治,甚至害怕汉人勾结西洋人威胁其统治,因此告诫满洲贵族像防范西洋国家的威胁一样防范汉人。康熙五十六年(1717年)正月,借张

---

① 夏琳:《海防辑要》卷二。
② 姚启圣:《禁止派扰复业》,见《闽颂汇编》,《忧畏轩文告》。
③ 《清圣祖实录》卷一一六,康熙二十三年九月甲子。
④ 郭成康:《康乾之际禁南洋案探析——兼论地方利益对中央决策的影响》,载《中国社会科学》,1997年第1期,第192页。
⑤ 《清实录》卷二百七,康熙五十五年十月辛亥。

伯行奏商人偷米出洋之机，颁布了"禁南洋贸易令"，规定："凡商船照旧东洋贸易外，其南洋吕宋、噶啰吧等处不准商船前往贸易，于南澳等地方截住。令广东、福建沿海一带水师各营巡查。违禁者严拿治罪。"①"禁南洋贸易令"直至清雍正五年（1727年）才结束，前后十年的禁海政策严重窒碍了东南沿海与南洋的正常贸易，对地方社会产生了严重的后果。"既禁之后，百货不通，民生日蹙，居者苦艺能之罔用，行者叹致远之无方，故有以四五千金所造之洋艘，系维朽蠹于断港荒岸之间，驾驶则大而无当，求价则浩而莫售，折造易小如削栋梁，以为杕裂锦绣以为缕，于心有所不甘。又冀日丽云开或有驰禁复通之候，一船之敝废，中人数百家之产，其惨目伤心，可胜道哉耶！沿海居民，萧索岑寂，穷困不聊之状，皆因洋禁"，这与"南洋未禁之先，闽广家给人足"形成鲜明的对比。②

即使是开海，清王朝贯彻的仍是"海禁宁严毋宽"③的思想，"寓开为禁"，开海只是在禁海夹缝中十分有限度的开放政策。因此，清王朝在人民自由出海贸易、商品出口、出海船只等方面也是限制重重。④ 清康熙五十九年（1720年）规定："出洋商船初造时，先报明海关监督及地方官，该地方官确访果系殷实良民，取其澳甲里族各长并邻伍保结，方准成造。完日，地方官亲验，梁头并无过限，舵手并无多带，取具船户不得租与匪人甘结，将船身烙号刊名，然后发照。照内将在船之人年貌、籍贯，分析填明，及船户揽载开放时，海关监督将原报船身丈尺验明，取具舵水连环互结。客商必带有资本货物，舵水必询有家口来由，方准在船。监督验明之后，即将船身丈尺，客商姓名、人数，载货前往某处情由及开行日期，填入船照。"⑤同时还规定："沿海各省出洋商船，炮械军器概行私带者，照失查鸟枪例罚奉一年。"⑥清雍正六年（1728年），限制有所放宽，但仍

---

① 《清实录》卷二百七，康熙五十六年正月庚辰。
② 蓝鼎元：《鹿洲初集》卷三《论南洋事宜书》。
③ 《朱批谕旨》雍正二年十月九日，对两广总督孔毓珣奏折的朱批。
④ 参见王日根：《明清海疆政策与中国社会发展》，福州：福建人民出版社，2006年，第334 - 339页。
⑤ 《光绪大清会典事例》卷六二九《兵部绿营处分·海禁一》。
⑥ 《钦定大清会典事例》卷一二十《吏部处分例·海防》。

规定"鸟枪不过八杆，腰刀不得过十把，弓箭不得过十副，火药不得过二十斤"①。清雍正八年（1730年）又放宽到每船带炮不得过二门，火药不得过三十斤。严格限制航海船只的建造与出海人员的规模，使中国的海洋贸易不能有效发展，也使中国的造船技术不断滞后。而对商船武器的限制严重削弱了出海商船的自卫能力，海上航行的风险自然加大，使中国商船遇到西方殖民船只和海盗劫掠时毫无抵御能力，只能束手就擒，坐以待毙。

康熙开海时设置海关管理对外贸易。清康熙二十三年（1684年），"开江浙闽广海禁，于云台、宁波、漳州、澳门设四海关"②，一般称为江海关、浙海关、闽海关、粤海关，实行四口通商政策。四省海关的实际设立时间并不一致，最早设立的是闽海关，紧接着的是粤海关，浙海关直到康熙二十五年（1686年）才设立。闽海关监督衙署最初在福州南台口，清后期"闽海关钱粮，夏口居过其半"③，因此在厦门口也设立衙署，主要口岸有福州府之南台口、泉州府之泉州口与厦门口、漳州府之铜山口等。闽海关主要负责管理往来南洋各国和台湾地区的中外船只，稽查货物，征收船货税。粤海关监督衙署在广州，澳门设有海关监督行台，主要口岸有广州、澳门、惠州、潮州、雷州、琼州、高州等。粤海关集中了西方各国的商船，中西贸易往来频繁，因此地位愈益重要。浙海关监督衙署在宁波府，不久改在定海县，主要口岸有宁波、温州、瑞安、平阳等。浙海关主要管理往来日本的中外商船，所在区域是中外贸易的主要货物生丝和茶叶的原产地，也是西方商人觊觎的经济重地。江海关衙署则设在江南贸易枢纽的松江府上海县，主要口岸有苏州、杭州、常州、镇州、扬州等，主要负责管理经过这些口岸的中外商船，没有特别指定的区域限制。

海关衙署一般设有海关监督、笔帖式（满语音译，指翻译一类低级官吏）、各色吏役等负责海关的日常事务，有时候总督还会兼管海关事务，各总口由总督委派一名官员负责稽查约束，另由海关监督分派家丁带同书役

----

① 《钦定大清会典事例》卷六二九《兵部绿营处分·海禁一》。
② 《清史稿》卷一二五《食货志六》。
③ 清道光年间《夏门志》卷七《关赋》。

前往各口查察。四省海关按照则例征收关税，关税主要有正税和杂税。正税分货税和船钞两种，货税是对进出口货物进行的课税，如茶税，"番茶每百斤税三钱三分三厘，细土茶每百斤税二钱，粗土茶每百斤税一钱"①；丝税，"湖丝、丝经每百斤各税五两四钱，乌缫每百斤税三两，洋金线、洋银线、金线、线绒每百斤各税一两，天蚕丝、洋丝、土线每百斤各税一两八钱，土丝、纵土丝、湖绵、番红、棉纱每百斤各税一两"②。船钞在一些地区指船料，又称"梁头税"，是根据船舶大小以及往来商贸区域征收的课税。如往东洋的夹板船，"一等船，长七丈四五尺，阔二丈三四尺，长阔相乘该十八丈，该纳饷银一千四百两。二等船，长七丈有零，阔二丈一二尺，长阔相乘该十五丈四尺，该纳饷银一千一百两。三等船长六丈有零，阔二丈有零，长阔相乘该十二丈，该纳饷银六百两。四等船长五丈有零，阔一丈五六尺，长阔相乘该八丈，该纳饷银四百两"③。往西洋的夹板船，"一等船船身丈尺、饷额与东洋同。二等船长七丈二尺，阔二丈二尺，长阔相乘该十五丈八尺四寸，该纳饷银一千一百两。三等船长六丈五六尺，阔二丈二尺，长阔相乘该十三丈二尺，该纳饷银六百两"③，饷银"俱照额减贰征收"③。沿海渔船最初也要征税，至康熙二十八年（1689 年）议定海关税则之后，才停止对渔船征税。无论是货物税还是梁头税，从当时整个东西方世界来看都是十分低的。"1708 年在上项税率（指上述生丝、茶叶等的税率，引者注）附加税 6%；即使这样，与当时欧洲各国通行的关税率比较，它仍然很低。茶叶税率特别低。"④杂税是海关征收的经常性的附加税，"正税之外，有所谓规费、支领或归公、充饷等名目，而司事巡役等人，又有规礼、大足、开仓、验仓、放仓、押船、贴写、小包之名目，以资中饱，中外商民颇为困难"⑤。清代海关虽然正税税率很低，但杂税繁多，加之海关本身

---

① 《粤海关志》卷九《税则二·食物》。
② 《粤海关志》卷九《税则二·用料》。
③ 《粤海关志》卷九《税则二·船料》。
④ ［美］马士：《东印度公司对华贸易编年史》（第一、第二卷），区宗华译，广州：中山大学出版社，1991 年，第 104 页。
⑤ 刘鉴唐，张力：《中英关系年要录》卷一，成都：四川省社会科学出版社，1989 年，第 238 页。

的机构缺陷，造成了十分严重的后果。关税在实际征收过程中，由于没有统一的征收标准，任管关人员随意增减，加之杂税、陋规的名目过于繁多，普遍使用家人管关等弊端，以致造成管关人员层层中饱，贪污成风，充分暴露了当时封建官僚政治的腐败，加深了中国官方与外国商人，特别是英国商人之间的矛盾，终于发展成为中英冲突的症结之一。①

英国等西方国家按规定须在粤海关进行贸易，但粤海关的各种需索引起英国商人的不满，因此他们希望直接与所需生丝、茶叶的原产地浙江进行贸易。清乾隆二十年(1755 年)至二十二年(1757 年)，英国东印度公司派遣商人无仑(Blount)、洪仁辉(James Flint)和末文(Bewan)等前往宁波与中国商人贸易，试图直接从此处获得生丝、茶叶等商品。起初，英国人受到浙江政府的热情接待，闽浙总督喀尔吉善等奏称："红毛国商船久不到浙贸易，今慕化远来，自应加意体恤。"但接二连三的英国商船往来浙江贸易引起了清政府的疑虑，喀尔吉善在乾隆二十一年(1756 年)正月奏称："查红毛番船向止在粤往来，鲜至浙省，今忽舍熟游之地而突来宁波，自应严加防范，以重海疆。"②他与兼管粤海关的两广总督杨应琚一同奏请加强浙海关的管理，通过增加税收来迫使英国人退回广州贸易。后经乾隆批准，浙海关税率按粤海关现行税率增加一倍，但这并未阻止英国人往来浙江贸易。浙江是丝、茶的主要产地，"就近置买较之粤东价减，且粤中牙人狃习年久，把持留难，致番商不愿前往"③。乾隆二十二年(1757 年)十月，杨应琚在考察浙江海关的实情之后，建议再增加梁头、钞银等税，并向乾隆上了《勘定浙海关征收洋船货物酌补赣船关税及梁头等款，并请用内府司员督理关税》的奏折。经过部议，乾隆本打算允许洪仁辉等继续在宁波办理贸易，但杨应琚不久上奏的《浙海关贸易番船应仍令收泊粤东》密折，改变了乾隆的决定。乾隆在十一月十日给军机大臣等的上谕中明确指出：

从前令浙省加定税则，原非为增添税额起见，不过以洋船意在

① 李金明：《清代海关的设置与关税的征收》，载《南洋问题研究》，1992 年第 3 期，第 88 页。
② 中国第一历史档案馆藏：《朱批奏折外交类》，035，乾隆二十一年正月二十四日喀尔吉善奏折。
③ 中国第一历史档案馆藏：《朱批奏折外交类》，036，乾隆二十二年九月十六日杨应琚奏折。

图利，使其无利可图则自归粤省收泊，乃不禁之禁耳。今浙省出洋之货价值既贱于广东，而广东收口之路稽查又加严密，即使补征关税、梁头，而官办只能得其大概。商人计析分毫，但予以可乘，终不能强其舍浙而就广也。粤省地窄人稠，沿海居民大半藉洋船谋生，不独洋行之二十六家而已。且虎门、黄浦，在设有官兵，较之宁波之可以扬帆直至者，形势亦异，自以仍令赴粤贸易为正。本年来船虽已照上年则例办理，而明岁赴浙之船必当严行禁绝。但此等贸易细故无烦重以纶音可传谕杨应琚，令以己意晓谕番商，以该督前任广东总督时兼管关务，深悉尔等情形。凡番船至广即严饬行户善为料理，并无与尔等不便之处，此该商等所素知。今经调任闽浙，在粤在浙均所管辖，原无分彼此。但此地向非洋船聚集之所，将来只许在广东收泊交易，不得再赴宁波，如或再来，必令原船反棹至广，不准入浙江海口。预令粤关传谕该商等知悉。若可如此办理，该督即以此意为咨文，并将此旨加封寄示李侍尧，令行文该国番商，遍谕番商嗣后口岸定于广东，不得再赴浙省。此于粤民生计，并赣韶等关均有裨益，而浙省海防，亦得肃清。①

乾隆阅览杨应琚密折后，从广东民生、沿海海防、洋商贸易管理等方面认为，必须禁绝洋商前往浙江贸易，只许在广东收泊交易。杨应琚已经调任闽浙总督，而由李侍尧担任两广总督，因此乾隆让杨应琚将此转达李侍尧，由杨应琚与李侍尧一同执行这项政策。清乾隆二十三年（1758年）正月，李侍尧召集外商，正式宣布了这一政策，四口通商从此转变为一口通商。外国商人打破原有秩序私自在中国沿海贸易，首先带来的是海防安全隐患，在没有其他保障措施的情况下，清廷认为唯有限制外国商人的活动区域才是万全之策。

一些外国商人迫于清政府的压力不再北上贸易，但英国人却阳奉阴违，

---

① 《清高宗实录》卷五五〇，乾隆二十二年十一月戊戌。

继续从事开辟宁波口岸的活动。英国东印度公司不满清政府的这项政策，于清乾隆二十四年(1759 年)派遣洪仁辉继续北上。洪仁辉在五月三十日到达定海洋面，被巡洋官兵阻截禁止上岸。洪仁辉在投递呈控粤海关的状纸之后被迫离去，但没有返回，于六月二十四日突然出现在天津大沽口外，声称是来京师申冤告状的。洪仁辉被送往天津，天津知府询问之后收下了他的呈状，后由直隶总督方观承奏闻。洪仁辉状告的主要款项是：海关勒索陋规、海关监督家人吏役勒索、行商黎光华拖欠公班衙贷本银六万余两、商船随带日用酒食器具也要征税、勒补平头等。乾隆接到方观承的奏折和洪仁辉的呈状后，认为"事涉外夷，关系国体，务须彻底根究，以彰天朝宪典"，命令给事中朝铨与福州将军新柱前往广州查办。经审讯，洪仁辉状告的大多属实，一些是清朝海关本身存在的问题，其结果是粤海关监督李永标被革职流放，其他杂役胥吏分别杖流罚科，没收黎光华财产偿还欠款，免去英国人的规礼名目，但乾隆断然拒绝了英国人豁免出口税银的要求。而洪仁辉本人因"勾结内地奸民，代为列款，希图违例别通海口"，被处在澳门圈禁三年，届期刑满后驱逐回国。替他草拟状纸的四川人刘亚匾，被以"为外夷谋砌款"的罪名处死。

鉴于洪仁辉事件中吏役需索、内地人帮助外夷草拟呈状等情形，两广总督李侍尧认为，必须制定章程加强对外夷与内地人的监管。清乾隆二十四年(1759 年)十月二十五日，李侍尧向乾隆奏陈《防范外夷规条》，主要内容有五条：（一）永行禁止外商在省住冬，货未售完者也令前往澳门；（二）令行商严行管束到粤夷人，非洋行不准寓歇，居处拨人看守，外出派人随行；（三）严禁华人借领外夷资本及被夷人雇佣；（四）严禁夷人传递信息及向华人探听货价低昂；（五）夷船停泊处增加官兵巡查弹压。英国东印度公司派遣洪仁辉告状，原本想突破清王朝对海关贸易的束缚，结果却是作茧自缚，被清廷制定的新制度缚住手脚。

外国商人往来中国贸易，买卖货物和缴纳税务都须借助于牙行。牙行称为洋货行，后改称外洋行，简称洋行，在西方商船集中的广州有"十三行"之称。十三行始于何时是个颇具争议的论题，有以公行成立之年为始，也有以粤海关设立之年为始。梁嘉彬认为广东十三行"固沿历朝市舶之习，然亦革历朝市舶之弊"①，是由历代市舶制度发展而来。赵立人根据《澳门纪略》收录的屈大均《广州竹枝词》、裴化行《天主教十六世纪在华传教志》、明清内阁档案等资料考证，从明代至清初海禁解除之前，十三行商人亦被称为"客纲客纪"和"揽头"。② 则十三行并非起自清代，而是历代经济贸易制度的延续，故《粤海关志》称"国朝设关之初……令牙行主之，沿明之习，命曰十三行"③。十三行是明清贸易制度，因此"十三"并非确切数字，它的名称是由外国商人营业与居留的十三夷馆而来。到十三夷馆去联系交易的"洋货行"却不一定是十三家，可多可少，不过却只限于经过政府特许的经营对外贸易的"洋货行"；十三行只是用于概括经营这一业务的行帮，并非只有十三家而已。④ 清初已有十三行的运行，清康熙二十三年(1674年)设立粤海关之后，十三行制度获得更大的发展。康熙五十九年(1720年)，16家势力最大的行商订立公行行规，牙行发展形成一种共同组织——公行。此公行是一个垄断对外贸易的组织，对清政府以及内部牙行商人十分有利，但遭到公行外的中国商人以及外国商人的抵制和破坏，因此在第二年就宣告解散。

清乾隆十年(1745年)，清政府在原有行商制度的基础上建立了保商制度，即类似保甲的方法，行与行互保，同行倒闭歇业，公行有义务分摊还清其债务；同时由行商保夷商，夷商生事则由保商负连带责任。逐层担保的结果，把对外贸易的垄断商人连成一个层层相制、利害与共的整体，负责收缴税捐，保证外商与船员循规守法不得生事。⑤ 乾隆二十二年(1757年)广州成为对外贸易唯一口岸之后，行商发展到26家。乾隆二十五年(1760年)，潘振承等9家行商联合奏请设立公行，首次明确将国内贸易及南洋贸易与西洋贸易区分开来，规定由公行充当政府与西洋商人的中介人，

① 梁嘉彬：《广东十三行考》，广州：广东人民出版社，1999年，第45页。
② 参见赵立人：《论十三行的起源》，载《广东社会科学》，2010年第2期。
③ 《粤海关志》卷二十五《行商》。
④ 参见徐新吾，张简：《"十三行"名称由来考》，载《学术月刊》，1981年第3期。
⑤ 参见王日根：《明清海疆政策与中国社会发展》，福州：福建人民出版社，2006年，第381页。

专门办理西洋货物抽税、行销以及购置内地货物。公行的设立使十三行进入一个新的发展时期。但公行是为了维护行商的利益，与上述一样遭到外国商人的反对。由于外商的反对以及公行内部的松散，加上收受英国东印度公司的巨额贿赂，潘振承在乾隆三十五年（1770年）奏请解散了公行，直到乾隆四十年（1775年）才恢复。公行商人"承保税饷，责成管关监督于各行商中，择其身家殷实，居心诚笃者，选派一二人，令其总办洋行事务，并将所选总商名姓报部备查"①，由海关监督选择家资殷富的行商充任，为官府经营管理海外贸易，具有官与商的性质，常被称作"官商"。清政府正是通过此达到"以官制商、以商制夷"的目的。但公行不是一个完善的贸易机制，说到底，它只是清王朝官吏与朝廷攫取巨额利益的机构。公行的确立"保有全部的特权；但它是在海关监督控制之下，作为对外贸易抽剥巨额财源的工具，首先是为了海关监督的利益，广州的官吏和北京的朝廷通过它亦间接地获得利益"②。公行凭借垄断地位进行贸易，贪污腐败成风，甚至连鸦片也通过贿赂源源不断地输入内地，逐渐侵蚀着清王朝的肌体。

英国对公行制度十分不满，寻求直接派遣使节前往中国协商改进贸易制度。清乾隆五十七年（1792年），英王乔治三世派遣了以马戛尔尼勋爵为正使，斯当东男爵为副使的庞大使团，于九月二十六日分乘"狮子"号和"印度斯坦"号等5艘船只从英国朴次茅斯港出发前往中国。马戛尔尼使团次年六月抵达澳门，不久起程北上。乾隆闻讯十分欣喜，令沿海督抚护送，由天津大沽口进京。使团很快抵达北京转往热河，准备参加乾隆83岁寿辰庆典。清政府对英国使节来访非常重视，军机处早已拟定了一套隆重的接待方案。但在觐见乾隆帝时，清廷要求马戛尔尼行中国的三跪九叩礼，马戛尔尼认为"自己是西方独立国家派遣的特使，与清朝附庸国君主所遣贡使不同"，拒绝行跪拜礼。自诩天朝上国的乾隆十分气愤，取消了原定于八月六

---

① 《粤海关志》卷二十五《行商》。
② ［美］马士：《东印度公司对华贸易编年史》（第一、第二卷），区宗华译，广州：中山大学出版社，1991年，第404页。

日的朝觐活动，对使团态度旋即降温。最后，马戛尔尼同意单膝下跪觐见，才得以参加乾隆的庆典活动。庆典活动结束后，使团随乾隆回到北京，按成例，觐见结束后使团就应该离开回国，但马戛尔尼此行的目的是改进贸易关系，因此他将自己起草的"大不列颠国王请求中国皇帝陛下积极考虑他的特使提出的要求"的信件以英国政府的名义交给乾隆。马戛尔尼的主要要求有：①要求准许英吉利商人在舟山、宁波和天津贸易；②准许他们跟俄罗斯人以前一样，得在北京设立堆栈出售他们的货物；③准许他们把舟山附近一个独立的非军事区的小岛作为仓库，堆放未售出的货物，并当作是他们的居留地来管理；④准许他们在广州附近有同样的权力及其他一些微小的自由；⑤取消澳门与广州之间的转口税，或者最少要把它减至1782年的标准；⑥禁止向英吉利商人勒索税款超过皇上钦定文件所规定的税率，颁给他们文件的抄本一份，以便明了奉行，因为他们从来没有见过这种文件。①马戛尔尼提出的是赤裸裸的殖民掠夺要求，严重侵害中国主权，乾隆看后勃然大怒，他在给英王的敕谕中说："昨据尔使臣以尔国贸易之事禀请大臣等转奏，皆系更张定例，不便准行。向来西洋各国及尔国夷商赴天朝贸易，悉于澳门互市，历久相沿，已非一日。天朝物产丰盈，无所不有，原不借外夷货物以通有无。特因天朝所产茶叶、瓷器、丝斤为西洋各国及尔国必需之物，是以加恩体恤，在澳门开设洋行，俾得日用有资，并需余润。今尔国使臣于定例之外，多有陈乞，大乖仰体天朝加惠远人、抚育四夷之道。"乾隆断然拒绝了马戛尔尼的全部要求，并再次强调："天朝统驭万国，一视同仁。即广东贸易者，亦不仅尔英吉利一国，若俱纷纷效尤，以难行之事妄行干渎，岂能曲循所请？念尔国僻居荒远，间隔重瀛，于天朝体制原未谙悉，是以命大臣等向使臣等详加开导，遣令回国。恐尔使臣回国后禀达未能明晰，复将所请各条缮敕逐一晓谕，想能领悉。"②乾隆将马戛尔尼所提条件逐条批驳，由其带回交英王知晓。虽然乾隆时期国内经济发

---

① ［美］马士：《东印度公司对华贸易编年史》（第一、第二卷），区宗华译，广州：中山大学出版社，1991年，第542－543页。
② 《粤海关志》卷二十三《贡舶三》。

展，远距离贸易带来的国内物产流通使中国发展十分繁荣，乾隆驳斥英国的无理要求是有其根据的，但是他过于盲目自大，将西方国家都视为朝贡的蛮夷小国，思维完全脱离世界发展的大形势，使中国丧失了融入世界的最后一次机会。[①] 中英贸易问题始终存在并持续发酵，战争不期而至，英国人的要求"于1793年提出，在1842年用武力获得"[①]。

　　海禁前提下的开海贸易政策，使中国海洋贸易失去活力，清廷的重重限制与"天朝上国"的盲目自大，错失了海国竞逐时代的海洋发展机遇，更严峻的是使中国逐步丧失传统的海洋发展和经济贸易空间，西方列强逐渐在东南亚等地区占据优势，排挤、打击中国海洋贸易，甚至血腥屠戮中国海外居民，对中国海洋空间发展的不利影响十分深远。行商等制度的不完善，致使与外商交往中贪污贿赂成风，成为行商乃至官员敛财的重要渠道，既损害了天朝形象，又耗散了国家关税积累。尤其是后来英国政府在印度实行了鸦片垄断，清海关的弊端更加暴露无遗。[②] 鸦片通过贿赂源源不断地进入中国，装载在侵蚀中国的烟枪里。与中国贸易矛盾重重的英国，最终发动鸦片战争，揭开了中国近代史屈辱的一页。

列强侵略与中国海洋危机

　　海国竞逐时代后期，欧美国家先后建立了资本主义制度，经济发展迅速，而中国清王朝却逐渐落后于世界潮流，成为西方列强侵略掠夺的对象。英国借口中国禁烟运动发动了侵略战争，轰开了中国的大门。此后，西方列强凭借海军的优势力量不断发动侵略中国的战争，通过一系列不平等条约攫取侵略权益。西方的侵略掠夺，使中国陷入严峻的海洋空间危机之中。

一、海国竞逐时代后期的世界与中国

　　海国竞逐时代后期，欧美主要国家相继建立了资本主义制度，并逐步

----

① 李琼：《马戛尔尼使团访华——18世纪末期中国与世界交往契机的丧失》，载《边疆经济与文化》，2011年第10期。
② 高淑娟，冯斌：《中日对外经济政策比较史纲——以封建末期贸易政策为中心》，北京：清华大学出版社，2003年，第166页。

开展"工业革命"，资本主义经济迅猛发展。"掠夺是一切资产阶级的生存法则"，为掠夺廉价的原料产地和商品销售市场以及应对周期性的经济危机，欧美列强不断侵略扩张，纷纷在世界各地抢夺殖民地。

英国在 17 世纪资产阶级革命后迅速发展。1784 年瓦特发明了适合作为动力的蒸汽机，英国开始了"工业革命"，机器工业逐渐取代工场手工业，工业生产的发展突飞猛进。据 1835 年统计，英国当时有蒸汽机 1935 台，纱锭 900 万枚，年产生铁 102 万吨，煤 3000 万吨，煤产量是法国、比利时、普鲁士三国总和的 3 倍。交通运输业也发生了根本性的变革，铁路和轮船等现代交通工具开始普遍使用。美国人富尔顿于 1807 年建造了第一艘蒸汽机轮船，并在哈德逊河试航成功，使蒸汽机船迅速成为欧美国家的重要运输装备。1825 年，英国人史蒂芬孙制造的蒸汽机车在新铺设的铁路上试车成功，蒸汽机在轨道运输中的应用，使人类迈入了"火车时代"。蒸汽动力与机器的使用，使英国经济发展十分迅速，据统计，1820 年英国工业生产量占世界工业生产总额的 50%，贸易额占世界贸易总额的 18%，1840 年达 25%。经济的发展也迅速提升了英国的军事实力，海军装备有蒸汽动力和配备更多火炮的舰船，陆军有由后膛装弹的新式来复枪和射程更远的大炮。在强大的经济和军事实力支撑下，英国逐渐战胜西班牙、葡萄牙、荷兰和法国，取得了海上霸权，在亚非拉地区掠夺了大批殖民地，建立了庞大的"日不落帝国"，成为当时世界上最先进、最强大的资本主义工业国家。

法国于 1789 年爆发资产阶级革命，建立了资产阶级政权，为资本主义的发展扫除了一切障碍。法国继英国之后开始了工业革命，1830 年工业生产应用蒸汽机 650 台，1839 年增至 2450 台；从 1815 年到 1840 年，棉织品产量增加了 3 倍；从 1814 年至 1840 年，生铁产量由 10 万吨增加到 35 万吨。法国虽然较早进行资产阶级革命和工业革命，但在拿破仑帝国失败后，国力较弱，侵占的殖民地大部分被英国占据，海军实力也远不及英国；国内小农经济占优势，工业生产和贸易无法与英国竞争。法国资产阶级仍热衷于侵略扩张，在远东主要是针对越南和中国，并追随英国攫取好处。

美国是在英国北美殖民地基础上建立起来的一个资产阶级国家。美国地处太平洋与大西洋之中，国内资源丰富，作为新兴的政权没有封建政治包袱，因此发展迅速。但在19世纪初期，美国仍比老牌的殖民国家如英国和法国落后，资本主义经济还很薄弱，奴隶制度在南部占据着统治地位。美国起步虽较晚，但发展速度却很快，其铁路总长至1850年达15 000千米，居世界第一。

欧美列强能在侵略掠夺之中胜出，除经济实力外，以海军为代表的军事力量的发展也是其重要保障。19世纪前期，正是海军从风帆木壳战舰时代向蒸汽铁甲战舰时代过渡的重要阶段。富尔顿在1807年制造蒸汽机船航行成功，使人类开始步入蒸汽航行时代。蒸汽机随后应用于军舰，世界上第一艘蒸汽舰仍是富尔顿在1814年建造的，这是一艘用蹼轮推进的反封锁舰，舰上装有32门火炮。但该舰还未完工，美国独立战争即结束，因此它从未出过海，一直作为接待舰停泊在造船厂，一年后因火药桶燃烧而被烧毁。1814年，英国皇家海军开始考虑使用由蒸汽机推动的小型单桅帆船。至1837年，英国皇家海军已有21艘蒸汽舰编入现役，法国有23艘。1837年，美国海军第二艘蒸汽军舰——新的"富尔顿"号编入现役。1842年，美国又下水了3220吨的明轮蒸汽动力战列舰——"密苏里"号和"密西西比"号，这两艘军舰的舰身都是木壳。1843年，铁壳蒸汽舰"密歇根"号在伊利湖下水。但在19世纪40年代之前，蒸汽轮船仍无法与帆船相媲美。蒸汽轮船的推进工具蹼轮占据船舷火炮位置，老式的蒸汽机耗能高，续航能力小，而且位于甲板上，易于受到攻击。这些弊端直到螺旋桨的发明和改进后才得以解决。1829年，奥地利人莱塞尔发明了实用的船舶螺旋桨，这是一种完全不同于前者的推进工具。后来，英国人史密斯和瑞士人埃立克森对船用螺旋桨作了改进。最早采用螺旋桨的是商船，第一艘横渡大西洋的铁壳蒸汽螺旋桨船"大不列颠"号在1838年首航成功。1842年，美国按照埃立克森的设计，建造了世界上第一艘螺旋桨战舰"普林斯顿"号，它同时也是第一艘轮机置于吃水线以下的舰船。螺旋桨战舰建成后，很快就显示出它的优越性，英国、法国、俄国等纷纷在海军舰船建造中推广。英国不仅在1846年建成了2艘新式的螺旋桨护卫舰，还在老式舰船上装配螺旋桨。俄国第一艘螺旋桨战舰"阿基米德"号 1848 年建成后，又开始兴建螺旋桨战舰。法国第一艘螺旋桨战舰"拿破仑"号也于 1850 年下水。美国螺旋桨战舰的制造更受政府的关注，1857 年美国国会批准建造 5 艘装甲战舰，1861 年南北战争前夕，美国国会又批准建造 7 艘螺旋桨战舰。19 世纪 50 年代后，欧美各国开始建造铁甲舰，逐步取代木壳战舰成为主力战舰。随着钢铁冶炼技术的进步，铁甲又逐渐被钢甲取代，至 19 世纪末海军战舰正式进入蒸汽钢铁时代。

19 世纪，海军的作战武器也在不断地改进。20 年代后，爆破弹首先在法国研制成功，并开始在英法海军中投入使用。50 年代后，英国开始研制线膛炮。线膛炮在火炮身管内壁制有膛线，使火炮的射程和准确度都明显提高。水雷和鱼雷也作为新式海战武器，在 19 世纪投入使用。水雷早在中国明代即已产生，19 世纪前西方国家在作战中也曾使用过。19 世纪时，水雷在海战中被广泛地使用，如在克里米亚战争和美国南北战争中，都发挥了重要作用。鱼雷实际上是由水雷发展而来，1866 年，英国成功地制造了第一枚自行鱼雷。1867 年，鱼雷被装上定深装置，使之能按照预定深度航行。

与欧美国家相反的是，经历康乾盛世辉煌之后的清王朝走上衰败的道路，逐渐落后于世界潮流。清王朝的统治已经破败不堪，但统治者却仍做着"天朝上国"的美梦，君臣仍以为"大皇帝君临万国，恩被四表，无论内地外夷，均系大皇帝百姓"，完全不悉、不顾时代的变化。在当时文化思想界，因清王朝残酷的文化专制使社会"万马齐喑"，暮气沉沉。吏治日益腐败，大小官吏贪风炽盛，营私舞弊，贿赂公行。乾隆、嘉庆时期的权臣和珅，通过各种手段集聚的钱财竟相当于当时清政府八年的财政总收入。嘉庆、道光时期的权臣曹振镛，对讨教官运亨通之道的门生说："无他，但多磕头少说话耳！"曹振镛的话道出了当时清王朝腐败政治的实况。地方官吏巧取豪夺，更是无孔不入，"三年清知府，十万雪花银"的民谚便是当时的真实写照。道光时代的诗人张际亮在给鸿胪寺卿黄爵滋的信中，对吏治的败坏作了生动的揭露："为大府者，见黄金则喜；为县令者，严刑非法以搜括邑之钱米，易金贿大府，以博其一喜。至于大饥人几相食之后，犹借口征粮，借名采买。驱迫妇女逃窜山谷，数日夜不敢归里门，归而鸡豚牛犬一空矣。"①在贪官污吏的敲诈勒索下，人民生活十分悲惨。曹雪芹在小说《红楼梦》中对当时的衰败即称之为"末世"；而龚自珍认为当时的社会已经到了"日之将夕，悲风骤至"的"衰世"。

广大人民生活每况愈下，阶级矛盾日趋尖锐。政治的腐败衰落使许多人失业成为流民，"自乾隆末年以来，官吏士民，狼艰狈蹶，不士不农不工不商之人，十将五六"②。自18世纪末到19世纪初，人民的反抗斗争连绵不绝。清嘉庆元年(1796年)爆发的白莲教大起义，遍及鄂、川、豫、陕、甘五省，参加起义的群众达数百万，绵延近十年，清政府调动了能调动的一切军队和地主"乡勇"武装，耗费两亿两白银才把起义镇压下去。嘉庆十八年(1813年)爆发了李文成领导的天理教(白莲教支派)起义，波及豫、鲁、冀等省。直隶天理教首领林清率领北京郊区的一支起义队伍，在宫内太监的协助下，一举攻入紫禁城，在隆宗门一带与清军展开激战。嘉庆皇帝惊呼这是"汉、唐、宋、元、明以来未有之祸"。

在世界军事技术更新换代大发展的时候，清王朝的军队却腐化衰败，武备废弛。乾隆、嘉庆时期，清王朝拥有22万八旗兵和60万绿营兵，但不论八旗还是绿营，都已腐败不堪，战斗力急剧下降。军官不理营务，剋粮冒饷，花天酒地；士兵不勤操练，许多人竟吸食鸦片，聚开赌场。京城的八旗兵，"三五成群，手提雀笼雀架，终日闲游，甚或相聚赌博。问其名色，则皆为巡城披甲，而实未曾当班，不过雇人顶替，点缀了事"。外省军队，甚至出现了骑兵没有马，水勇不习水、武器生锈、炮台失修的严重现象；若遇检阅操演，骑兵便临时雇寻马匹，水勇雇寻渔户冒名顶替。清朝统治者盲目坚持八旗"骑射"传统，武器装备还是以冷兵器时代的刀、枪、矛、弓箭为主，少量的火绳枪、滑膛炮等已老旧不可用。至于沿海水师，也大都老弱无用，战船多半是薄板旧钉钉成的，"遇击即破"。海防要塞的

---

① 张际亮：《张享甫文集》卷三《答黄树斋鸿胪书》。
② 龚自珍：《西域置行省议》，见《龚自珍全集》上册，上海：上海古籍出版社，1975年，第106页。

大炮，有的还是 300 年前的旧炮，有的新铸大炮则因偷工减料质量低劣，施放时经常发生炸裂。这样腐败的军队，基本没有战斗力，无怪乎在对抗西方列强侵略的时候一触即溃。

二、鸦片贸易与中国禁烟运动

在欧美列强侵略扩张时代，东方的中国一直是其垂涎的肥肉。英国殖民势力侵入亚洲后，就开始准备对中国的掠夺。清乾隆五十八年（1793年），英国以祝贺乾隆皇帝寿辰为名，派遣马戛尔尼率使团来华，提出开放宁波、舟山、天津等地为商埠，割让舟山附近的岛屿与广州附近地方，以及减轻税率等无理要求，遭到清政府的断然拒绝。尔后，英国兵船多次侵扰中国东南沿海。1832 年，英船"阿美士德"号窜到中国沿海测量港湾航道，调查港口情况，并绘制地图。1836 年，英国政府代表、驻华商务监督查理·义律，扬言要用武力对付中国。法国在明代崇祯后期开始对华贸易活动。在贸易活动中，法国特别重视利用天主教作为侵略工具。清康熙三十七年（1698 年），第一只法国商船抵达中国时就有一批传教士随船而来。法国的天主教传教士私入中国内地者日多。美国在独立之后就极力向海外伸展势力，在乾隆时期开始与中国通商，其对华贸易的开展较其他国家虽晚，但发展很快，商船数由乾隆时期的 15 艘增至道光时期的62 艘。

虽然欧美列强采取积极态势，但在中国并未得到很多好处。明清时期中国经济和贸易的发展，使国内主要商品的数量、质量都在不断增加和提高，流通也愈益便捷，在广大农村还存在自给自足的生产生活方式，因此以棉织品为主的西方工业品很难找到市场，屡屡亏损。清政府在乾隆时期开始实行广州一口通商和十三行制度，对海外贸易进行严格控制，这种外贸政策也阻碍了西方工业品在中国的销售。相反，中国的茶叶、生丝、瓷器等土特产在西方需求旺盛，出口量逐年增加，使中国在对外贸易中一直处于出超地位。以中英贸易为例，1781—1790 年，中国销往英国的商品中，仅茶叶一项就达白银 9600 万两。而 1781—1793 年，英国销往中国的全部工业品只有白银 1600 万两，仅及茶价的 1/6。因此，外国不得不以白银来抵付贸易差额，使大量白银流入中国。这与资本主义侵略扩张、积累资本是截然相反的，因此为打开中国市场，扭转贸易差额，欧美列强开始了无耻的鸦片贸易。

在 18 世纪初，鸦片是作为药品向中国输入的，每年约 200 箱（每箱鸦片重 50 千克或 60 千克）。1757 年英国占领印度的鸦片产地孟加拉后，便竭力发展对华鸦片贸易，输入中国的鸦片急速增加，英国政府还给予其东印度公司制造和专卖的特权。清王朝政治和吏治的腐败也助长了鸦片贸易的肆虐，"尽管皇帝会查禁这种贸易，并也会一再严旨重申禁令；尽管总督会恪遵上谕发布告示，总督和粤海关监督也会传谕行商懔遵法令；但总督、粤海关监督、巡抚、提督、知县以及再往下到那些与衙门略有瓜葛的小人物们，只要他们觉得可以从中取利，对于法令的不断破坏也就熟视无睹了。他们发现在禁令之下，使他们可以得到更多的好处，因为他们可以不断征科更大的数额，而且所征款项丝毫不必列为税收奏报"①。英国烟贩贿赂清朝官吏兵弁，勾结中国私贩，用"快蟹""扒龙"等特制快艇进行武装走私，走私范围逐渐从珠江口外扩大到东南沿海，甚至北及直隶和奉天海岸。据不完全统计，1800—1804 年间，鸦片输华量每年平均 3500 箱；1820—1824 年间，每年平均增至 7800 余箱。19 世纪 30 年代增加更为迅猛，在 1838—1839 年，竟达 35 500 箱。无耻的鸦片贸易，导致了中英贸易的逆转，中国由顺差变为逆差。据估计，鸦片战争爆发前的 20 年间，中国外流的白银不少于 1 亿两，每年平均约 500 万银元，相当于当时中国社会白银流通总额的 1/5。② 白银外流导致银钱兑换比例提高，使普通人民遭受重创。嘉庆时期，1 两白银可以兑换制钱 1000 文左右，在道光时期涨到 1600 文上下。农民和手工业者一般使用制钱，但缴纳赋税时须兑换成白银，兑换比例的提高无异于大幅增加他们的实际负担，导致许多人无法缴纳赋税。赋税的拖欠，使清政府国库空虚，财政拮据，直接威胁其统治。鸦片的输入致使吸食人

---

① ［美］马士：《中华帝国对外关系史》第二卷，张汇文等译，北京：商务印书馆，1963 年，第 209 页。
② 陈旭麓：《中国近代史》，北京：高等教育出版社，2010 年，第 16 页。

口不断增加，据 1835 年的估计，约有 200 万人吸食鸦片，从沿海伸向内地，从宫廷贵族、官员到地方吏胥、兵弁及普通人民，无不在内，导致严重的社会问题。鸦片肆虐带来的严重后果，使清政府不得不考虑采取禁烟的举措了。

清政府内部对于鸦片逐渐形成"弛禁"和"严禁"两派。"弛禁派"以满洲贵族、军机大臣穆彰阿和大学士琦善、太常寺卿许乃济为代表，主张弛禁或维持现状；"严禁派"以湖广总督林则徐和鸿胪寺卿黄爵滋为代表，主张严禁鸦片，禁绝烟毒。道光帝与穆彰阿不是不清楚鸦片的危害，只是慑于西方的"船坚炮利"而不敢查禁，致使其禁烟态度时常模棱两可，左右摇摆。清道光十六年（1836 年）六月，许乃济奏请取消鸦片禁令，"仍用旧制，准予夷商将鸦片照药材纳税"，准许公开买卖，但要以货易货，不得以白银购买；民间贩卖、吸食，一律勿论，只禁文武员弁士子兵丁吸食；同时准许国内自由种植鸦片。这种主张得到穆彰阿和一部分广东地方官吏与士绅的支持，也遭到一些官吏的批驳和反对。内阁学士兼礼部侍郎朱嶟、兵科给事中许球、江南道御史袁玉麟先后上奏批驳弛禁论，指出鸦片"削弱中原""毒害中华"，必须严禁。道光十八年（1838 年）六月，鸿胪寺卿黄爵滋向道光帝上《请严塞漏厄以培国本折》，痛陈鸦片的种种祸害，建议采取"重治吸食"的办法，以抵制鸦片输入。他认为"贩烟之盛，由于食烟之众。无吸食，自无兴贩"，因此提出限期烟民戒烟，过期仍吸者，平民处以死刑，官吏加等治罪，其子孙不准参加科举考试，希望通过严刑峻法来根绝烟患。道光皇帝命令盛京（今沈阳）、吉林、黑龙江将军及各省督抚官员复议。湖广总督林则徐、两江总督陶澍、四川总督苏廷玉等在复奏中表示赞许，林则徐还对此作了重要补充。林则徐在湖广地区厉行禁烟，成绩斐然。他在同年九月再次陈疏道光帝，痛陈鸦片"迨流毒于天下，则为害甚巨，法当从严。若犹泄泄视之，是使数十年后，中原几无可以御敌之兵，且无可以充饷之银"[1]。黄爵滋、林则徐的上疏也使道光皇帝感到鸦片输入的严重威胁，于

---

[1] 林则徐全集编辑委员会：《林则徐全集》第三册·奏折，福州：海峡文艺出版社，2002 年，第 79 页。

十月下令各省严禁鸦片，"务期净尽根株""毋以虚怖图功，毋以苟且贻患"；并将许乃济降级，勒令休致，以示其禁烟决心。同时，他召林则徐进京，连续八次召见会商禁烟问题。十二月底，道光帝命林则徐为钦差大臣，节制广东水师，前往广州查禁鸦片。

清道光十九年（1839年）正月，林则徐抵达广州，他看到广州群众反对鸦片走私的情绪和禁烟的正义呼声十分高昂，很受鼓舞。林则徐禁烟得到两广总督邓廷桢、广东水师提督关天培等人的支持，积极整顿海防，惩办受贿官弁；严拿烟贩，严禁国人贩卖、吸食鸦片，收缴烟枪，命吸烟者限期戒除。林则徐到任不久，就查办了历年庇私受贿的督标副将韩肇庆，"籍其家，累巨万，官民大服"。二月初三，林则徐晓谕外国烟贩，限期呈缴所有鸦片，并出具甘结，保证以后不再携带鸦片入境。他毅然表示："若鸦片一日未绝，本大臣一日不回，誓与此事相始终，断无中止之理。"[①]林则徐的举措，得到各界群众的大力支持和拥护，禁烟运动高涨起来。但中国正义的禁烟运动遭到英、美等国的抵制和破坏。英国驻广州商务监督查理·义律企图将贮存鸦片的趸船驶离伶仃洋规避，指使大鸦片贩子颠地逃跑，并阻止英商呈缴鸦片、具结保证书。林则徐派兵包围商馆，断绝广州与澳门交通，并下令暂停中英贸易。义律被迫命令英商缴烟，同时劝告美国商人缴烟，保证烟价一律由英国政府付给。在中国禁烟斗争的打击下，三四月间，英、美两国烟贩被迫缴出鸦片19 187箱（其中美国烟贩缴出1540箱），另有2119个麻袋，共计重237万余斤。四月二十二日，在林则徐主持下，于虎门"就海滩高处，周围树栅，开池漫卤，投以石灰，顷刻汤沸，不爨自燃，夕启涵洞，随潮出海"，将所缴获的鸦片当众销毁，这就是著名的"虎门销烟"。

三、西方列强的海上侵略与海洋危机

"虎门销烟"是中国人民的正义之举，但英国以此作为发动侵略战争的

---

① 林则徐全集编辑委员会：《林则徐全集》第五册·文录，福州：海峡文艺出版社，2002年，第117页。

借口，轰开了中国的大门。此后，欧美列强纷纷从海上侵略中国，发动了数次战争，以优势海军打败了中国军队。

（一）第一次鸦片战争

1839 年 8 月初，林则徐在广东收缴和销毁鸦片的消息传到了英国，英国工商业资产阶级及鸦片贸易集团立刻发出一片战争叫嚣。他们纷纷致书英国政府，狂妄叫嚷借此机会对中国使用武力，有的甚至宣称："我们向中国政府提出的要求，只有表现充分的武力，才能有希望得到。"①英国曼彻斯特与对华贸易有关的 39 家公司和厂商联合致函外交大臣巴麦尊，要求动用武力巩固在中国的贸易利益。英国一些新兴工商业城市也主张立即发动侵华战争。当时英国正处于经济危机之中，工商业萧条，迫切需要新的原料产地和商品倾销市场，因此以武力打开中国市场，成为英国扩张政策的重要目标，中国禁烟运动正好提供了其发动侵略战争的借口。

1839 年 9 月底，巴麦尊召见逃回英国的鸦片贩子查顿等人，商讨拟定对中国发动战争的具体计划，包括侵华舰艇的数量、陆军人数及必要的运输船只，等等。10 月，英国召开内阁会议，讨论武装侵略中国的问题，作出了"派遣一支舰队到中国海去"的决定。1840 年 2 月，英国政府任命乔治·懿律和查理·义律作为同清政府交涉的正、副全权代表，并任命懿律为侵华英军总司令。但英国政府对于战争的决定和部署迟至 1840 年 4 月才交议会辩论，最后以微弱的多数通过支付军费案，派兵侵略中国。6 月，乔治·懿律率领由 16 艘战舰、4 艘武装蒸汽舰、28 艘运输船、4000 余名士兵（后增至 15 000 人）、540 门大炮组成的"东方远征军"，相继从印度、开普敦等地到达中国广东海面，封锁珠江口，鸦片战争正式爆发。

英国侵略军到达广东海面后，对广州实行封锁，但林则徐早有防备，因此无机可乘。懿律遂率英军按其原定计划沿海北犯，于 1840 年 7 月进攻福建厦门，也未能得逞。接着，又北犯浙江，攻陷防御薄弱的定海。8 月，英军抵达天津白河口，投递巴麦尊给清政府的照会，提出赔款、割地、通

---

① 《英国蓝皮书》，见王晓秦：《鸦片战争》第 2 册，成都：四川文艺出版社，2017 年，第 653 页。

商等侵略要求。道光帝命琦善前往天津海口与英军谈判，琦善答应重治林则徐，保证只要英军退回广州就满足他们的要求。懿律得此答复，认为实现了以武力要挟清政府谈判的目标，又因北方天气渐冷，海港即将封冻，遂于10月中旬率军南下。道光帝遂任命"退敌有功"的琦善为钦差大臣，赴广东继续办理中英交涉；同时，以"误国病民，办理不善"的罪名将林则徐、邓廷桢革职查办。1840年11月，琦善到达广州，他一反林则徐的做法，下令撤除珠江口附近的防御设施，裁减水师，遣散乡勇，排挤坚持抵抗的地方官员，以讨好英国侵略者。12月，琦善与英军开始谈判，琦善同意赔偿烟价600万银元，但只许增加一处口岸，不准寄居，且应先交还定海后签约。懿律为迫使琦善完全屈服，于1841年1月初，令英军发动突然袭击，攻占大角、沙角炮台。之后，懿律于1月20日在澳门发表了一份公告，内容包括割让香港、赔偿烟价600万银元、恢复广州通商等。25日，英国侵略军即强占了香港岛。懿律与琦善又进行了包括割让香港在内的所谓"穿鼻草约"谈判，但琦善此时已自身难保，不敢再谈签约之事，谈判遂停止。

琦善等人的妥协活动，激起了朝野的强烈不满，纷纷要求收复定海和香港。英国要求割地、赔款的条件，也大大超出了道光帝可以接受的程度。大角、沙角炮台失守的消息传到北京，道光帝十分恼怒，立即下诏对英宣战。接着，道光帝将琦善革职拿问，任命裕谦为钦差大臣赴浙江接替伊里布；同时任命御前大臣、宗室奕山为靖逆将军，户部尚书隆文、湖南提督杨芳为参赞大臣，调集各省军队17 000人开往广东。于是，中英双方重新进入了战争。但英军先发制人，于2月下旬进攻虎门炮台，广东水师提督关天培率军英勇抵抗，与将士400人壮烈殉国，虎门炮台陷落。英舰驶入内河，广州形势危急。懿律从商业利益出发，向先期到达的杨芳提出休战谈判，双方达成停战协定，广州恢复贸易。4月，奕山及各省援军才姗姗到达广州，但他却饮酒作乐，不做战争准备。奕山毫无军事才能，反诬粤民为汉奸、贼党而不用，而于福建招募水勇。在作战上，他希图侥幸取胜，于5月21日在没有切实准备的情况下，贸然发动夜袭，结果清军大败。英军顺势反扑，占领了城郊重要据点，包围并炮轰广州城。奕山只好求和，于 27 日与义律签订了屈辱的《广州和约》，规定清军 6 天内撤至离广州 96 千米以外的地方；一周内缴纳 600 万银元"赎城费"；赔偿英国商馆损失 30 万银元。奕山居然无耻地谎报战争胜利，而道光帝明知打了败仗，但急于结束战争，因此批准了《广州和约》。

"穿鼻草约"传到英国后，引起英国政府的不满，认为远没有达到这次战争的目的。于是，改派璞鼎查为全权代表，进一步扩大侵略战争。璞鼎查于 8 月到达香港，随即率英军再次沿海北犯。8 月 27 日，英军进攻厦门，总兵江继芸力战阵亡，厦门陷落。9 月，英军继续北犯定海，总兵葛云飞、郑国鸿、王锡朋率军奋战殉国，定海于 10 月 1 日再度失陷。10 日，英军攻镇海，浙江提督余步云临阵逃往宁波，镇海失守，钦差大臣、两江总督裕谦悲愤中投水自杀。13 日，英军攻宁波，余步云又先一日弃城走上虞，宁波不战而陷。浙东三城的轻易失陷引起了清政府的恐慌，为挽回败局，道光帝任命协办大学士、宗室奕经为扬威将军，侍郎文蔚和副都统特依顺为参赞大臣，往浙江办理军务；同时从各省调集军队近 2 万人，赶赴浙江前线。奕经是满洲纨绔子弟，一路上游山玩水，寻欢作乐，完全不顾前线战事的紧迫，从北京到绍兴居然用了 4 个月的时间。奕经与奕山一样昏聩无能，且做法一致，污蔑浙江兵丁、乡勇，弃而不用。他也希图侥幸取胜，在不了解敌情和毫无准备的情况下命令清军从绍兴分三路出师，冒雨夜袭宁波、镇海、定海，竟想一举收复三城，但被早有准备的英军打得大败，全军溃散。英军乘机反扑，攻陷慈溪。奕经等仓皇逃到杭州，从此不敢再战，却谎报军情，掩败为胜，力主对英求和。

清政府在广东和浙江的两次出师都以失败告终，朝中又滋长起妥协投降的苗头。清王朝仍然夜郎自大，完全不知世界形势，道光帝连英国在哪都不知道，甚至提出"该夷与中国回疆可有陆路可通"这样可笑的问题。琦善早在天津时就宣扬英国人"船坚炮利"，是无法战胜的；浙江巡抚刘韵珂在给道光的奏折中也宣称英人炮火"猛烈异常，无可抵御"。而此时各地又发生了群众反抗斗争，清政府害怕出现"外患未除，内讧又起"的局面，因此决定妥协投降。清道光二十二年（1842 年）四月，道光帝任命耆英为钦差大臣，与两江总督伊里布一起到浙江与英国谈判求和。但璞鼎查拒绝求和的要求，他认为只有继续战争，占领江南重镇南京，控制长江和运河两大水道才能迫使清政府接受其全部侵略要求。1842 年 5 月，英军退出宁波和镇海，集中兵力攻打江浙两省的海防重镇乍浦，遭到守军的顽强抵抗。5 月 17 日，乍浦陷落。6 月，英军侵入长江，攻打吴淞炮台。两江总督牛鉴闻风逃遁，年近七旬的江南提督陈化成率 5000 余名官兵坚守吴淞西炮合，先后三次拒绝牛鉴的退兵命令，身负重伤，英勇战死。宝山、上海相继陷落。英军继续溯长江西上，7 月 21 日，进攻镇江，副都统海龄率 4000 余名满、蒙、汉族将士殊死奋战，终因力量悬殊，守军全部战死，镇江失守。英军于 8 月初侵入南京下关江面，摆开阵势，架起大炮，扬言将开炮攻城。道光帝早已"专意议抚"，密谕耆英、伊里布要"俯顺夷情，俾兵萌早戢""不必虑有掣肘"，因此耆英、伊里布等赶到南京议和，接受了璞鼎查提出的全部条款。

1842 年 8 月 29 日，耆英、伊里布与璞鼎查在南京下关江面的英国军舰"皋华丽"号上签订了中英《江宁条约》，即《南京条约》。之后又签订了《五口通商章程》《五口通商附粘善后条款》（又称《虎门条约》），作为《南京条约》的附件。作为重要帮凶，美国紧随英国之后，于 1844 年 7 月以武力威胁清政府签订了《望厦条约》。法国也不甘落后，派兵舰前往澳门进行武力恫吓，迫使清政府签订了《黄埔条约》。其他欧洲小国也觊觎分一杯羹，西班牙、葡萄牙、比利时、挪威、瑞典等纷纷前来要求订约，清政府也"一视同仁"全部应允。第一批不平等条约主要内容有：割让香港；赔款 2100 万银元；开放广州、厦门、福州、宁波、上海为通商口岸；协定关税；领事裁判权和片面最惠国待遇。《虎门条约》允许外国官方船只在港口停泊而不受中国兵船约束；《望厦条约》还允许外国兵船到中国通商口岸巡查贸易。这些条约的签订，严重损害中国海洋主权，沿海岛屿、城市被迫割让和开辟为通商口岸，外国船只可以在沿海航行，进一步加深了中国海洋空间危机。

（二）第二次鸦片战争

1854 年，《南京条约》届满 12 年，英国援引中美《望厦条约》中 12 年后修约的规定，要求清政府全面修改《南京条约》，遭到拒绝。1856 年，《望厦条约》届满 12 年，在英、法两国的支持下，美国再次提出全面修改条约的要求，英、法也提出同样要求，仍被清政府拒绝。为扩大侵略权益，英、法两国决定发动一次新的战争，因这次战争实际是鸦片战争的继续，因此被称为"第二次鸦片战争"。

1856 年 10 月 8 日，广东水师在黄埔逮捕了"亚罗"号船上的几名海盗和涉嫌船员。"亚罗"号是一艘中国走私船，曾在香港注册，事发时已过期。但英国驻广州代理领事巴夏礼竟称"亚罗"号是英国船，并捏造清兵捕人时扯落英国国旗，要求送还被捕者，赔礼道歉。而当时该船并未悬挂英国国旗。叶名琛据实复函驳斥，但不久即妥协退让，将获犯送到英国领事馆。巴夏礼却百般挑剔，拒不接受。23 日，英舰突然闯入珠江，进攻沿岸炮台，悍然点燃战火。接着，英军炮轰广州城，并于 29 日攻入城内进行焚掠。由于兵力不足，英军当晚即撤出广州，退据虎门，等待援军。"亚罗"号事件的消息传到伦敦，经过改选的议会通过了巴麦尊内阁扩大侵华战争的提案。1857 年 3 月，英国政府任命额尔金为全权专使，率领一支海陆军前来中国，同时建议法国政府共同行动。法国乘机借口"马神甫事件"（又称"西林教案"）联合英国发动战争。所谓"马神甫事件"，是指法国天主教神甫马赖非法潜入广西活动，胡作非为，于 1856 年 2 月在西林县被处死一案。法国为了换取英国支持它在越南"自由行动"，并取得天主教在中国传教不受干涉的保证，便接受英国建议，派葛罗为全权专使，以"马神甫事件"作为借口，出兵参战。

1857 年 10 月，额尔金和葛罗先后率舰到达香港，决定先攻取广州，再北上白河。不久，美国公使列威廉和俄国公使普提雅廷也到达香港，充当"调停人"的角色，配合英法侵华。12 月，英法联军 5600 余人（其中法军 1000 人）在广州口外集结，12 日向叶名琛发出"修约"的通牒，限 10 天答复。24 日，额尔金、葛罗向叶名琛等发出最后通牒，限 24 小时答复。战争迫在眉睫，叶名琛却忠实执行清政府"息兵为要"的方针，不事战守。28 日晨，英法联军炮击广州，并登陆攻城，广州防卫薄弱，次日即失守。叶名

琛被俘，解往印度加尔各答，1859 年病死于囚所。广州将军穆克德纳、广
东巡抚柏贵投降。柏贵在以巴夏礼为首的"联军委员会"的监督下，继续担
任原职，替侵略者维护殖民秩序。

为迫使清政府屈服就范，英法联军直接北上进攻大沽。清政府派直隶
总督谭廷襄为钦差大臣到大沽谈判，但英法联军悍然在 1858 年 5 月 20 日闯
入白河，炮轰大沽炮台。谭廷襄等人临阵脱逃，大沽当天失陷。英法联军
溯白河而上，于 5 月 26 日侵入天津城郊，并扬言要进攻北京。清政府慌忙
另派大学士桂良、吏部尚书花沙纳为钦差大臣赶往天津议和。俄、美公使
则扮演"调停人"角色，抢先与清政府签订了中俄、中美《天津条约》。经过
近一个月的谈判，英法迫使桂良等全部接受他们的条件，于 6 月 26 日、27
日分别签订中英、中法《天津条约》。11 月，桂良等在上海又同英、法、美
三国分别签订了《通商章程善后条约》。这些条约主要内容有：公使常驻北
京；增开牛庄(后改营口)、登州(后改烟台)、台湾(后定为台南)、淡水、
潮州(后改汕头)、琼州、汉口、九江、南京、镇江为通商口岸；英、法等
国人可往内地游历、通商、自由传教；外国商船可在长江各口岸往来；修
改税则；承认鸦片贸易合法化；邀请英国人帮办海关税务；对英赔款银 400
万两，对法赔款银 200 万两。

但战争并没有因此结束。英、法政府不仅急于《天津条约》的兑现，还
远不满足已攫取的特权，蓄意再次挑起战争进行勒索。清政府对条约也很
不满意，特别是公使驻京、内地游行等，"最为中国之害"，咸丰帝宁愿以
免除关税来换取取消这些条款。1859 年 6 月，英国公使普鲁斯、法国公使
布尔布隆到达上海，与早已至此的美国公使华若翰相会，任命英国人何伯
为侵华海军司令，率领英、法、美三国战舰共 20 余艘、军队 2000 余人北
上，于 6 月 20 日抵达大沽口外。清政府以大沽设防为由，要求英、法、美
三国公使由北塘经天津去北京换约，随员不得超过 20 人，且不得携带武
器。但英、法侵略者蓄意挑衅，企图以舰队经大沽口溯白河直接进京。6 月
25 日，何伯率联军突袭大沽口炮台，遭到僧格林沁指挥的守台将士的顽强
反击，经过一昼夜激战，击沉、击伤多艘敌舰艇，英军伤亡近 500 人，何

伯也负重伤。美国舰队在战斗中帮助英法联军作战和撤退，公使华若翰则伪装友好，由北塘进京后与直隶总督恒福互换中美《天津条约》批准书。在此之前，俄国代表已在北京换约。

大沽战败后，英、法两国统治阶级内部一片战争喧嚣，叫嚷着要对中国"实行大规模的报复"，借以"教训中国人"。1860 年 2 月，英、法两国政府分别派额尔金和葛罗为全权代表，率领英军 18 000 余人，法军约 7000人，船舰 200 余艘扑向中国。4 月，英法联军占领舟山。5 月和 6 月，英军占大连，法军占烟台，封锁渤海湾。清政府在大沽获胜后，幻想以胜求和，下令撤除北塘防务。8 月 1 日，30 多艘英、法军舰由俄军引路在北塘登陆，向新河、军粮城发动进攻，于 14 日攻陷塘沽。21 日水陆协同进攻大沽北岸炮台。守台清军在直隶提督乐善指挥下，英勇抗击，全部壮烈牺牲。驻守南岸炮台的僧格林沁在咸丰帝谕示下，于当晚将防守官兵全部撤走，致使大沽陷落。侵略军长驱直入，于 24 日占领天津。清政府急派大学士桂良、直隶总督恒福等到天津议和。英法想占据北京以压制清政府，因此并无和谈之意，提出许多苛刻要求，遭到清政府拒绝，谈判破裂。9 月初，英法联军从天津向北京进犯。咸丰帝慌忙派怡亲王载垣、兵部尚书穆荫到通州议和，由于双方争执不下，谈判再次破裂。9 月 18 日，英法联军攻陷通州。21 日，清军与侵略军在八里桥激战，惨遭败绩。22 日，咸丰帝带领一批人员仓皇逃往热河，留下其弟恭亲王奕䜣负责议和。10 月初，侵略军占领圆明园，在大肆抢掠后，纵火焚毁。13 日，英法联军占领安定门，控制了北京城，扬言炮轰北京城，捣毁皇宫。奕䜣在英、法武力逼迫和俄国的恫吓、挟制下，于 10 月 24 日、25 日分别与额尔金、葛罗交换了《天津条约》批准书，并签订了中英、中法《北京条约》。《北京条约》除承认《天津条约》完全有效外，又规定：增开天津为商埠；准许英、法招募华工出国；割让九龙司给英国；退还以前没收的天主教堂资产。法方还擅自在中文约本上增加："并任法国传教士在各省租买田地，建造自便"；赔偿英、法军费各增至白银 800 万两。此外，俄国通过《瑷珲条约》和《北京条约》侵占中国东北大片领土，"不花费一文钱，出动一兵一卒，而能比任何一个参战国得到更多的好处",使中国北方海岸线由乌第河口压缩至图们江口,丧失许多重要港口、岛屿以及资源宝地。

(三)中法战争

越南和中国是法国殖民侵略的重要目标,中法战争虽由法国侵越战争而起,但实际上是与法国侵略目标相一致的。越南是清王朝的属国,法国早就垂涎此地,于1862年吞并南圻,1873年开始侵犯河内地区,被刘永福率领的黑旗军打败,统兵官安邺被击毙。但越南仍被迫与法国签订《和平同盟条约》,法国除攫取许多特权外,还否定了中国对越南的封建宗主权,将越南置于法国控制之下。1883年8月,法国茹费理内阁扩大侵越战争,强迫越南签订《顺化条约》,取得了对越南的"保护权"。此后,法国便把矛头指向中国,一面继续北犯;一面要挟清政府将军队撤出越南,开放云南边界。越南曾两次遣使来华求助,清政府也感到战争的威胁,但内部却形成了主战与主和两派。李鸿章、张荫桓等一意主和,认为法国不可战胜;左宗棠、张之洞等主战,认为法国侵略越南是"唇亡齿寒之患"。主和派占上风,一味地妥协退让。法国茹费理内阁则意欲征服中国,在1883年12月10日增加军费,增派军队,命令法军司令孤拔率军进攻越南山西的中国军队,正式挑起中法战争。

12月11日法军进攻山西,黑旗军和唐炯率领的滇军退守兴化,徐延旭率领的桂军撤回北宁。1884年2月,法军以米乐担任总司令,而以孤拔为法国远东舰队司令,准备侵略中国。3月,法国连续攻占北宁、太原,4月占领了兴化,至此占领了整个红河三角洲地区。越南战事的失利引起清政府的恐慌,但奕䜣毫无办法,仅将广西巡抚徐延旭、云南巡抚唐炯革职拿办。慈禧太后乘机将奕䜣黜退,由礼亲王世铎任首席军机大臣,庆亲王奕劻主持总理衙门。这些人事变动看似要与法国大战,其实执行的仍是妥协投降政策。法国乘胜以武力及以支持中国"内匪"为由威胁清政府,清政府寻求英国、德国等的调解无效后,只好派李鸿章前往天津与法国军官福禄诺议和。李鸿章与福禄诺于5月11日在天津签订了《中法简明条约》。主要内容有:清政府同意法国在越南取得的权益;中越边境开埠通商;中国军队自北越撤回边界。清政府对法国侵略的妥协屈服，本想结束战争，结果却是引火烧身。

《中法简明条约》签订后，法国迫不及待地要求中国军队撤出越南，未到期限就在6月下旬进兵谅山，逼令清军交出阵地，并开枪打死清军代表，炮击清军阵地。清军被迫还击，将法军打退。法国却厚颜无耻地以此为借口，要中国立刻撤军，并赔偿2.5亿法郎军费。清政府为避免和局破裂，派两江总督曾国荃到上海与法国代表巴德诺谈判。法国则任命孤拔为舰队司令，将法舰调往福州和基隆。7月15日，孤拔率领一支拥有8艘军舰的舰队驶抵闽江口，向福建船政大臣何如璋、署船政大臣张佩纶提出进入福建水师基地马尾军港停泊的要求。曾经主战的"清流派"代表张佩纶怕影响和谈，居然同意这一无理要求。法舰进入马尾以后，日夜监视港内福建水师，不许其移动，声言动则开炮。福建水师在港内有10多艘小舰，零乱地抛锚江心。面对法舰的挑衅，何如璋和张佩纶却一再以"战期未至"为借口，命令福建水师"不准无命自行起锚"，甚至下令"不准先行开炮，违者虽胜亦斩"①。此举荒谬至极，埋下了福建水师覆灭的祸根。此外，8月5日，法国海军少将利士比率领三舰炮轰基隆炮台，并登陆抢夺基隆煤矿。督办台湾事务大臣刘铭传指挥守军英勇反击，打死打伤法军100多人，法军被迫退回海上。

基隆受挫后，法军决定攻击疏于防备的福建马尾军港。8月23日上午，孤拔向何如璋和张佩纶投递了最后通牒，要求福建水师于当日下午撤出马尾。何、张二人惊慌失措，既不将实情告知官兵，又不准备应战，竟派人前往法舰要求改变开战日期。23日下午，法舰提前发炮，发动突然袭击。福建水师仓促应战，有的兵舰还未起锚就被击沉，或起火焚烧。何、张二人见此仓皇逃窜，尽管有部分官兵誓死抵抗，也没能挽回全军覆没的厄运。福建水师的军舰和运兵船在很短的时间内几乎全被击沉、击毁，官兵伤亡达700余人。马尾造船厂也被炮击，一艘正要完工的快船被破坏。事后，

---

① 牟安世：《中法战争》第2册，上海：上海人民出版社，1957年，第144页。

法国军舰又沿江而上，将沿江的炮台全部轰毁。

马尾海战后，清政府迫于舆论对法宣战，令滇、桂各军迅速进兵，令沿海各地加强战备，严防法舰入侵。到 9 月上旬，清政府又令新任两广总督张之洞激励各军奋勇抗敌，并将继续坚持和议的张荫桓等 6 位总理衙门大臣革职。

9 月中旬，孤拔率主力舰队再次进犯台湾，强占了基隆。刘铭传被迫率部退守淡水。10 月 1 日，孤拔亲率舰队炮轰淡水炮台，被守军击退。10 月 8 日晨，法军再次炮轰炮台，并有 800 名法军强行登陆进攻，仍然被刘铭传击败。为了迫使台湾军民投降，孤拔对台湾实行封锁，并怂恿日本也对华宣战。但日本尚无作战准备，法国未能得逞。刘铭传电请李鸿章派北洋水师支援，均遭拒绝，只有左宗棠派王诗正率三营亲军乘坐渔船和淮军聂士成亲率 350 余名淮勇从山海关登船起程援助台湾。在援军和全国各地的声援下，刘铭传率部多次打退法军的进攻，保住了台北。孤拔封锁台湾时，还数次向浙江镇海进攻。1885 年 3 月，法舰炮轰镇海招宝山炮台，守将周茂训当即开炮还击，法舰受伤而退。不久，法舰再犯招宝山，守备吴杰指挥兵勇再退法舰，孤拔身受重伤，不久在澎湖死去。

沿海战事进行的同时，陆战也在越南北部激烈展开。在越南的中国军队分为东线和西线两个部分，东线是潘鼎新率领的桂军，驻守谅山一带；西线是岑毓英率领的滇军以及黑旗军，包围了宣光的法军。1885 年 2 月，法军向东线的清军大举进攻，潘鼎新放弃谅山逃到镇南关，接着又逃到离关 70 千米的龙州，致使谅山和镇南关失守，广西震动。法军嚣张地写上："广西门户已不复存在！"愤怒的镇南关人民同样用大字写上："我们将用法国人的头颅重建我们的门户！"①在危急时刻，清政府启用年近七旬的老将冯子材和淮军总兵王孝祺一同前往增援。冯子材大力整顿溃军，团结各军将士，在周密布防后，便先发制敌，出击法军退守的文渊城，打乱了法军的侵略部署。3 月底，冯子材指挥各军对进犯的法军发起总攻，

----

① 牟安世：《中法战争》第 3 册，上海：上海人民出版社，1957 年，第 530 页。

毙敌 1000 多人。法军全线崩溃，狼狈溃逃，至"被杀急，则投枪降，去帽为叩首状，以手捍颈"。这就是威震中外的镇南关大捷。

冯子材乘势一举收复了文渊、谅山、谷松等地，进而攻郎甲、北宁，重创侵越法军。刘永福率领的黑旗军也在临洮大败法军，接连光复广威、黄岗屯、老社等地。法军在越南的惨败，致使茹费理内阁倒台，形势对中国极为有利，可谓胜利在望。但清政府竟向战败的法国求和，于 1885 年 4 月 7 日命令前线于 4 月 15 日停战，25 日撤兵。英、美、俄、德等国为了自身利益，这时也都争相"调停"。清政府本身的妥协投降活动一直没有停止，最终在赫德的操纵下，与法国进行了缔结和约的谈判。6 月 9 日，李鸿章在天津与法国驻华公使巴德诺正式签订《中法新约》。条约规定：中国承认越南是法国的保护国；中法两国派员会同勘定中国和越南北圻的边界；中国以后需要修建铁路时应向法国"商办"，并同意在云南、广西、广东三省的中越边界开埠通商。法国势力从此侵入中国云南、广西，进一步加深了中国西南边疆的危机。

欧美列强的侵略给近代中国带来严峻的海洋空间危机。在列强"船坚炮利"的冲击下，战火穿过海洋直接烧到了中国本土，沿海防务基本被摧毁，毫无抵御之力，中国海洋门户几乎为之不存，失去维护国防安全的重要屏障。沿海岛屿的割让、重要城市的开埠、沿海航行权的迫许、附属国的剥离等，使列强既有侵略的良好基地，又有及时航行、行动的便利。列强的侵略使中国陷入有海无防的艰难境地，列强转而成为中国海洋的霸主，中国海洋空间似有实无。

近代海军的建立与甲午梦坠

清代的水师隶属于绿营陆军，并非一个独立军种，负责沿海的防卫和巡查。清代中叶之后，水师日渐衰败，战船腐朽破损，兵弁甚至不知水性，毫无机动性和战斗力。沿岸建有炮台，但年久失修，有些火炮还是陈年旧物，根本无法使用。在西方"船坚炮利"的威逼下，清政府的一些有识之士开始重视整顿海防，着手建设海军防卫西方的殖民侵略。但是，清王朝近代海军建立不久就被新兴的日本彻底打败，依恃海军的美梦彻底破碎。

一、近代海军的建立与发展

林则徐在广东禁烟时，为加强海防，曾从外国商人手中购得一艘1080吨的英制商船，将其改造成军舰。1842年，粤海关监督文丰在吕宋购兵船一艘，"驾驶灵便，足以御敌"，用于装备水师旗营。魏源在《海国图志》中提出了"师夷长技以制夷"的先进思想，并提出仿照西方方法编练一支新式海军的举措，但这一举措与这一巨著一样，被浑浑噩噩的清王朝所忽视，并没有引起应有的注意。鸦片战争结束后，整顿水师的呼声和举措又停滞下来，直到太平天国时期才再次高涨。洪秀全领导的太平天国起义军在短短几年时间内横扫清军，占领湖南、江西、江苏、浙江等地的大部分地区。太平天国起义军不但陆军势如破竹，其水军也有相当的实力，在江西、湖南等地屡破清军的进攻，一度大破湘军水师，迫使曾国藩羞愤投水自尽，幸被其随从捞起。清政府逐渐认识到水军的作用，但清军"船炮不甚坚利，恐难灭贼"，因此多次雇请外国轮船帮助作战。然而，受雇的外国轮船往往拒绝服从清军将领的调遣，"大为掣肘"。在这样的情形下，参与镇压的将领才感到必须创建自己的海军，以不受制于人。最早明确提出创建海军的是曾国藩，他曾数次惨败在太平军水军手里，因此他在清咸丰十一年（1861年）向清政府提出"攻取苏、常、金陵，非有三支水师，不能得手"[1]，"购买外洋船炮，则为今日救时之第一要务"[2]。清王朝统治者在内忧外患的艰难处境下，也认识到发展海军的必要性，因此奕䜣、文祥、桂良等大臣根据曾国藩建议上疏咸丰帝，"请购买外洋船炮，以利军行而维大局"。有学者据此认为，清政府创建近代海军的初衷是镇压国内人民的反抗斗争。[3] 但是，正当清军与太平军激战时，第二次鸦片战争爆发了。英法联军凭借优势海军直捣黄龙，占领了北京，迫使咸丰帝仓皇逃到热河。鸦片战争的失

---

① 《奕䜣桂良文祥奏请购外国船炮以期早平内乱折》，见《筹办夷务始末（咸丰朝）》（八），北京：中华书局，1979年，第2914页。
② 《曾文正公全集》卷十四《奏稿》，第11页。
③ 许华：《略论清政府创建近代海军的动机》，载《安徽史学》，1985年第2期，第42页。

败，使一些大臣敏锐地意识到海军的重要性。左宗棠指出："自海上用兵以来，泰西各国，火轮兵船直达天津，藩篱竟同虚设，星驰飙举，无足当之。"①而中国海船则"日见其少，其仅存者船式粗笨，工料简率。海防师船尤名存实亡，无从检校，致泰西各国群起轻视之心，动辄寻衅逞强，靡所不至"②。因此，他强调指出："西洋各国向以船炮称雄……若纵横海上，彼有轮船，我尚无之，形与无格，势与无禁，将若之何？"③丁宝桢也向朝廷提出："今则夷事方殷，水师实第一切务。"④太平军水军屡败清军，而英法联军依靠其机动性强、装备先进的海军直插清王朝心脏的京津地区。太平军水军和英法海军造成的严重威胁，使清王朝不得不思考如何来发展海军力量以有效地解决内忧外患。这是清王朝发展海军的出发点和目标。

根据曾国藩的建议，总理衙门委托休假回国的海关总税务司李泰国帮助购买船舰和雇请外国船员。清同治元年（1862 年）七月，李泰国在英国船厂订购中号军舰（兵船）3 艘，小号军舰 4 艘。中号军舰每艘雇用外国舵工、炮手等 30 人，小号军舰每艘雇用 10 人。从订购军舰、雇请船员编成舰队到驶回中国，共需白银 65 万两，后又追加白银 15 万两，共计白银 80 万两。按清政府意愿，这 7 艘军舰命名为"金台""一统""广万""得胜""百粤""三卫""镇吴"。清政府当时并无海军人才，只好从绿营水师中抽派，以巡湖营提督衔记名总兵蔡国祥为统帅，以参将盛永清、袁俊，游击欧阳芳、邓秀枝、周文祥、蔡国喜、都司郭德山 7 人为各舰管带（舰长）。但由于缺乏近代军舰的指挥管理知识和能力，不得不聘请一名外国海军军官担任舰队的副司令，李泰国推荐英国皇家海军上校阿思本担任此职。李泰国乘机与阿思本相勾结，向清政府勒索追加白银 27 万两，私自招募英国海军军官、水

---

① 《同治五年五月十三日左宗棠折》，见《洋务运动》（五），上海：上海书店出版社，2000 年，第 5 页。
② 《同治五年十月初八日闽浙总督左宗棠片》，见《洋务运动》（五），上海：上海书店出版社，2000 年，第 19 页。
③ 左宗棠：《复陈筹议洋务事宜折》，见《洋务运动》（一），上海：上海书店出版社，2000 年，第 18 - 19 页。
④ 丁宝桢：《丁文诚公奏稿·预筹海防情形片》，见《洋务运动》（二），上海：上海书店出版社，2000 年，第 304 页。

手、舵工等 600 余人。阿思本还自封为舰队司令，试图将舰队掌握在自己手里。1863 年 3 月，李泰国擅自代表中国与阿思本签订合同，规定举凡舰队的管理、指挥、人员配备等都由他们两个人负责，把持了舰队的全部权力。7 月，李泰国将该合同递交总理衙门后，朝野大哗，不予接受。经过辩论，总理衙门提出《轮船规章五条》，明确规定舰队司令由清政府派任，阿思本仅聘请为副司令；舰队受清政府领导，并接受沿海地方行政长官的节制和调遣；阿思本负责管理舰队的外国船员，不得有违法事宜；随时挑选中国官兵上舰训练和实习等。《轮船规章五条》将舰队的权力掌握在清政府手中，阿思本仅负责舰队的部分管理和训练事宜。但当舰队抵达中国的时候，李泰国又提出阿思本直接受皇帝指挥，不受沿海总督、巡抚的节制等无理要求，并要挟清政府如不接受这个要求，雇用的外国官兵及购来的舰艇，都不为中国服务，要求回国。总理衙门、李鸿章等讨论之后认为，这支舰队原本是为对付南京等地的太平军而用，现在太平军已经基本被剿灭，就不需依靠这支舰队了，鉴于李泰国的无理要求以及阿思本等外国船员难以管理等问题，决定遣散该舰队。舰队船只由阿思本带回英国变卖，所有外国船员全部遣散回国，同时免去了李泰国的总税务司职务。清王朝第一支舰队刚成立，在外国殖民者的干预下尚未发挥任何作用就被遣散了，白白损失近百万银两。

由外国代理购买和筹建舰队失败后，清政府尤其是洋务派决定自造船炮，自己建设舰队。在与外国侵略者二十余年的交往中，清王朝一些较为务实的官僚不得不承认欧美国家"大炮之精纯，子药之细巧，器械之显明，队伍之雄整，实非中国所能及"。在残酷的现实面前，为消弭内患，抵御外侮，他们在中国兴起了学习西方技艺以自强的洋务运动。制器练兵是洋务运动的中心，奕䜣在奏折中说："查治国之道，在乎自强，而审时度势，则自强以练兵为要，练兵又以制器为先。"以此为指导，洋务派先后建立了安庆内军械所、江南制造总局、金陵机器局、福州船政局、天津机器局等军工用品厂。其中以福州船政局对于海军的建设和发展最为重要。福州船政局由左宗棠于 1866 年创办，后由船政大臣沈葆桢接办，从创办至 1874 年，共建造大小轮船 15 搜。船政局附设有船政学堂，分为前后两学堂，前学堂学习法文和造船学，后学堂学习英文和驾驶术。福州船政局在中国近代海军史上地位十分重要，早期的海军军事人才大部分就出自于此，为中国建立近代海军初步奠定了基础①，故有"为中国海军萌芽之始"②之称。

1867 年 12 月，丁日昌向清政府提出了建设北洋、中洋、南洋三支海军的计划，基本描绘了近代海军的发展蓝图。但在洋务运动初期，海军的建设十分缓慢，洋务派自造的轮船技术落后，质量不高，难抵大用。此时，正好发生了日本侵略台湾事件。台湾战略地位十分重要，英国、法国、美国等先后发动过侵略台湾的战争。1874 年 5 月，在美国支持下，日本派兵在台湾南部的琅峤登陆，被台湾人民打得退居龟山，日本乘机设立都督府，企图久踞台湾。清政府派沈葆桢率兵援台，加强防务。后在英、美等国的伪装"调停"下，奕䜣、李鸿章与日本特使大久保利通在北京签订《台事专条》，清政府被迫赔偿日本军费白银 50 万两，日本还乘机夺取了琉球。日本这样的"蕞尔小国"，"仅购铁甲船二只，竟敢借端发难"，而中国尚未购买铁甲舰船，"明知彼之理曲，而苦于我之备虚"，给清政府很大的刺激，"今日而始言备，诚病其已迟；今日而再不修备，则更不堪设想矣"③。日本的兴起和侵略使清政府再次感受到巨大的威胁，一些洋务派官员如文祥等认为"目前惟防日本为尤急"。李鸿章在此基础上也强调："泰西虽强，在七万里以外，日本则近在户闼伺我虚实，诚为中国永久大患。"④后来，他也再次表明："今之所以谋创水师不遗余力者，大半为制驭日本起见。"⑤因此，此种日本为近邻又为永久之患的紧张感，正是日后建设北洋海军的推动力。⑥ 1874 年 11 月 5 日，总理衙门奏《拟筹海防应办事宜疏》，提出了练兵、简器、造船、筹饷、用人、持久六条筹建海军的主要事务，交各省大

① 戚成章：《洋务运动与中国近代海军》，载《齐鲁学刊》，1982 年第 2 期，第 49 页。
② 池仲祐：《海军大事记》，见《近代中国史料丛刊续编》第十八辑第 176 册，台北：文海出版社，1974 年，第 3 页。
③ 《总理各国事务衙门奏拟筹海防应办事宜疏》，见《清末海军史料》上册，北京：海洋出版社，1982 年，第 5 页。
④ 《筹办夷务始末（同治朝）》卷 99，台北：文海出版社，1971 年，第 32 页。
⑤ 《清末海军史料》，北京：海洋出版社，2001 年，第 24 页。
⑥ 冯青：《中国近代海军与日本》，长春：吉林大学出版社，2008 年，第 15 页。

臣讨论。不久,广东巡抚张兆栋代丁日昌(当时丁日昌尚在丁忧)奏呈《海洋水师章程六条》,在之前基础上对外海水师建制、沿海炮台修筑、选练陆兵、沿海官员择取、北东南三洋联合、精设机器局等方面作了细致探讨,对海军的建设具有一定的参考作用。

总理衙门基本同意丁日昌的建议,但认为经费不足,计划先建设北洋海军。后经筹划,决定先建设北洋和南洋两支海军。清光绪元年(1875年)六月,清政府任命李鸿章督办北洋海防事宜,任命沈葆桢督办南洋海防事宜,以加强海防建设的领导。李鸿章是北洋大臣,沈葆桢为南洋大臣,从此将整个海域划为南、北两个战略区,以便分段负责,以专责成。沈葆桢和李鸿章创议,总理衙门调拨粤海关、江海关等税银和江苏、广东、福建、浙江、江西、湖北六省厘金,每年400万两,作为筹办南、北洋海军的军费。南洋海军基本由沈葆桢主持建设,但最初海军经费全部划拨北洋海军使用,直到1878年才将半数划归南洋海军使用。然而在1879年年底,沈葆桢病逝,继任的大臣难以与李鸿章等相抗衡,致使南洋海军发展较为迟缓。沈葆桢之后,刘坤一、左宗棠、曾国荃先后出任两江总督,他们对于南洋海军的发展并未发挥多大作用。南洋海军的舰船基本由福州船政局和江南制造总局制造,少数采购自德国,总排水量较小,实力远不及北洋海军,但比福建水师较优,主要分驻江宁、吴淞、浙江等地,负责东南沿海的海防任务。福建水师虽然肇始于左宗棠,但实际上也是沈葆桢一手创建的。沈葆桢在清同治六年(1867年)接替左宗棠任福建船政大臣,主办福州船政局,着手福建水师建设。福建水师舰船基本由船政局自造,仅有3艘购自国外,至1876年时初具规模,拥有军舰18艘。福建水师是一支由中国自办、以中国自制舰船为主的近代海军舰队,也是清代以蒸汽发动机装备起来的第一支近代海军舰队。但福建水师自沈葆桢调任之后发展也十分缓慢,再加上1884年中法马尾海战,福建水师基本全军覆没。

清朝统治者本意是集中财力建设北洋海军,1879年5月,清政府即确定"先于北洋创设水师一军,俟力渐充,由一化三"的建设方针。沈葆桢去世后,李鸿章基本攫取了全国海军发展的领导和规划大权,使他能够集中人力、物力、财力，重点建设北洋水师。李鸿章在天津设立海军营务处，由道员马建忠负责办理北洋海军日常事务；开办北洋水师学堂等海军学校，培养海军的指挥人员和技术人员；利用海军经费向外国订购各种军舰，扩充军备，建筑船坞和军港。北洋水师在 1875 年创设之始，就由赫德向英国订造了 4 艘炮舰；1879 年向英国订造了 2 艘撞击巡洋舰"扬威"号、"超勇"号；1880 年向德国船厂订造铁甲舰"定远"号、"镇远"号；1885 年分别向英国、德国订造了 2 艘穹甲巡洋舰"致远"号、"靖远"号与 2 艘装甲巡洋舰"经远"号、"来远"号。1881 年，先后选定在旅顺和威海两地修建海军基地。在同年，李鸿章派丁汝昌统领北洋海军，英国人琅威理、德国人式百龄先后负责海军训练，各主要战舰舰长及高级军官大部分是福州船政学堂毕业，且基本是英国皇家海军学院的留学生。马尾海战福建水师的覆灭，给清政府很大的教训，清政府于 1885 年 6 月宣称："当此事定之时，惩前毖后，自以大治水师为主。"李鸿章立即表示赞同，称之"询为救时急务"，并乘机加速购置舰船，扩充北洋水师。1888 年 12 月，北洋水师正式建成，为加强海军的管理，参照西方海军制度，制定颁布了《北洋海军章程》，对北洋海军的官制、船制、军官任免、事故、考校、俸饷、恤赏，工需杂费、仪制、铃制、军规、校阅、武备、水师后路各局 14 个方面，拟定了细致的规章制度，是中国近代第一个较完备的海军章程。

北洋水师有铁甲舰 2 艘，巡洋舰 8 艘，具有外洋作战能力，其他炮艇、鱼雷艇和练习、辅助舰船 18 艘，总吨位约 4.2 万吨，全舰队官兵 3500 余人。在 28 艘舰艇中，中国自制的 7 艘，购自德国的 11 艘，购自英国的 10 艘，主力舰基本是英、德两国制造的，技术十分先进。因此，北洋水师当时号称"东亚第一、世界第六的海军舰队"。北洋舰队成军之后，清政府任命丁汝昌为海军提督，统领全军，下辖中军、左翼、右翼、后军四队。中军由"致远""靖远""经远"3 舰组成；左翼由"镇远""来远""超勇"3 舰编成；右翼由"定远""济远""扬威"3 舰编成；后军由"镇东""镇西""镇南""镇北""镇中""镇边"6 艘炮舰和"左一""左二""左三""右一""右二""右三"6 艘鱼雷艇以及练习船 2 艘、补助舰 4 艘，共大小舰艇 18 艘组成。提督以下辖总兵 2 人，副将 3 人，参将 4 人，游击 9 人，都司 27 人，守备 60

人，千总69人，把总99人，经制外委43人，分别担任各级指挥和各种技术官员。

在北洋、南洋水师基本建成后，清政府开始加强对海军的领导权力。1883年，总理衙门增设了海防股，专门负责掌握南、北洋的海军和海防建设，长江水师、沿海炮台以及与海军相关的各项军事工业建设、设备采购等均由其统一领导。1885年10月，清政府增设"总理海军事务衙门"，作为海军的领导机关，特派醇亲王奕譞为总理海军事务大臣，节制沿海海军以及旧式水师，同时派庆亲王奕劻和直隶总督李鸿章为会办，但实际主持的仍是李鸿章。海军衙门的成立，一方面削弱各支海军的独立权力，加强清政府的直接领导和控制，同时也使海军有了独立的行政管理体系，海军正式成为一个独立的军种，使其发展迈向一个新的阶段。但腐朽没落的清王朝没有使海军的发展与时俱进，最终葬送了辛苦建立起来的海军，也缩短了自身苟延残喘的时间。

二、甲午海战与北洋梦坠

19世纪60年代，日本在西方工业文明的冲击下，开始了明治维新运动，建立了君主立宪制度，逐步走上近代化道路，成为亚洲的一大新兴强国。日本统治者军国主义膨胀，加之国内市场狭小，矛盾激化，准备用战争夺取国外市场和转移国内矛盾。中国和朝鲜无疑是其侵略的中心。日本在1874年发动了侵略中国台湾的战争，因准备不足，与清政府签订《台事专条》并勒索50万两白银之后退出了台湾。不久，日本吞并中国属国琉球，设置冲绳县。1876年，日本强迫朝鲜签订《江华条约》，攫取开放通商口岸、免税贸易和领事裁判权等特权。1882年又迫使朝鲜签订《仁川条约》，取得了在朝鲜驻兵的特权。1884年，日本支持朝鲜开化党人发动甲申政变，失败后与朝鲜签订《汉城条约》，要求朝鲜赔款、惩凶、重建日本使馆等。不久，日本首相伊藤博文到中国与李鸿章谈判，签订《天津会议专条》，规定以后朝鲜若有重大事件，中日两国或一国要派兵，应互相行文知照。由此，日本取得了向朝鲜派兵的特权，为日本发动侵略朝鲜和中国的战争埋下了隐患。

　　1894年年初，朝鲜南部爆发了东学党起义，在6月占领了全罗道首府全州。日本以此作为出兵朝鲜、发动战争的天赐良机，于5月就作出了出兵朝鲜的决定。按照《天津会议专条》的规定，日本出兵须知照中国，为掩盖其侵略意图，日本先诱使中国出兵平乱。日本驻朝鲜代理公使杉村濬在6月2日向清政府驻朝鲜总理通商事务大臣袁世凯表示："贵政府何不速代韩戡乱……我政府无他意。"李鸿章居然轻信日本的"保证"，在朝鲜请求出兵的时候，于6月9日至11日派直隶提督叶志超和太原镇总兵聂士成率淮军1500人前往汉城的牙山地区布防，落入日本的圈套。李鸿章在6月6日将出兵事宜知照了日本，而日本在前一日就成立了战时大本营，在不到一个月的时间里向朝鲜出兵近万人。日本出兵朝鲜后，迅速占领了从仁川到汉城一带的战略要地，并包围了在牙山的清军，不时乘机挑衅。东学党起义很快被平定，清政府为避免战争建议两国同时撤军，但日本蓄意发动侵略战争，不仅拒绝清政府的建议，还提出两国共同监督朝鲜进行内政"改革"的无理要求。

　　战争迫在眉睫，国内舆论纷纷要求清政府增援备战，解救牙山清军，制止日本侵略，北洋水师也要求投入抗击日本的斗争。面对一触即发的战争，清政府内部出现了"主战"和"主和"两派的争论。光绪帝"一力主战"，不断电谕李鸿章"预筹战备"，准备应对日本的侵略。李鸿章为首的"主和派"一味强调敌强我弱，主张"避战自保"。李鸿章一再强调现有海陆军不足以出境作战，还必须大力"备饷征兵"。光绪帝随即给李鸿章拨发300万两白银，令他尽心筹划，但李鸿章为保存自己的地盘和实力，仍不肯将苦心经营的海陆军轻于一试，而是求助于列强的"调停"帮助。李鸿章的主张得到害怕日本威胁的慈禧太后的支持，慈禧太后正忙于六十寿辰的庆典，力保和局，无心应战。

　　李鸿章首先请求俄国出面干涉。俄国对中国东北和朝鲜早就怀有野心，对日本在朝鲜和中国的行动十分警戒，恐其妨碍自己称霸远东。但俄国又怕日本倒向欧美列强，因此对其又极力拉拢。俄国向清政府保证，日本如不同意撤兵即会采取"压服之法"。日本在断然拒绝俄国的建议后，也向俄国保证无意占有朝鲜，并不会损害俄国在朝鲜的利益。俄国在得到日本的保证之后，转而讨好日本，暗中支持日本发动战争，仅向清政府表示，俄国"只能以友谊力劝日本撤兵，未便用兵力强勒日人"。李鸿章依靠俄国调停的希望因此破灭，转而请求英国来调停。英国正想借日本来牵制俄国，但也不想因日本战争影响其在华的利益，因此曾照会日本，要求日本不要在上海及其附近地区发动战争。这实际上是默许日本可以发动战争。之后，李鸿章又求助于德国、法国、美国等国，均遭到拒绝。求助外国遭受失败，李鸿章却电令在朝鲜的中国军队不许擅自行动，毋许计较日军的挑衅，完全使清军处于被动地位。日本利用有利的国际形势，继续增兵朝鲜，至7月中旬，侵朝日军超过3万人。

李鸿章的妥协退让引起国内舆论的强烈不满，清政府也一再严令李鸿章"断不可意存畏葸""贻误事机"。因此，7月中旬，李鸿章派卫汝贵、马玉昆、左宝贵、丰升阿率领马步兵近2万人从陆路开赴平壤，另外雇用英国商船"高升"号等运送天津练军2000余人从水路增援牙山的清军。7月25日凌晨，日本海军在牙山口外丰岛海面突然袭击中国运兵船和护航舰。中国军舰"广乙"号重伤后搁浅焚毁，"操江"号被劫走，"济远"号临阵脱逃，但爱国官兵发尾炮还击，击中日本"吉野"号，迫使其逃遁。"高升"号被日舰发炮拦截，船上千余名士兵坚决反抗，由于得不到救援，"高升"号被日舰击沉，700多名中国官兵殉难。"高升"号被击沉后，英国舆论大哗，但牛津大学教授霍芝德却站出来论证日本没有违反战时国际法的规定，英国反日舆论迅速平定下来。这一事件"显著提高了日本海军的国际威望"，而日本丰岛海战的胜利，"使对海军感到不放心的日本朝野欢欣鼓舞"[1]，助长了其侵略野心。同一天，日本陆军偷袭牙山的清军，主将叶志超弃守牙山，再退往公州，继而逃往平壤。清军聂士成部在成欢抵抗，战败退往平壤。叶志超反而谎报牙山大捷，在李鸿章的庇护下居然被任命为各路清军总指挥，赏银2万两。日军在丰岛偷袭中国海军，标志着中日战争的爆发。8月

---

① ［日］外山三郎：《日本海军史》，龚建国、方希和译，北京：解放军出版社，1988年，第46页。

1 日，光绪帝发布对日宣战上谕，日本也正式向中国宣战。这一年是农历甲午年，因此史称"甲午战争"。

日本战时大本营在 8 月 5 日就制订了侵略中国的作战计划："（一）第一期作战，将第 5 师派往朝鲜，以牵制清军。舰队则引诱清国舰队出来，将其击毁，夺取制海权。其他陆海军部队则在日本做出征准备。（二）第二期作战，有下列三个作战方案，其选择取决于第一期作战的结果。甲，若夺取了制海权，则令陆军主力从山海关登陆，按预定作战计划在直隶平原进行决战。乙，若未掌握制海权，但清国海军也不能控制日本近海时，则陆军开进朝鲜，以帮助朝鲜独立。丙，若海战我方失利，制海权为敌方所控制时，则采取各种手段增援在朝鲜作战的第 5 师团，同时陆军主力在日本做好防备，等待敌人来袭，将其击退。"①日本的作战计划十分完备，但清政府却毫无计划。光绪帝命令李鸿章严饬各军迅速进剿，但李鸿章在慈禧太后的支持下，采取消极的抗战方针，命令陆军只可守不可攻，海军一律退守"北洋各口""保船制敌""不得出大洋浪战"②，以保存北洋海军的实力。李鸿章对日军的进军意图毫不顾及，在慈禧太后和光绪帝的支持下，他把清军防御的重点放在奉天和京畿等地，不仅忽视黄海、渤海制海权的掌握，使日军有可乘之机，而且又使集结在盛京、京畿地区的大批清军游离于战场之外，使战争前缘的渤海口和辽东半岛、山东半岛兵力严重不足。在李鸿章消极抗战的影响下，各路清军直到 8 月下旬才到达平壤。主帅叶志超庸懦怯战，既不侦察敌情，也不扼守城外险要地形，而只在城内外筑垒防守，近乎坐以待毙。日军在 9 月初即分路包抄平壤，在东路连日进行佯攻，以吸引清军的防守，其他三路则隐蔽起来，等待进攻。9 月 15 日，日军分四路向平壤发起猛攻。左宝贵和马玉昆率部坚守北门和东门，左宝贵亲自登城指挥，但不幸中炮牺牲。日军占领北门后，因不清楚城内虚实，暂不

----

① ［日］外山三郎：《日本海军史》，龚建国、方希和译，北京：解放军出版社，1988 年，第 42 -
45 页。

② 顾廷龙、戴逸：《李鸿章全集》第 22 册，合肥：安徽教育出版社，2008 年，第 495 页。

敢入城。叶志超却不组织抵抗，在当天夜里率军逃出平壤，仓皇狂奔 250 千米，于 9 月 21 日退过鸭绿江，一直撤到辽宁九连城、凤凰城一带。叶志超的溃逃不仅使朝鲜落入日军之手，还将战火直接引到了中国境内。

平壤溃败的后两天，中日两国舰队在黄海海面进行了一场激战。9 月 17 日上午，北洋水师提督丁汝昌率北洋舰队护送援军前往大东沟后返回旅顺，在大东沟以南的黄海海面上遭到日本舰队的突袭。当时北洋舰队有军舰 10 艘，日本舰队有军舰 12 艘，总吨位超过北洋舰队，且航速快、速射炮多，但北洋舰队的"巨无霸"——"定远"号和"镇远"号两艘铁甲舰被日本视为"甚于虎豹"①，是日本舰队的巨大威胁。丁汝昌指挥舰队摆出"人"字雁行阵，然而这一不当阵法极不利于舰队重炮火力的发挥。开战不久，"定远"号舰桥就被日军炮火击中，正在舰桥督战的丁汝昌"左脚夹于铁木之中，身不能动，随被炮火将衣烧，虽经水手将衣撕去，而右边头面以及颈项皆被烧伤"②。他身受重伤，但仍在甲板上坚持指挥。右翼总兵、"定远"舰管带刘步蟾代替丁汝昌督战，沉着指挥。日舰凭借其速度快、炮位多的优势，绕开"定远""镇远"两艘铁甲舰，围攻右翼小舰，并将"致远""经远""济远"三艘巡洋舰隔出圈外。刘步蟾指挥舰队将日本舰队截为两段，"定远""靖远""镇远"等舰官兵奋力战斗，重创敌舰"比睿""赤城""西京丸"。"超勇"号被敌舰穿甲弹击中沉没，管带黄建勋与大部分船员牺牲。但在激战中，"济远"号管带方伯谦、"广甲"号管带吴敬荣临阵脱逃，"济远"号在逃跑时将"扬威"号撞伤，致使"扬威"号被日舰击沉，管带林履中殉国。方伯谦、吴敬荣的逃跑，严重影响了北洋舰队的战斗力。"致远"号在管带邓世昌的指挥下骁勇善战，但舰身也因中炮倾斜。"吉野"号等 4 艘日舰进逼并炮击旗舰"定远"号，被邓世昌发现，他毅然下令将舰驶至"定远"号前方，迎战来敌。在战斗中，"致远"号弹药耗尽，邓世昌下令猛冲"吉野"舰，不幸被鱼雷击中沉没，全舰 250 余名官兵，只有 7 人获救。邓世昌被拉出水

----

① 中国史学会：《中日战争》第 1 册，上海：新知识出版社，1956 年，第 169 页。
② 中国史学会：《中日战争》第 3 册，上海：新知识出版社，1956 年，第 113 页。

面，但他以"阖船俱没，义不独生，仍复奋掷自沉"，以身殉国。"经远"号也被敌舰击中起火下沉，管带林永升和全舰200余名官兵仍坚持战斗，最后除16人获救外，全部殉国。"定远"号以重炮轰击敌旗舰"松岛"号，两次命中其左舷，其中第二次命中左舷中央鱼雷室，引起该舰弹药爆炸，舰上鱼雷发射管、油槽、副炮等设施均被摧毁，丧失了指挥和战斗能力，炸死海军大尉志摩清直等28人，炸伤68人。日本其他战舰也纷纷中炮，击沉"高升"号的"浪速"号炮座中炮进水；"吉野"号被"超勇"号击中前甲板，致使甲板上的弹药爆炸起火，炸死炸伤日军多人；"秋津洲"号也被"超勇"号击中第五号炮座，当场击毙海军大尉永田廉平等5人；"比睿"号被"定远"号重炮击中后甲板，当场炸死炸伤数十人；"赤城"号被北洋数舰围攻，船体中炮，舰长坂元八太郎被击毙；"西京丸"号连中数炮，轮机舱被炸毁，完全不能运转。下午时分，"定远"号桅楼也中炮起火，"靖远"舰管带叶祖珪主动代替旗舰升旗集队，与日舰继续战斗。这时北洋舰队又有巡洋舰、炮舰各2艘，鱼雷艇4艘赶来支援，声势复振。日本舰队虽未有军舰被击沉，但都已中炮受伤，不敢再战，于黄昏时分逃离战场。北洋舰队退返旅顺。

黄海海战中，北洋舰队有五舰被击沉，损失大于日方。但北洋舰队还拥有大小舰艇40余艘，主力铁甲舰"定远""镇远"尚能使用，与其他巡洋舰、炮舰、鱼雷艇一起，仍具有较强的战斗力。李鸿章为保存实力，故意夸大损失，压制广大将士的抗战要求，说北洋海军"仅足守口，实难纵令海战"，命令北洋舰队全部藏到威海卫军港，不许出港巡海。李鸿章的愚蠢命令，无异于将黄海、渤海制海权拱手让给日本海军，作茧自缚，这是海战中不可思议的事情。

10月下旬，日军按照预定计划，分两路进犯中国本土。一路以山县有朋为司令官，从朝鲜渡过鸭绿江，入侵辽宁。沿江驻守的清军除马金叙、聂士成部抵抗外，其他不战自溃，日军轻易占领了盛京东部重镇、中朝交通孔道九连城，接着占领了安东、凤凰城、长甸、海城等战略要地，进逼辽阳，后被聂士成部击退。另一路以大山岩为司令官，在日本海军的掩护下从辽东半岛花园口登陆，迂回包抄大连、旅顺后路。日军在花园口运输战备辎重上岸，历时 14 天，居然从未遇到清军的任何抵抗。花园口位于大连湾东北约 100 千米处，是一个泥沙浅滩小港，涨潮时水深仅 3 米，近岸处礁石林立，对于登陆作战来说是易守难攻。登陆时，日军船队只能停泊在口外，用小汽船牵引小舢板船进港，落潮时则要穿越纵深近 2000 米的淤泥浅滩，行动非常困难。若北洋舰队乘机出击，日本将面临惨重的损失。但清军事先没有判断或侦知日军在花园口登陆，因而没有在此设防。在接到日军在此登陆的情报及率舰队赴剿的电令后，丁汝昌率舰队前往，但行至大连湾时听到英国人说貔子窝海域有日军鱼雷艇活动的消息，竟不敢率舰队前去突击日军船队，而是直接返回旅顺了。日军登陆后很快占领金州、大连，向旅顺猛攻。清军将领除徐邦道等坚持抵抗外，其他大部分畏敌溃逃。北洋舰队在 10 月 18 日移驻威海港，日军进攻辽东后，李鸿章连续电令丁汝昌："何时至旅？相机探进，不必言死拼"；"敌踪距旅顺若干里，旅本水师口岸，若船坞有失，船断不可全毁"；"寇在门庭，汝岂能避处威海，坐视溃裂？速带六船来沽，面商往旅拼战"；"兵船何时始能赴旅顺游巡？大小雷艇应派往旅帮同守口"。① 李鸿章虽然仍坚持"保船制敌"的方针，没有以海军与日军决战的勇气，但旅顺是北洋海军的重要基地，在日军进攻辽东时，仍催促丁汝昌率舰队帮助防守，增加清军的威慑力，丁汝昌对此却没有积极应对，铸就大错。11 月 22 日，旅顺失陷，日军对中国平民进行了惨绝人寰的大屠杀。

日本占领旅顺后即准备进攻威海卫，以彻底消灭北洋水师。威海卫是北洋水师基地，有南帮炮台和北帮炮台，还有系列岛屿炮台的连环防卫。北洋舰队在黄海海战中受伤的主力舰，在旅顺经一个月的抢修后竣工，开往威海卫港内停泊。当时共有铁甲舰、巡洋舰 7 艘（"镇远"号铁甲舰在一次进港时触礁受伤，当时无法修理而不能作战，管带林泰曾自杀），炮舰、练习船 8 艘，鱼雷艇 13 艘。关于防守策略，李鸿章指示丁汝昌与洋员悉心妥

---

① 参见顾廷龙、戴逸：《李鸿章全集》第 24 册《电报》各条，合肥：安徽教育出版社，2008 年。

筹，"彼时兵轮当如何布置迎击，水陆相依，庶无疏失"，要求丁汝昌拿出具体意见。丁汝昌与马格禄等人论证后得出了与李鸿章相同的结论，随即拟定详细作战计划上报李鸿章："倘倭只令数船犯威，我军舰艇可出口迎击，如彼船大队全来，则我军船艇均令起锚出港，分布东西两口，在炮台炮线水雷之界，与炮台合力抵御，相机雕剿，俾免敌舰闯进门内。即使陆路包抄南北两岸，师船尚可支撑攻击彼船。"[1]清廷和李鸿章都同意了这个"船台相依"的作战计划。"船台相依"的计划在战争中得以实施，但北洋海军的作战策略却出现重大问题。

1895 年 1 月 20 日，日本陆军 2 万人在山东荣成龙须岛成山头登陆，包抄威海卫后路。李鸿章已经侦察到日军将在荣成登陆，电令丁汝昌等"严密防守，力与相持，勿令乘隙登岸，是为至重"[2]。22 日夜 22 时，李鸿章又向威海卫诸将领转达了廷旨："闻敌人载兵，皆系商船，而以兵船护之，若将'定远'等船齐出冲击，必可毁其多船，断其退路。"[3]在清廷和李鸿章的反复电令下，丁汝昌却没有采取积极措施来抓住有利战机进行阻击，而使日军轻而易举地完成登陆任务。日军联合舰队司令伊东祐亨后来十分坦率地承认："如丁亲率队前来，遣数只鱼雷艇，对我进行袭击，我军焉能安全上陆耶！"[4]伊东祐亨统率日军舰队本队和 4 个游击队共 22 艘战舰，另有 16 艘鱼雷艇配合行动，随即开始进攻。面对日军的进攻，清政府、李鸿章等在坚持"保船制敌"的方针下，要求北洋舰队可以伺机出击制敌，攻击日军运兵船队，断绝其归路与接济。21 日，清廷即谕令："威海防军飞速驰击，勿令日军深入蔓延，海军战舰必须设法保全。"22 日，总署奉旨致山东巡抚李秉衡电："若将'定远'等船齐出冲击，必可毁其多船，断敌退路。"23 日，总署再次致电："与其坐守待敌，莫若乘间出击，断其归路。"李鸿章在同日也电令丁汝昌："若水师至力不能支时，不如出海拼战，即战不胜，或能留

① 顾廷龙，戴逸：《李鸿章全集》第 24 册，合肥：安徽教育出版社，2008 年，第 348 页。
② 同①，第 358 页。
③ 同①，第 369 页。
④ ［日］川崎三郎：《日清战史》第 10 编（下），东京：东京印刷株式会社，1908 年，第 112 页。

铁舰等退往烟台。"但丁汝昌在第二天电复时却称："除死守外，无别策……至海军如败，万无退烟之理，惟有船没人尽而已。"①李鸿章对丁汝昌的决定也无可奈何，在回复的电令中说："汝既定见，只有相机妥办。廷旨及岘帅（刘坤一）均望保全铁舰，能设法保全尤妙。"①29日，李鸿章向丁汝昌等传达朝廷的作战旨令："此时救急制胜，舍断其接济、助台夹击，更无别法，决无株守待攻之理。"②丁汝昌本应坚决执行这些命令，但在连续的失败与挫折之后，他已经没有了之前英勇出击的精神，反而转向死守海港，并决定与舰队同存亡。日本海军于1月30日占领威海卫南帮炮台，然后与陆军一起炮轰刘公岛和港内的北洋舰队。日军占领南帮炮台后，李鸿章再次给丁汝昌电令说："万一刘岛不保，能挟数舰冲出，或烟台、或吴淞，勿被倭全灭，稍赎重愆。否则，事急时，将船凿沉，亦不贻后患，务相机办理。"③李鸿章见战事危急，电令丁汝昌可以相机突围，避免被日军全歼，保存舰队实力。2月1日，李鸿章两次发电给丁汝昌，此后电报线路被日军切断，丁汝昌采取的仍是死守海港，坐守待援，结果作茧自缚，惨遭覆灭。

在日军的包围和封锁下，北洋舰队的广大将士仍奋力抵抗，依靠铁甲舰"定远""镇远"两舰的重炮打退了日本舰队的多次进攻。2月3日，伊东祐亨再次带本队、第一、第二游击队在刘公岛口外集结。日本陆军利用已占领的清军南帮炮台，架起大炮，掉头向威海卫港内轰击。北洋舰队被日本海军和陆军夹攻，战况十分惨烈。日舰"筑紫"号、"葛城"号被刘公岛炮台大炮击中，毙伤甚众。日军强攻不成，伊东祐亨遂写信给丁汝昌，劝他率领舰队投降。丁汝昌严词拒绝，并将劝降书交给李鸿章，以示死战决心。5日凌晨，日本舰队派出10艘鱼雷艇进行偷袭，以炸毁仍在作战的"定远""镇远"2艘铁甲舰。北洋海军为防止日军偷袭，在威海港东、西两侧布置了水雷和栅栏，但在战斗时被日军破坏。日军10艘鱼雷艇除2艘搁浅外，

---

① 中国史学会：《中日战争》第4册，上海：新知识出版社，1956年，第316–317页。
② 顾廷龙、戴逸：《李鸿章全集》第3册，合肥：安徽教育出版社，2008年，第393页。
③ 同①，第320–321页。

有 8 艘驶入港内。连续的作战使北洋海军已经十分疲惫，在关键时期居然懈怠了戒备，对日军的偷袭毫无察觉。日军 22 号艇最先发现北洋海军舰队，在靠近军舰与哨舰之间时，被"定远"号哨兵发现。警报拉响后，北洋各舰向日本鱼雷艇射击。22 号艇慌忙发射了一枚鱼雷后逃跑，在龙庙嘴附近触礁。北洋舰队的警觉为时已晚，日军 9 号艇发现了"定远"号，快速靠近并发射鱼雷。"定远"号被击中进水倾斜，在刘步蟾、丁汝昌指挥下驶入近岸搁浅。6 日凌晨，日军故伎重演，继续派鱼雷艇进行袭击。日军以一支鱼雷艇队在港外用灯光迷惑北洋海军，以另一支鱼雷艇队潜入港内偷袭，结果北洋舰队"来远"号、"威远"号以及布雷船"宝筏"号中雷沉没，200 余名官兵伤亡。日军的偷袭目标实现了，重创北洋海军"定远"号铁甲舰，击沉其他 3 艘舰船，解除了对日本海军的威胁。

遭遇两次偷袭之后，北洋舰队基本丧失了作战能力。伊东祐亨认为决战时刻已到，遂决定对威海卫发起总攻。伊东祐亨率本队及第一游击队攻击刘公岛东口炮台，日军西海舰队司令官率领其他舰队攻击日岛炮台，企图一举占领刘公岛并歼灭北洋舰队，但在 2 月 7 日凌晨被击退。7 日上午，日军总攻开始，中日军队展开激烈炮战。北洋舰队依靠各舰火炮和刘公岛、日岛炮台进行还击，将日军旗舰"松岛"号及"桥立""秋津洲"等舰击伤。激战中，北洋水师鱼雷艇管带王登瀛和"福龙"号管带蔡廷干却统率 12 艘鱼雷艇及"飞缪""利顺"号 2 艘汽船，从西口逃逸。丁汝昌和伊东祐亨最初都以为他们是要出港决战，但鱼雷艇却沿险岸向西疾驶，明显是逃跑。丁汝昌十分气愤，伊东祐亨则令第一游击队追击。这些鱼雷艇在逃跑中搁浅，被日军俘获。一些艇队军官贪生怕死，纷纷弃艇登岸逃窜。王登瀛逃到烟台，还谎报"威海已陷"，致使山东巡抚李秉衡下令将增援威海的援军退往莱州，前线却还在等待援军救援。不久，日岛炮台 2 门大炮被击毁，火药库中弹爆炸，守军伤亡很大，无法防守，丁汝昌遂下令撤回刘公岛。这一天的战斗暂时击退了日军的进攻，但鱼雷艇队溃逃，日岛炮台被毁，援军无望，使北洋水师更加岌岌可危。

2 月 8 日凌晨后，日军发起新的攻击，猛轰刘公岛，岛上水师学堂、机器厂、煤厂、房舍均被轰毁，"靖远"号也被炸伤，死伤40余人。此时电报已经中断，丁汝昌不知道援军撤退的消息，仍"日盼救兵"①，"两眼急得似铜铃一样"①，最后不得已雇人前往烟台求援。他坚信只要援军到达，依靠刘公岛和舰队力量就可以使战争出现转机。但北洋舰队洋员和一些官员开始策划投降活动。洋员泰莱、克尔克（海军医院院长）和瑞乃尔（德国炮术专家）在总教习英国人马格禄和美国人浩威的支持下，与北洋舰队威海营务处候补道牛昶昞、山东候补道严道洪密谋投降。泰莱和瑞乃尔于2月9日凌晨去见丁汝昌时说"纳降实为适当之步骤"②，被丁汝昌断然拒绝。在这天，日军又一次发动了海陆配合的攻击。日方40余艘大小舰艇排列于东口外，舰炮开始轰击，南北陆岸炮台配合夹击。丁汝昌亲临"靖远"舰，率舰驶近东口进行反击，配合刘公岛炮台作战。在激战中，刘公岛炮台击伤日舰2艘，但中午时分，"靖远"舰被280毫米口径岸炮击中，船头下沉。该舰在驶往南岸鹿角嘴炮台途中沉没，丁汝昌和管带叶祖珪仅以身免。当日战斗激烈，北洋水师官兵伤亡和舰只损毁惨重，但再次抵抗住日军的全面进攻。

2月10日凌晨，4艘日军鱼雷艇乘大雪纷飞，偷进西口施放鱼雷，被守军击退。上午，日军再次猛攻刘公岛和北洋舰只，前后延续了8个小时之久，官兵受伤数十人。日军的连续攻击使北洋舰只损失越来越大，仅存"镇远""济远""平远""广丙"4艘战舰和6艘炮艇，连同"康济"练习舰，共有舰艇11艘，主力已损失殆尽。形势十分危急，而更为严重的是，北洋舰队一些投降派的洋员和将领竟然煽动水兵围困丁汝昌，胁迫其投降。对于这种公然的投降活动，丁汝昌当即慷慨陈词，进行严正申斥。同日，刘步蟾将已沉没的"定远"舰用鱼雷炸毁之后"夜仰药死"，实践了自己生前"苟丧舰，将自裁"②的诺言。丁汝昌则命令"同时沉船"，但被一心投降的洋员和将领拒绝。

2月11日，日军再次发起猛攻，刘公岛炮台损毁严重。当天，丁汝昌接到烟台的密信，这才知道援军早就退往莱州，陆路救援已经无望。丁汝

----

① 中国史学会：《中日战争》第3册，上海：新知识出版社，1956年，第416页。
② 同①，第66-67页。

昌决定突围，但诸将已经无动于衷。他要求将"镇远"舰炸毁，以免落入敌手，也没人服从。舰队已经涣散，转机无望，失望的丁汝昌"只得一身报国"，遂于当晚入舱服毒自尽。总兵张文宣继之也服毒殉难。丁汝昌死后，牛昶晒与洋员推举"镇远"号管带杨用霖主持议和投降，被杨拒绝。杨用霖吟诵文天祥的诗句"人生自古谁无死，留取丹心照汗青"后，拔取手枪自杀殉国。最后由浩威提议"假丁提督之名作降书，并亲自起草"①，然后由一名福建省籍管带将降书译成中文，最后由牛昶晒加盖了海军提督印。2 月 12 日晨 8 时，"广丙"舰管带程璧光乘"镇北"舰前往日军旗舰"松岛"号向伊东祐亨递上降书。2 月 17 日，日本舰队由西口进入威海卫港，接管了北洋海军的剩余舰只和刘公岛的一切设施。至此，威海卫海战结束，李鸿章苦心经营、号称"亚洲第一"的北洋海军全军覆没。

北洋海军覆没，清王朝的腐朽没落固然是其根本原因，其直接原因主要有以下几个方面。第一，国家海防经费的挪用，使海军发展的经费不足。清王朝海军的建设和发展主要以海防经费为主，海防经费每年 400 万两，南、北洋海军基本成军后，海防经费就被大量挪用。如清政府三海（南海、中海、北海）修缮工程共挪用了海军经费 4 365 000 余两②，颐和园工程挪用 860 万两③（这两项工程主要用于慈禧太后颐养之用），其他行政性挪款（如赔款、赈济款、河工款、平籴款）总数达 170 余万两④。海防经费不等于北洋海军经费，但是其主要来源。大量海防经费的挪用，导致北洋海军发展经费不足。北洋海军的主力铁甲舰"定远"号造价 140.9 万两，"镇远"号造价 142.48 万两，仅颐和园挪用的经费就可购此类型的铁甲舰 5 艘，而后来北洋海军连购买速射炮的经费都拿不出。1893 年 3 月，丁汝昌提出在"定远""镇远""济远"等主力舰上添置克虏伯快炮 18 门及新式后膛炮 3 门，共需银约 61 万两。李鸿章以"目下海军衙门、户部同一支绌，若添此购炮巨款，诚恐筹拨为难"为由，仅奏请购买"定远""镇远"两舰的快炮 12 门，其

----

①　中国史学会：《中日战争》第 6 册，上海：新知识出版社，1956 年，第 67 页。
②　叶志如，唐益年：《光绪朝三海工程与北洋海军》，载《历史档案》，1986 年第 1 期。
③　参见戚其章：《颐和园工程与北洋海军》，载《社会科学战线》，1989 年第 4 期。
④　参见姜鸣：《北洋海军经费初探》，载《浙江学刊》，1986 年第 5 期。

他的"候有赢余陆续购置"。而实际上，直至甲午战争爆发，仍然没有购买添置一门快炮。甲午战争前夕，李鸿章第二次校阅海军完毕后奏称："西洋各国以舟师纵横海上，船式日新月异……即日本蕞尔小邦，犹能节省经费，岁添巨舰。中国自十四年北洋海军开办以后，迄今未添一船，仅能就现有大小 20 余艘，勤加训练，窃虑后难为继。"[1]北洋海军建军后没有增购一艘战舰，而日本为侵略中国锐意扩建海军，睦仁天皇甚至节约宫廷开支资助海军经费。日本海军以打败北洋海军为目标，专门设计建造了针对"定远""镇远"2 艘铁甲舰的"桥立""松岛""严岛"3 艘 4000 吨级战舰，每年还添置战舰，航速快，速射炮多。日本极力发展海军与清王朝挪用海防经费、大修殿宇形成了鲜明对比。因此，海防经费的挪用导致海军经费不足，制约海军发展，是北洋海军覆没的一个重要原因。

第二，李鸿章、丁汝昌等北洋海军的主要领导人不具备领导海军的足够素养。李鸿章创建淮军，在绞杀太平军、捻军等方面立下汗马功劳，海军也是在李鸿章的支持与努力下创建起来的，但是李鸿章却不是一个出色的海军领导者。1874 年海防大筹议中，李鸿章说："敌从海道内犯，自须觅练水师。惟各国皆系岛夷，以水为家，船炮精练已久，非中国水师所能骤及。中土陆多于水，仍以陆军为立国根基。若陆军训练得力，敌兵登岸后，尚可度鏖；战炮台布置得法，敌船进口时，尚可拒守。"[2]1879 年，李鸿章在《筹议购船选将折》中又说："况南北洋滨海数千里，口岸丛杂，势不能处处设防，非购置铁甲等船，练成数军决胜海上，不足臻以战为守之妙……中国即不为穷兵海外之计，但期战守可恃，藩篱可固，亦必有铁甲船数只游弋大洋，始足以遮护南北各口而建威销萌，为国家立不拔之基。"[3]李鸿章的建军思想仍是以陆军与陆战为主，海军主要用于海口与近海防御，并配合海岸炮台进行攻击，而非御敌于大洋。在战争中，李鸿章又实行"保船制敌"的指导思想，没有"海上决战"的魄力与准备。李鸿章

----

① 李鸿章：《李文忠公全书》卷78《奏稿》，第 17 页。
② 同①，第 829 页。
③ 同①，第 1123 页。

这种消极的海军海防思想，对近代海战中制海权的把握不够，缺乏海军战略眼光。

在清末海军筹建中，丁日昌是一个重要人物，但他因病难以履职，在1882 年就病逝了。后来出任海军提督的是他的老部下丁汝昌，丁汝昌以一位"马背将军"充任海军提督，许多海军将领对此颇有微词，但其勤恳仍被各方所接受。丁汝昌"后来在海军中飞黄腾达，最终却葬送了北洋海军"①。他在黄海海战中部置的"人"字雁行阵，不利于火炮威力的发挥，舰队的机动性也降低；日军进攻辽东时，他疏于救援和防守，可谓自毁长城；威海卫保卫战中，他错失阻击日军登陆的战机，违背上司命令，株守港口，坐以待毙。

从丰岛海战至黄海海战，海上战场的战局和北洋海军的失利受挫，主要原因是李鸿章和中国军政当局在战争战略的通盘筹措不甚得力，缺乏积极争夺制海权的"海上决战"的战略思想，其次则是丁汝昌在战场指挥即海战战术运用方面的严重失误，后者不乏海上战场瞬息万变和临敌处置时的偶然因素及其作用，战场临阵指挥上的严重失误，其责任应由丁汝昌来承担。②

第三，清政府内部派系倾轧也是制约海军发展与战争行动的一个原因。当时清政府内部分为"帝党"和"后党"两派，帝党以翁同龢为主，后党以李鸿章为主。翁同龢是光绪帝的老师，深得信赖，在甲午战争期间任军机大臣，极力主战，而有慈禧太后支持的李鸿章则避战保和，为此两派势力斗争十分激烈。除政见之争外，翁同龢因曾国藩及李鸿章曾经检举其兄，而终身与李鸿章有私怨。其任户部尚书期间，有意无意地阻碍北洋水师的建设。1891 年 6 月，户部因颐和园工程所需款项，奏请"南、北洋购买外洋枪炮、船只、机器，暂行停购两年"。李鸿章复奏称："忽有汰除之令，惧非圣朝慎重海防、作兴士气之至意也。"③虽然后来李鸿章勉强同

---

① 姜鸣：《龙旗飘扬的舰队——中国近代海军兴衰史》，北京：生活·读书·新知三联书店，2002 年，第 97 页。
② 杨志本，许华：《北洋海军覆灭原因再探讨》，载《历史研究》，1992 年第 4 期，第162 页。
③ 李鸿章：《李文忠公全书》卷 72《奏稿》，第 35 页。

意，但对此奏请很不满，他在致函云贵总督王文韶时说："已见部中裁勇及停购船械之议，适与诏书整顿海军之意相违。宋人有言：'枢密方议增兵，三司已云节饷。'军国大事，岂真如此各行其是而不相谋！"[①]虽没有明言翁同龢的阻难，但其愤慨之情溢于言表。李、翁二人的恩怨与甲午战争北洋舰队的失利脱离不了干系，当时英国人建议中国"必添购快船两艘，方能备日制胜"，未料翁同龢不断拖延，两艘军舰被日本购去。新舰速度快、火炮多，其中一艘即"吉野"号，成为甲午战争中击沉中国舰船最多的日舰。而积极筹建海军的诸多大员之间也有许多矛盾，互相掣肘。"李鸿章、沈葆桢、丁日昌是当时洋务阵营中的佼佼者，在许多大的问题上，他们引为同志，互相声援支持，但在实际操作层面，却因各自所处的位置，常有矛盾，也是明争暗斗不断。"[②]凡此种种，都制约着海军的良性发展。

三、势力范围与中国海洋空间的分割

甲午战争结束后，日本强迫清政府签订了《马关条约》，除赔款和开放口岸外，还割占辽东半岛、台湾及其所有附属岛屿。辽东半岛后来在俄、德、法三国干涉下以 3000 万两白银赎回。"台湾一郡，不但为海邦之藩篱，且为边民之厩仓，经理奠安，使民番长有乐利，九州郡咸蒙其福矣！"[③]台湾是东北亚与东南亚海上联系的交通咽喉，地理位置优越，物产丰富，是清代海疆的重要战略据点。近代以来，列强不断发起对台湾的侵略，妄图侵占台湾这一"宝地"。清政府对台湾地位的认识也不断加深，中法战争后，清政府认识到"台湾为南洋门户，关系紧要"，因此设立台湾省，将台湾作为海防的重要一环。而日本割据台湾，无异于使南洋门户洞开，使中国失去海疆防御与海洋发展的一个重要基点，也开启了列强在沿海强租港口，划分势力范围，分割中国的海洋空间的序幕。

----

① 李鸿章：《李文忠公尺牍》第 23 册《复云贵制台王夔石》。
② 姜鸣：《龙旗飘扬的舰队——中国近代海军兴衰史》，北京：生活·读书·新知三联书店，2002 年，第 96 页。
③ 蓝鼎元：《鹿洲初集》卷十二《福建全省总图说》。

　　《马关条约》签订后，发生了所谓的"三国干涉还辽事件"。俄国在清末一直紧盯中国东北，日本割占辽东半岛无疑直接损害了俄国的利益。法国是俄国的盟国，而德国一直渴望在远东地区开拓殖民地。因此，俄国在《马关条约》签订的当天即正式向法国和德国两国政府建议采取一致行动，劝告日本退还辽东半岛。日本在战后无力应对三国的挑战，在向清政府索取3000万两白银"赎辽费"之后退还了辽东半岛。三国干涉还辽，不但没有使辽东半岛真正退还中国，反而加剧了列强划分势力范围的形势。俄国不久借《中俄密约》的规定，使整个东北成为其势力范围。1896年12月，俄国强占了旅顺口和大连湾，作为其海军和东扩的重要据点。德国在1897年11月借口德籍传教士在山东巨野被杀，派兵强占胶州湾，夺取青岛炮台。次年3月，德国强迫清王朝签订《胶澳租借条约》，规定将胶州湾租给德国，租期为99年，在租期内胶州湾完全由德国管辖。俄国不久也强迫清政府签订《旅大租地条约》，在5月签订《续订旅大租地条约》，规定将旅顺口、大连湾及其附近海面租与俄国，租期为25年，期间区域事务均由俄国管辖。法国紧随俄国、德国之后，在1897年强迫清政府不得把海南岛割让给其他国家，1898年4月强制要求清政府租让广州湾，并在次年11月正式签订《广州湾租借条约》，强租广州湾及其附近水面。法国租借广州湾之后，英国立即采取行动，要求清政府租让九龙半岛作为"补偿"，在1898年6月签订《展拓香港界址专条》，规定将深圳河以南、九龙半岛界限街以北及附近岛屿租让给英国。同时，为防范俄国势力南下，英国又强租了威海卫，取得威海卫海湾及刘公岛附近海域的控制权。而日本虽然借《马关条约》攫取了大量侵略权益，但见欧洲列强划分势力范围之时，也向清政府提出不得将福建租让给其他国家，从而使福建成为其势力范围。

　　甲午战争之前，虽然中国海洋空间不断受到欧美列强的侵略掠夺，但在形式上还是基本连贯统一的，除个别割让地区外，仍受到清政府管辖。但是甲午战败后，列强开始了瓜分中国的狂潮，中国沿海被俄国、德国、法国、英国、日本等数个国家划分，具有重要军事意义的旅顺湾、大连湾、胶州湾、广州湾等被强租，中国海洋空间被分割成为列强的势力范围和管辖区域，中国可谓彻底失去对海洋空间的控制。海军是拓展、巩固和守卫海洋空间的重要力量，清末统治者创建和发展海军也是基于这种意图。然而，清王朝辛苦建立起来的号称"亚洲第一"的海军舰队，被新兴的日本海军击败，依峙海军拱卫海洋空间、巩固政权的美梦沉坠黄海。清王朝的最后十余年，虽然"时局日艰，海权日重"，但在内忧外患的严峻情形下，始终无法恢复海军的实力，海洋空间门户始终敞开在帝国主义列强面前。

第七章

乱世英华：民国时期的海洋空间与海洋事业

1911年辛亥革命爆发，推翻了清王朝的统治，建立了民国政府。但革命的成果被袁世凯窃夺，形成了北洋系政府。北洋政府时期局势动荡，国内混战不已，直到南京国民政府建立后，才在形式上统一了中国。国民政府虽然国势不强，但进行了持久的废除不平等条约的斗争，收回了一些主权，有利于海洋空间的发展。国民政府也推出了许多促进海洋发展的政策与法规，在国内外局势下虽然难以有效实施，但对中国海洋空间发展仍发挥了一定的作用，各项海洋事业均有所进步与提高。

民国时期海洋空间的发展状况

民国的建立并没有将中国从列强的侵略之中解救出来，列强顽固维护侵略权益，百般阻挠中国的建设与发展。但作为新兴政府，为维护自身利益也必须争取国家权益，其突出表现就是持续废除不平等条约的斗争。民国时期的海洋空间相对于清朝时期有所恢复，通过当局和中国人民的努力，基本奠定了现代海洋主权空间的基础。

一、孙中山的海洋思想

孙中山先生的海洋思想，虽然受制于时代与当时环境，但仍熠熠生辉，因此是谈及民国海洋空间所不能回避的。孙中山是中国近代民主主义革命的开拓者，中国民主革命的伟大先行者，首举彻底反封建的旗帜，"起共和而终二千年帝制"。帝国主义列强侵略的严酷现实，使孙中山一生都在谋求中国的发展。近代列强从海而来，在侵略中国时一再割占沿海岛屿、租借港口，使中国处于"有海无权"的被动状态。孙中山在海外漂泊数十年，往来世界各大洋之间，深切感受到海洋对于强国之重要性。结合历史与现实，他形成了许多重要的海洋思想。

孙中山年少时即"负笈外洋"，在旅途中"始见轮舟之奇，沧海之阔，自是有慕西学之心，穷天地之想"。在之后的政治生涯中，他的足迹遍布日本、美国和英国等国家，通过对列强的考察，他深刻体会到："自世界大势变迁，国力之盛衰强弱，常在海而不在陆，其海上权力优胜者，其国力常占优胜。"①英国在新航路开辟后，逐步走上海洋侵略扩张的道路，依靠海军打败了昔日的海洋强国西班牙、葡萄牙和荷兰，掌握了海权，成为世界海洋霸主，建立了跨越地球东、西方的庞大的"日不落帝国"。中国虽然自古以来就是一个海陆兼具的国家，但是明清以来的海禁政策严重束缚了中国向海洋发展，使中国逐渐落后于世界潮流。近代西方殖民侵略时，清王朝水陆大军一触即溃，使中国沦为列强的掠夺目标。因此，孙中山十分重视海权和海军建设问题。他在论述太平洋问题时说："何谓太平洋问题？即世界之海权问题也。海权之竞争，由地中海而移于大西洋，今后则由大西洋而移于太平洋矣。昔时之地中海问题、大西洋问题，我可付诸不知不问也；唯今后之太平洋问题，则实关乎我中华民族之生存，中华国家之命运者也。盖太平洋之重心，即中国也；争太平洋之海权，即争中国之门户权耳。谁握此门户，则有此堂奥，有此宝藏也。人方以我为争，我岂能付之不知不问乎？"②孙中山从世界海权发展趋势着眼，认为，太平洋将成为世界海权争夺的中心，中国作为一个太平洋国家，是太平洋的"中心"，争夺太平洋海权就是争夺中国海洋发展的"门户权"；若失去太平洋海权，就失去海洋这一宝藏，失去向海洋发展的门户。

　　孙中山的海权观是极具战略眼光的，他将海权与中国发展联系起来，超越了当时大部分人的认知观念。而要争夺海权，就必须要有海军作为依托力量。列强的发展与侵略扩张，使孙中山感到海军是夺取制海权、国家富强与海洋发展的基础，他指出："海军实为富强之基，彼英美人常谓，制海者，可制世界贸易；制世界贸易者，可以制世界富源；制世界富源者，可制世界。"③由此，他认为"海军建设应列为国防之首要"，主张"兴船政以扩海军，使民国海军与列强齐驱并驾，在世界称为一等强国"。为实现海军强国的目标，争夺海权与中国发展门户，孙中山在 1912 年中华民国南京临时政府成立时，就设立了海军部。他亲自公布海军军旗，任命黄钟瑛为海

----

① 孙中山：《孙中山全集》第 2 卷，北京：中华书局，1985 年，第 564 页。
② 孙中山：《孙中山全集》第 5 卷，北京：中华书局，1985 年，第 119 页。
③ 刘中民：《中国近代海防思想史论》，青岛：中国海洋大学出版社，2006 年，第 150 页。

军总长兼海军总司令。为发挥海军的作用和优势，孙中山坚持将国都定在南京，他说："极力主张迁都南京，不赞成北平，其中理由：全国形势，南京握全中国之中，长江流域界于十八省之间，南京为长江之要地，交通便利……南京据长江之险，江阴、镇江等处炮台极有力量，为南京最要门户，收海军上之利益极为完全……且南京为海军之根本，若创设制造厂，材料益称便宜。"①孙中山看到海军对于国家发展之重要，因此高度重视和关心海军的发展，他极力主张建都南京就在于南京对于海军建设和发展有很大便利。

发展海军必须有深厚的经济基础，"吾国今日之困难，莫不知为实业不振，商战失败"，"爱国之士悚然忧之，莫不以发展实业为挽救之方矣"。为此，孙中山在辞去临时大总统职务之后，即投入到发展实业之中。他深刻认识到经济实力是海军和海洋发展的坚强后盾，北洋海军在甲午海战中覆没于日本，"则可知国家只有强兵利舰，亦不足恃"，"徒为坚船利炮之事务，是舍本而图末也"。1921 年 4 月，孙中山发表了《实业计划》，主张通过以港口和铁路建设为主、将内陆与海洋相结合的实业发展计划。《实业计划》主张在北方、东方、南方分别建设直隶、上海、广州三个大港口，修筑西北、西南铁路系统，加上长江等水系，形成以港口、铁路、水道为主干的全国交通系统，发展航运事业，使全国各地都能与海洋联系起来。在三大港口之外，他还提出了建设沿海商埠、渔港的计划，主张在中国沿海建设 4 个二等港、9 个三等港和 15 个渔港。同时，还须建立渔船队和商船队，以港口利用发展海洋实业。船队船只则由自主生产，他认为"必须自设其船厂，自建其浅水船、渔船"，既便于利用本国材料和人工，也有利于自主管理和建造自己需要的船只。《实业计划》反映出孙中山强调以沿海港口为中心，以航运业和造船业为依托，通过内陆交通网把沿海和内地、工业区与农业区、重要原料产地和工业城市、边疆和国家经济中心联结起来，带动整个国家近代化建设的宏伟构想。②

----

① 陈旭麓、郝盛潮：《孙中山集外集》，上海：上海人民出版社，1990 年，第 70－71 页。
② 杨文鹤，陈伯镛：《海洋与近代中国》，北京：海洋出版社，2014 年，第 376－377 页。

　　海洋的辽阔注定其是开放的。清代实行严格的海禁和一口通商政策，人为地限制了中国海洋的发展，导致中国逐渐落后于世界潮流。"世界潮流，浩浩荡荡，顺之者昌，逆之者亡"，海禁与世界潮流是相违背的，世界资本主义强国都在发展海洋事业。因此，孙中山指出："现世界各国通商，吾人正宜迎此潮流，行门户开放政策，以振兴工商业。"他认为："今欲急求发达，则不得不持开放主义。利用外资，利用外人，皆急求发达我国之故，不得不然者。"①故步自封、闭门造车显然不是现代潮流下发展国家的道路，因此需开放国门，面向海洋、面向世界，充分利用外国的资本和人才技术促进本国的发展。"以中国之人民材力，而能步武泰西，参行新法，其时不过二十年，必能驾欧洲而上之。"孙中山的开放思想很有见地，与现代的开放思想基本是一致的。

二、废约与海洋权益的部分回归

　　甲午战争后，列强掀起了瓜分中国的狂潮，其中对中国海洋空间危害最巨的当是沿海港口地区的分割。德国在 1897 年以传教士在山东巨野被杀为借口，占领胶州湾，次年强迫清政府签订了《胶州湾租借条约》，租借期为 99 年，并取得山东胶济铁路沿线 15 千米内的煤矿开采权等特权，山东遂成为德国的势力范围。俄国是德国侵略中国的帮凶，在德国强占胶州湾时，俄国与中国签订《旅大租地条约》，强租了旅顺和大连。俄国将旅顺、大连建为"关东省"，有永久占领的意图。因此，德国皇帝威廉二世向沙皇尼古拉二世祝贺时，称他已经成为北京的主人了。英国在此时要求清政府不得割让长江流域给其他国家，海关总税务司永远由英国人担任，并在《马关条约》之后强租了北洋海军的重要港口威海卫以及靠近香港岛的九龙半岛。法国则逐渐占据了广州湾地区，日本也使福建成其势力范围。

　　列强的瓜分加重了中国的海洋空间危机，而随后的八国联军侵华战争更使中国陷入列强的蹂躏之下。战争迫使清政府与列强签订了《辛丑条约》，列强可以在天津、塘沽、滦州、昌平、秦皇岛和山海关等军事要地驻兵防

---

① 　孙中山：《孙中山全集》第 2 卷，北京：中华书局，1985 年，第 481 页。

守，中国不得购置国防器材两年，并且拆除北京至大沽口的所有炮台。京师重地就这样赤裸裸地暴露在列强面前。《辛丑条约》签订后，列强在中国的势力进一步扩展。俄国与日本为争夺东北三省悍然发动战争，最后俄国战败，将旅顺、大连等的租借权及一切特权转让给日本。日本为取得更多的侵略权益，迫使清政府签订《中日东三省善后事宜条约》，事实上将东北三省变成其独享的殖民地。

不平等条约是列强强加给中国的沉重包袱，侵蚀中国主权和人民利益，更使中国海洋空间陷入严峻危机之中，因此废除不平等条约是近代以来中国人民的共同呼声。早期的维新派人士就认识到不平等条约的危害，列强依侍不平等条约"其公使傲睨于京师，以凌我政府；其领事强梁于口岸，以抗我官长；其大小商贾盘踞于租界，以剥我工商；其诸色教士散布于腹地，以惑我子民"①，纷纷要求修订或废除不平等条约。维新运动时期虽然也有修改不平等条约的要求，但运动本身仅百余天就失败了。辛亥革命后，迫于现实不得不承认清政府与各国缔结的条约继续有效，至条约期满为止。袁世凯上台后为取得列强的承认，非但没有采取措施废除不平等条约，还与日本签订了《满蒙五路秘密换文》及以"二十一条"为基础的"民四条约"等丧权辱国的条约。此后至第一次世界大战时期，中国才赢来废除不平等条约的一丝转机。1917 年 3 月，民国总统黎元洪宣布断绝与德国的外交关系，取消其租界和特权。8 月，中国对德国、奥地利宣战，并宣布在此之前中国与德、奥两国订立的所有条约及其他条约中涉及德、奥的条款一律废止。战后，通过中国与德国、奥地利分别签订的《中德协约》和《中奥通商条约》确认了上述举措。但是，德国在山东的租借地被日本占领后拒绝归还。第一次世界大战结束后，在巴黎召开和会，中国希望通过和会取消列强在中国的特权，提出废弃势力范围、撤退外国军队巡警、撤销领事裁判权、归还租借地和租界、关税自由权等正当权益。但是，掌握和会的英、法等国以会议权限为由拒绝中国的要求，中国希望通过和会取消列强特权的希望

----

① 马建忠：《适可斋记言》，转引自成晓军，林建曾：《论早期改良派对不平等条约的认识和态度》，载《贵州文史丛刊》，1984 年第 3 期，第 29 页。

落空，此成为"五四运动"爆发的导火索。巴黎和会结束之后，有关中国的问题仍没有解决。1921 年，在美国的建议下，美国、英国、法国、意大利、日本、比利时、荷兰、葡萄牙和中国等国在华盛顿召开会议，会议签订了《九国关于中国事件应适用各原则及政策之条约》（简称《九国条约》），宣称"尊重中国的主权与独立及领土与行政的完整"，但中国代表在会上提出的关于取消领事裁判权、撤离外国军警、关税自主、取消租借地和势力范围等合理要求均遭列强拒绝，因此其实质是继续实行列强"门户开放、机会均等"原则，打破日本独占中国的优势地位，使中国再次成为列强共同宰割的对象。关于中国收回山东主权和废除"二十一条"的强烈主张，在美、英等国的斡旋下，中日两国签订了《解决山东悬案的条约》及其附约，规定恢复中国对山东的主权，日本将胶州湾德国旧租借地交还中国，中国将其全部开为商埠，并尊重日本在该区域内的既得利益；日军撤出山东，青岛海关归还中国，胶济铁路及其支线由中国向日本赎回，前属德国人的煤矿由中日合办。中国虽收回山东，但这里变为了各国共同的势力范围，日本仍保留有很大的势力。会议还通过了《关于中国关税税则之条约》和《关于中国领事裁判权议决案》，允许中国提高关税，在考察中国国情后修订领事裁判权的相关规定。关于租界问题，英国、法国均允诺交还威海卫和广州湾，但都只是空头支票。1919 年，苏俄政府成立后，先后三次发表宣言，宣布放弃在中国的一切特权，归还沙俄占领中国的一切领土。在 1924 年 5 月，中苏达成《中俄解决悬案大纲协定及声明书》，宣布中国与沙俄所定一切条约、协定等概行废止，重定公平、平等的新约。但之后随着苏俄政局的转变，苏俄政府并没有切实执行这一条约。

　　1921 年中国共产党成立后也致力于废除不平等条约，1922 年 6 月在公开发表的《中共对于时局的主张》中就提出"取消列强在华各种治外特权"等废约的主张；1923 年召开的中国共产党第三次全国代表大会明确规定党在目前的第一项任务就是"取消帝国主义列强与中国所订的一切不平等条约"。在中国共产党的帮助下，孙中山也坚决提出废除不平等条约的主张。1924 年 1 月，在国民党第一次全国代表大会"宣言"中明确提出一切不平等条约

"皆当取消，重订双方平等、互尊主权之条约"。但次年孙中山在北京病逝，他在《国事遗嘱》中仍强调："最近主张开国民会议及废除不平等条约，尤须于最短时间，促其实现。是所至嘱。"①孙中山的遗愿也是全国人民的夙愿，在国民革命运动高涨的形势下，中国在 1927 年收回了汉口和九江英租界。在中国人民抗争高涨时，国共合作失败，蒋介石在南京建立国民政府，使废约运动遭受极大挫折。秋收起义后，中国共产党在农村建立革命根据地，1931 年成立了中华苏维埃共和国，在《中华苏维埃共和国宪法大纲》中明确规定："中国苏维埃政权以彻底地将中国从帝国主义压榨之下解放出来的目的，宣布中国民族的完全自主与独立，不承认帝国主义在华的政治上、经济上的一切特权，宣布一切与反革命政府订立的不平等条约无效，否认反革命政府的一切外债。"中国共产党一如既往地坚决反对帝国主义与中国签订的不平等条约。蒋介石领导下的南京国民政府虽然进一步走向反动，但为自身利益，仍有改定或废除不平等条约的要求。1927 年 5 月，国民政府外交部长伍朝枢发表了《国民政府将采取正当手续废除一切不平等条约之宣言》；1928 年 6 月，南京国民政府发表《对外宣言》称："今当统一告成之际，应进一步而遵正当手续，实行重订新约，以副完成平等及相互尊重主权之宗旨。"南京政府废约是从协定关税着手，1927 年 7 月，南京政府宣告关税自主，自 9 月起进口货物按照国定税率征税。虽然这一政策遭到列强的强烈抵制，一些措施无法顺利进行，但南京政府强调关税自主是独立国家主权，仍坚持关税自主这一政策方针。

1928 年 6 月，南京政府形式上统一中国之后，修约开始全面展开。1928 年，国民党政府先后同美国、挪威、比利时、西班牙和丹麦等 12 国签订了关税条约或通商条约，各国均声明取消在华的关税特权，承认中国有关税自主权。但日本仍顽固坚持其侵略利益，拒不改定条约，这样其他国家按照"一体均沾"的原则仍可继续享受侵略权益。至 1930 年 5 月，中日才签订新的关税协定，日本宣布放弃协定关税，中国终于实现了关税自主。

---

① 孙中山：《孙中山全集》第 11 卷，北京：中华书局，1986 年，第 640 页。

在争取关税自主的同时，南京政府与各国谈判废除领事裁判权以及收回租界和租借地。在华盛顿会议期间，意大利、丹麦、葡萄牙、西班牙等国家承诺在会议之后取消领事裁判权。1929 年 4 月，南京政府向英国、法国、美国等国发布照会，提出废除领事裁判权的要求。但列强无视中国主权，一再阻挠拖延，南京政府在 12 月颁布特令，宣布自 1930 年 1 月 1 日起废除领事裁判权，在中国居住的外国人一律遵守中国的法令法规。关于租界的问题，1929 年 8 月收回天津比利时租界，9 月、10 月收回英国在镇江和厦门的租界。1930 年 4 月，中英签订《交收威海卫专约及协定》，正式收回威海卫租借地。

南京政府虽然做了诸多努力，但列强为维护侵略权益，顽固阻遏中国政策的实行，因此废约仅取得了一些表面的成果，真正取得实际进展是在抗日战争时期。在第二次世界大战中，中国抵挡住日本这一虎狼之师，并出兵东南亚，与美国、英国等盟国并肩作战。1941 年太平洋战争爆发后，反法西斯同盟形成，中国成为领衔签订《联合国家宣言》的四大国之一。中国同时对德国、日本和意大利三个轴心国宣战，并宣布与德、日、意的一切条约废止。中国投入艰苦卓绝的反法西斯战争，是世界反法西斯阵营中的重要国家，在战争中极大地提高了国际地位。罗斯福曾致电蒋介石称："中国军队对贵国遭受野蛮侵略进行的英勇抵抗，已经赢得美国和一切热爱自由民族的最高赞誉。"在有利的国际环境下，中国废约运动取得了实质性进展。1943 年 1 月，中国与美国、英国分别签订了《关于取消美国在华治外法权及处理有关问题之条约》和《关于取消英国在华治外法权及处理有关问题之条约》，宣布废除领事裁判权、通商口岸特别法庭权、驻兵权、港口引水权等侵犯中国主权的特权，废除《辛丑条约》，将上海、厦门的公共租界，天津、广州的英租界及北平使馆区的各种权益归还中国，但中英有关条约对香港问题做了很大保留。1943 年 12 月，中国以世界大国身份参加了开罗会议，与美国、英国签订了著名的《开罗宣言》，宣布"在使日本所窃取于中国之领土，例如东北四省、台湾、澎湖群岛等，归还中华民国"，明确收回日本近代以来所攫取中国的全部领土和特权。

不平等条约的废除虽然并不代表中国成为与美国、英国等平等的世界大国，但这些条约的废除对于中国的发展仍十分重要。以海洋空间而言，废约使中国收回了沿海的租借地，使许多重要港口、岛屿重归中国管辖，是中国海洋发展、海军建设、海洋空间的复兴与展拓的重要基础；实现关税自主以及收回港口管理、引水、测绘等权力，使中国可以自主发展海洋事业。

三、民国海军力量的建设

甲午战争中，北洋海军全军覆没，清王朝海军精锐尽失，虽然之后加以重建，并将北洋、南洋、福建、广东四支水师合编成三个舰队，但其实力仍很低下。民国建立后，在北洋政府时期，海军成为军阀混战、争权夺利的工具，实力也基本没有发展。南京政府时期，海军内部派系倾轧，同时经费严重不足，海军的发展也是举步维艰。

南京临时政府成立时，孙中山就设立了海军部，以黄钟瑛为海军总长。袁世凯上台后，任命刘冠雄为海军总长，黄钟瑛为海军司令。海军部在1913年提出了一个造舰计划，计划到1920年时建设一支包括28艘巡洋舰在内的大小舰艇162艘，总吨位达102万吨的海军部队。但时局动荡，使这一计划无异于纸上谈兵。北洋政府时期的海军舰艇主要是清末购置的，其中有：英制巡洋舰2艘，德制驱逐舰3艘，德制炮舰2艘和日制炮舰2艘。海军被编为三个舰队，第一舰队负责出海巡洋，第二舰队负责江河巡防，第三舰队为练习舰队，训练海军指挥和技术干部，共计有舰艇44艘。袁世凯死后，北洋政府如走马灯般更换，海军谈不上发展，反而成为各自争取和利用的对象。段祺瑞上台后，拒绝恢复《临时约法》和国会，孙中山发起"护法运动"。在他的影响下，程璧光率海军发表讨逆通电，维护共和，随即与第一舰队司令林葆怿率舰队南下广州参加护法。1917年9月，孙中山在广州成立护法军政府，任命程璧光为海军总长，将参加护法的海军编为"护法舰队"，由林葆怿为海军总司令；将原广东海军编为"江防舰队"。但护法军政府内部矛盾重重，程璧光在次年2月被刺杀，林葆怿迫于压力辞去海军总司令一职，由福建人林永谟接任。林永谟纵容闽籍士兵排挤外省士兵，致使海军内部派系斗争复杂，军纪涣散。

1920 年 11 月，在陈炯明的帮助下，孙中山发起"二次护法"。为解决海军闽籍与外省籍人员的矛盾，解决盲目排外和不听指挥的问题，孙中山联合非闽籍的温树德、陈策等发动夺舰行动，夺取了海军舰队的领导权，将闽籍官弁全部遣散。事后，孙中山以温树德为海军司令，海军一致支持护法事业。但从之后的历史来看，本为解决派系斗争的夺舰行动反而加剧了海军内部的派系斗争，加深了海军的分化。1921 年，孙中山就任中华民国非常大总统，决定率军推翻北洋政府统治。1922 年 6 月，陈炯明叛变，孙中山登上"永丰"舰后率海军坚守 50 余天，护法再次失败。"护法舰队"被吴佩孚收买，温树德率舰队北上青岛，改名为"渤海舰队"，但温树德不久也被暗杀。留在广东的海军由陈策任总司令，形成了粤系（黄埔系）海军。

程璧光、林葆怿南下后，北洋政府任命饶怀文为海军总司令，林颂庄为第一舰队司令，杜锡珪为第二舰队司令。徐世昌任总统时，任命萨镇冰为海军总长，但海军在北洋政府犹如装饰物，既不受重视也无经费，甚至连粮饷都供应不足。海军舰队为解决生计问题，只好依附于军阀。第二舰队归附了吴佩孚，第一舰队在上海的军舰也随萨镇冰归附吴佩孚了。闽系（马尾系）海军仍依附北洋政府，因此以正统自居。海军是吴佩孚打败张作霖的重要力量，杜锡珪也因此被吴佩孚提升为海军总司令。张作霖回到东北后，于 1923 年组建东北海防舰队，在哈尔滨设海军司令部和海军学校。1924 年，第二次直奉战争时，张作霖率军入关，接收了渤海舰队，至 1927 年时，东北海军拥有大小船只 20 多艘，官兵 3300 余人，以张学良为海军总司令，编为江防舰队、海防第一舰队和海防第二舰队三个编队，形成了东北系（青岛系）海军。北伐战争时，闽系与蒋介石达成"统一全国海军；确定海军经费和军舰建造费；闽人治闽"的条件，于 1927 年 3 月宣布加入国民革命军，海军总司令杨树庄率海军参加北伐战斗。

1927 年 4 月，南京国民政府成立，1928 年 12 月，张学良通电东北易帜，南京国民政府形式上统一了中国。统一后，蒋介石开始着手整编海军。

闽系海军要求设立海军部，蒋介石在1929年1月召开的国军编遣会议时却决定撤销海军总司令部，只在上海设立海军编遣办事处，以杨树庄为主任，保留第一、第二舰队，将渤海舰队和广东舰队编为第三、第四舰队。蒋介石意图将舰队归军政部统属，以控制海军，但遭到海军主要将领杨树庄、陈绍宽、陈季良等的不满和反对。蒋介石因此在军政部下设海军署，以第二舰队司令陈绍宽为署长。虽然蒋介石等也认识到海军的作用和重要性，但在国内外环境和"攘外必先安内"政策下，海军并没有得到足够的发展，战斗力仍很低下。

1929年，海军组成由陈绍宽任统帅的西征舰队，讨伐桂系军阀。蒋介石亲自坐镇旗舰"楚有"号指挥，海军在这次西征中为打败李宗仁立下很大功劳。西征结束后，海军署扩充为海军部，以杨树庄为部长，陈绍宽为政务次长。海军部将北伐的海军整编为三个舰队，第一舰队以陈季良为司令，与鱼雷游击队一起，负责沿海防务，司令部设在上海；第二舰队司令由陈绍宽兼任，负责拱卫南京，司令部也在南京，训练舰队也包括在第二舰队内；第三舰队由东北海军整编而成，司令为沈鸿烈；第四舰队由广东海军整编而成，舰队司令为陈策。四个舰队名义上由海军部统一领导，但第三舰队仍由东北政府管辖，第四舰队由广东政府管辖，海军部直接管辖的只有第一舰队、第二舰队、训练舰队和鱼雷游击队，以及海道测量局和海岸巡防处。1932年，改由陈绍宽任海军部长，曾以鼎为第二舰队司令。海军共有各类舰艇44艘，大部分排水量较小，许多还是清末向外国订购的，舰龄长，设备陈旧。

从四个舰队来看，基本仍保持北洋时期各大派系的势力：第一、第二舰队属闽系，以天津、烟台、马尾海校出身的学生为主；第三舰队为东北系，以葫芦岛海校出身的学生为主；第四舰队为粤系，以黄埔军校出身的学生为主。三大派系之间形成狭隘的宗派主义，矛盾和斗争不断。蒋介石曾任黄埔军校校长，但海军将领大部分非黄埔出身，因此不利于他的控制。为培养自己的海军亲信，蒋介石于1932年在江阴创办了"电雷学校"，自任校长。学校编制规模大、人员多，除电雷科外，其他与正规海校相同。蒋介石也有意利用派系之间的矛盾，甚至公然制造分裂，助长派系斗争，削弱海军的总体实力，以达到分而治之的目的。

陈绍宽出任海军署长和海军部长期间，数次提出划拨经费整顿和购买、建造新舰艇，都没有受到蒋介石的重视和支持。海军的经费奇缺，据统计，从 1930 年至 1935 年，海军年经费平均只占军费总支出的 3% 左右，占财政总支出 1% 左右。陈绍宽只好自谋出路，1930 年他自任江南造船所所长，利用造船所的能力自造舰艇。江南造船所自 1928 年至 1937 年，先后造出新舰 16 艘，总排水量 8980 吨，如著名的"逸仙"号护卫舰、"平海"号巡洋舰等。1932 年向日本订购了一艘巡洋舰"宁海"号，"平海"号即仿此建造。此外，对"中山""大同""自强"等旧舰以及 8 艘"胜字"号炮舰拣选改造，同时淘汰旧舰 20 艘，但总排水量增加了 6500 多吨。经过陈绍宽的整顿，海军的实力有一定的提升。

四、海洋空间权益的初步维护

近代西方列强从海而来，发动历次战争，中国沿海领土、岛屿、港口被侵占瓜分，列强以此为据点进行侵略和掠夺。海洋危机使中国不敢再漠视海洋的存在，海洋主权意识不断觉醒。辛亥革命后，虽然国内军阀混战不断，但北洋政府和南京政府仍做了许多工作，维护中国的海洋空间权益。

16 世纪"蓝色圈地"运动兴起后，关于领海与公海的争论不断。18 世纪初，荷兰学者宾凯尔斯克发表了"海洋主权论"，把海洋分为"从陆地到权力所及的地方"和"公海"两部分，前者属于沿海国家的主权管辖，后者不属于任何国家。他主张"陆地的控制权，终止于武器力量终止之处"，即领海在海岸炮台的射程范围以内。1782 年，意大利学者加利安尼提出以当时大炮的平均射程 3 海里作为沿海管辖海域，得到各国的普遍赞成。1794 年，美国首先宣布以 3 海里作为领海宽度，之后英国、法国、德国、日本等先后宣布 3 海里领海宽度。确定领海制度，是对国家沿海疆域与海域进行控制和管理，维护海洋空间权益的一项重要政策。一直以来，中国领海、公海与岛屿范围界线就没有划定，以致与列强产生诸多纠纷。1921 年 7 月，北洋政府海军部成立了"海界讨论会",由总统府、国务院、外交部、税务处和海军部代表组成,专门讨论中国领海界线和宽度的划分问题。经过讨论,决定先设立测量局,派遣专门人员测量海岸线经纬度后,再提出划分方案交国务会议审定。1922年2月,海界讨论会"历时凡七阅月,经将公海、私海及群岛领海之界线范围次第议定,呈送笔录,报告藏事闭会,并拟定海道测量局编制请予公布,以便进行划界事务"①。1924年2月,海道测量局拟订出划定海界线巩固主权办法,经北洋政府审定后,以大总统令批准施行。1930年,南京政府第21次国务会议决定,中国领海宽度为3海里,江海关缉私宽度为12海里。同年3月,中国参加国际联盟在海牙召开的国际法编纂会议,中国代表在会议上正式宣布中国的领海宽度从沿海低潮线量起3海里。1931年,南京政府颁布了《领海范围定为三海里令》,规定中国领海为3海里,缉私里程为12海里,领海范围自海岸低潮线起算。领海线的划定,是中国第一次宣示自己的海洋主权,对于维护中国的海洋空间权益具有重大的积极意义。

江海水道测量是海防建设和军事航海不可缺少的一项业务,也是沿海国家的主权。鸦片战争前,英国就派船在中国沿海进行测绘,编制了一整套海图,清军水师使用的本国海区海图均是英国人绘制的。鸦片战争后,中国沿海和江河水道的测量事业都为外国人所把持。1922年,北洋政府海界讨论会就商定设立海道测量局,不久在上海成立,许继祥任局长,并特聘海关海务副巡工司米禄司为副局长,专管测绘技术及教练测绘学员事宜。7月,海军部认为:"引港业务系主权綦巨,历来引港事业因章程束缚致为外人专利,宜速设法收回。"海军部向北洋政府建议培养引港人才,同时照会外交使团,收回测量的主权。北洋政府同意海军部的建议,收回海道测量主权,归海军部管理。10月,海道测量局附设引港传习所,开始招收学生培养技术人员。海道测量的经费,最初由总税务司拨关余银15 000两,渐次增至年拨银50万两,列入国家预算之中。划拨经费后,测量局即向英

---

① 杨志本:《中华民国海军史料(下)》,北京:海洋出版社,1987年,第1038页。

国和瑞士订购测量及绘图仪器。1924 年 10 月，在英国订购了一艘大型测量船"甘露"号，1925 年又将 2 艘 100 吨左右的炮艇改装为测量船使用。1926年 9 月，海军部派陈嘉椽、邵钟参加在摩纳哥举行的万国测量协会会议，这是中国收回海道测量权后第一次参加国际水道测量公会。南京政府成立后，在海军部海政司内设测绘科，负责海洋测绘业务，海道测量局仍隶属海军部管辖。根据国际水道测量公会规定，南京政府批准全国水道图表均由海军部审定。至此，中国关于海道测量、制图之权才收归海道测量局主持。

南海诸岛属于中国领土是不争的事实，近代之后，南海诸岛的优越位置和丰富资源为列强所觊觎。日本侵吞台湾后，意图再侵夺海南岛，并在东沙群岛进行资源掠夺。1909 年 10 月，清政府从日本人手中收回东沙群岛，并派人驻守和开发。但由于岛屿气候炎热，淡水缺乏，驻守人员和渔民先后病死，清政府后来又采取优惠政策募民开发，但都以失败告终。北洋政府时期，再次从日本手里收回东沙群岛，经英国等国要求，委派海军部上海巡抚处着手在东沙岛筹建灯塔和气象、无线电台，并将该区域划为海军管辖区域。日本人没有中断对东沙群岛资源的掠夺，1924 年 10月，海军海岸巡防处巡视东沙时，发现日本人石丸庄助在岛上晒制海螺肉等海产品。海军部随即要求外交部向日本提出抗议，日本驻华使馆后来回复外交部称："令饬其从今后勿得再到东沙岛，此后更当严加取缔。"但日本人掠夺资源的事件非但没有被取缔，反而更加猖狂。1926 年 3 月初，石丸庄助雇佣 60 多名琉球人盗采海人草。1930 年年初，日本船只在东沙岛偷捕鱼类。1932 年 3 月，日本渔船公然包围中国采草船，并拆去船上机件，致使 5 名中国渔民失踪。此外，日本还在西沙群岛掠夺性盗采磷酸矿等资源。1921 年，广东香山县居民何瑞年居然以"西沙公司"的名义与日本人勾结，在西沙岛上开办垦殖渔业，被琼崖县民众告发。1928 年5 月，广东省政府与中山大学、两广地质调查所、海军舰队司令部等组成西沙群岛调查大队，由中山大学教授沈鹏飞率领，乘"海瑞"舰前往西沙群岛调查。这次调查历时 16 天，调查内容包括：西沙群岛位置与地形、地质与土壤、气候与海流、交通与物产以及日本人掠夺的营林岛（即永兴岛）情况等。这次考察共完成调查报告书一册、西沙群岛简图一幅、照片 26 张。广东省民政厅据此提出了移民和开发西沙群岛的建议。西沙群岛是国际航线的必经之处，上海徐家汇天文台极力提议在此修建海洋观象台，1925 年海军部也提出在西沙建台，但因经费问题始终没有着手。

除日本外，法国也加紧侵占西沙群岛。法国当时占领安南（即越南），"九一八"事变后，法国就企图占领这些岛屿。1931 年 12 月 4 日，法国照会中国政府，谎称 1816 年安南嘉隆国王曾在该岛树碑建塔，因此西沙群岛为安南所有。次年 6 月，法国驻安南总督通过所谓法令，把西沙群岛变成承天省的一个行政单位。法国的行径遭到中国外交部的抗议，拒绝法国对西沙群岛的主张。鉴于法国的图谋，1932 年 4 月，海军部再次呈请国民政府建设西沙观象台，海军部认为此举关系国家主权，但财政部仍以经费不足为由搁置。法国却在鼓吹占领西沙建立观象台，海军部再次提出建台事宜，终于在 1936 年由国民政府拨款 20 万元，在西沙永兴岛建起了气象观测站。国民政府虽然迟迟才在西沙建立观象台，但此举对于巩固中国领土主权，维护海洋空间权益仍是非常重要的。

日本和法国还染指中国南沙群岛。南沙群岛在古代志书中被称为"千里石塘"或"万里长沙"，早已有中国居民在岛屿上居住，从事捕捞等活动。第一次世界大战期间，日本为寻找肥料资源开始侵略南沙群岛。1918 年年底，日本恒藤规隆开办的拉萨磷酸矿公司派退役的海军中佐小仓卯之助往南沙探险寻找矿藏。小仓乘坐 50 吨的"报效丸"号到达北子岛，当时正好有三名中国渔民在上面看守渔获物。日本人在渔民的指点下，绘制了南沙群岛的略图，并先后登上了南子岛、太平岛、中业岛、西月岛等岛屿。这些人不顾中国人在岛上居住和活动的事实，在经过的岛屿上竖起占领的标志。1920 年，日本再次对南沙群岛进行探险，先后登上 12 个岛屿，并在岛上竖立方形木柱作为占领标志，并以恒藤规隆的名义将南沙群岛改名为"新南群岛"。

从 1933 年 4 月起，法国人先后登上了南沙群岛海域的太平岛、安波沙洲、北子岛、南子岛、南钥岛、中业岛、鸿麻岛和红草峙 8 个岛屿，连同之前的南威岛共 9 个岛屿。7 月 25 日，法国政府居然宣布占领安南与马尼拉之间的这 9 个岛屿。法国的侵略行径引起中国民众的强烈愤慨，南京政府外交部要求驻法国公使馆、驻马尼拉总领事馆及海军部查明被占领岛屿的位置、经纬度及各岛名称，同时向法国政府提出严正抗议，要求法国撤离侵占的岛屿。虽然早先有日本的侵占，但当时的中国政府却还不知道"新南群岛"就是南沙群岛，也不确切知道南沙群岛的具体位置、岛屿数量和名称，直到法国宣布占领的时候才临阵磨枪去调查，这对维护中国海洋空间权益是十分不利的。

南海诸岛岛屿和岛礁数量较多，而在历史时期的名称也不一致，有渔民的俗称，也有外国擅自命名的，造成岛屿名称的混乱。而清末政府、北洋政府和南京政府也没有绘制南海的具体地图，外国列强绘制的地图为各自的利益疆域而出入很大。这些弊端就造成了即使外国侵占了中国岛屿，中国政府还蒙在其中，不甚了了。法国的侵略行径才使南京政府清醒过来，开始采取措施确定南海诸岛的位置与名称，明确南海疆域的范围。

1933 年 6 月，南京政府设立由内政部、外交部、参谋本部、海军部、教育部及蒙藏委员会等官方机构人员组成的全国水陆地图审查委员会，该委员会分别于 1934 年 12 月 21 日和 1935 年 3 月 22 日召开第 25 次与第 29 次会议，专门审定中国南海各岛屿、沙洲、暗沙、暗礁及暗滩的名称（中英文对照）132 个，分属东沙群岛、西沙群岛、南沙群岛和团沙群岛。1935 年 1 月，水陆地图审查委员会会刊第一期公布了《中国南海各岛屿中英地名对照表》，详细刊登了南海诸岛 132 个岛礁、沙滩的中英文名称。该表分为四个部分：第一部分，东沙岛；第二部分，西沙群岛，共 28 个岛礁；第三部分，南沙群岛，共 7 个岛礁；第四部分，团沙群岛（或名珊瑚群岛），共 96 个岛礁。3 月，水陆地图审查委员会第 29 次会议决定："东沙岛、西沙、南沙及团沙各群岛，除政区、疆域各区必须添绘外，其余折类图中，如各岛

位置轶出图幅范围，可不必添绘。"①4 月，水陆地图审查委员会专门绘制
《中国南海各岛屿图》，并在水陆地图审查委员会会刊第二期发行，图中公
布了 135 个岛屿名称，确定中国南海海域最南端位于北纬 4°的曾母暗沙区
域。这是民国时期以来中国政府第一份公开出版的地图，也是第一份比较
详细地标绘南海诸岛各岛屿、沙洲、滩礁的地图。此幅地图的出版发行，
成为以后地图界出版的重要依据。② 1936 年，白眉初主编的《中华建设新
图》(又名《海疆南展后之中国全图》)中，南海诸岛疆域就标有诸群岛，周
围用国界线标明，以示南海诸岛同属中国版图。这是最早出现南海疆域线
的中国地图，是现在中国地图"U"形断续线的雏形。1939 年由中华舆地学
社印行的《中华民国南海各岛屿图》，根据水陆地图审查委员会发行的地图
改绘，不但详细绘制南海诸岛 132 个岛礁、沙滩的具体名称、位置，还附
有南海诸岛各岛屿中英文对照表。

　　1943 年，中、美、英三国发表《开罗宣言》，明确规定："日本所窃取
于中国之领土，例如东北四省、台湾、澎湖群岛等，归还中华民国。日本
亦将被逐出于其以武力或贪欲所攫取之所有土地。"③抗战胜利后，南京国民
政府收回了台湾、南海诸岛。1945 年 8 月 15 日，日本宣布接受《波茨坦公
告》，无条件投降。9 月 9 日，冈村宁次代表日本政府签署投降书，在中国
战区正式无条件投降。10 月 25 日，中国战区台湾受降仪式在台北举行。台
湾行政长官陈仪作为受降主官，接受了日本台湾总督安藤利吉的投降，至
此，被日本侵占 50 年的台湾省"正式重入中国版图，所有一切土地、人民、
政事皆已置于国民政府主权之下"。

　　台湾光复后，由台湾省气象局派员至西沙群岛巡视，于 1945 年 12 月
20 日抵达西沙群岛的林岛，在岛上竖起中国国旗，并竖立接收木牌。1946
年秋，国民政府行政院电令三沙群岛由广东省管辖，后决定由海军总司令

----

① 韩振华：《中国南海诸岛史料汇编》，北京：东方出版社，1988 年，第 173 - 174 页。
② 参见林金枝：《1912—1949 年中国政府行使和维护南海诸岛主权的斗争》，载《南洋问题研究》，
　 1991 年第 4 期。
③ 熊志勇，苏浩，陈涛：《中国近现代外交史资料选辑》，北京：世界知识出版社，2012 年，第
　 336 页。

部派军舰前往进驻，同时还有国防部、内政部、空军总司令部后勤部派代表前去视察，广东省政府也派员前往接收。海军部决定以海军上校林遵为进驻西沙、南沙群岛舰队总指挥官，兼任前往进驻南沙群岛工作；姚汝钰为副指挥官，兼任进驻西沙群岛工作，分乘"太平""永兴""中建""中业"四舰前往，其中"太平""永兴"两舰赴南沙群岛，"中建""中业"两舰赴西沙群岛。各部代表13人与各舰官兵59名于10月29日从上海起航，11月2日在虎门接载广州行辕代表张嵘胜、广东省代表肖次尹等人。广东省代表包括各机关代表和民政厅、实业厅、中山大学等单位的专业考察人员、测量人员及各类技工与新闻记者等。11月6日，前往海南榆林港招募渔民为向导。因风浪原因，"永兴""中建"两舰直至11月24日才到达西沙群岛的最大岛屿林岛。登陆后，海军官兵对岛屿进行侦察，未发现有人居住，同时抢运物资，构筑营房、工事和炮位，架设电台。11月29日，舰队护送中央各部和广东省代表团进驻林岛举行收复仪式，鸣炮升旗，为收复西沙群岛纪念碑揭幕。碑的正面刻有"南海屏藩"四个大字，背面刻有"海军收复西沙群岛纪念碑，中华民国三十五年十一月二十四日立"的字样。为纪念"永兴"舰到此，将林岛改名为"永兴岛"。12月4日，舰队还巡视了甘泉岛、珊瑚岛等岛屿。12月9日，林遵率"太平""中业"两舰驶往南沙群岛，于12月12日抵达其最大的岛屿长岛。林遵率领海军官兵推倒了日军设立的石碑，将修建材料、仪器设备等搬上岛，竖立中国纪念碑，并将长岛改名为"太平岛"，碑文刻有"中华民国三十五年十二月十二日重立"和"太平舰到此""中业舰到此"字样。广东省政府专员麦蕴瑜主持了南沙群岛接收仪式。为巩固对岛屿的主权，接收仪式后设立了南沙群岛管理处，并留下海军陆战队一个排以及气象员、无线电员、修理人员、医务人员等60人进行驻守。舰队于12月20日返回榆林港。西沙、南沙群岛的接收工作，有力地向世界宣告了中国对南海诸岛无可争议的领土主权，有力地维护了中国的海洋空间权益。

民国时期，不管是北洋政府还是南京政府，都在一定程度上认识到海洋的重要性，国内混战导致政局的动荡以及列强的侵略与掠夺，使中国没有明确的海洋发展政策，也没有能力维护国家的海洋空间权益。但是，必须看到，民国政府有限的海洋政策与海洋权益维护措施，特别是抗战胜利后对台湾、南海岛屿的接收，确立了对历史上海洋岛屿的领土主权，明确了中国海洋主权空间范围，这些功绩是应该被充分肯定的。

民国时期海洋事业的初兴

民国政府适应实际的需要，推出一系列海洋政策，同时也组织开展海洋教育与研究，以期发展海洋事业。因此，虽然民国时期动荡不堪，各项政策也不能顺利实施，但海洋事业相对清代后期有了很大的发展和进步。

一、海洋实业的发展

由于列强的侵略，攫取了中国沿海、沿江的通商与航行权力，在沿海、沿江的商埠、港口纷纷设立轮船修造工厂、轮船运输公司，利用特权牟取暴利。在夹缝中发展起来的中国轮船修造、运输业普遍面临技术落后、资金短缺的问题，列强的排挤和压制更使中国企业生存艰难。民国建立后，虽然仍面临列强侵略的严峻问题，但推翻了清王朝的封建统治，国内的造船业、运输业有了一定的发展。民国时期的造船业基本是延续洋务运动时期创建的造船厂而来，其中以江南制造总局分立的江南造船所为代表。

江南制造总局原本没有造船的计划，局内洋员缺乏造船技术，造船业务一直占次要地位。江南制造总局造船技术落后，造价却高，连李鸿章都抱怨"中国造船之银，倍于外洋购船之价"，因此 1881 年他下令停止造船业务，改为专修南、北洋兵轮船只。1885 年后，左宗棠又着手恢复造船业务。从 1867 年开始造船，至 1905 年的近 40 年中，江南制造总局仅建造了 8 艘轮船，7 只小艇，排水量共计约 1 万吨，此外还修理了 11 艘船只。1905 年 4 月，船坞从江南制造总局中独立出来，称为"江南船坞"，归海军管辖。独立出来的船坞成为一个近代船舶修造工厂，自负盈亏，自揽业务。至辛亥革命前的 6 年间，江南船坞累计造船 136 艘，排水量 21 040 吨；修船 542 艘，提前还清了局坞分立时所借开办费白银 20 万两。其取得的业绩是十分突出的。

1912 年，江南船坞改称为"江南造船所"，归海军部管辖，仍保持商业化经营。该年造船所建成长约百米的长江客货轮"江华"号，该船后来曾被改建，前后营运了 60 多年，充分显示了它卓越的质量与技术性能。1918 年建成长 59 米、载重 330 吨、载客 200 余人的川江客货船"隆茂"号，试航速度达 13.79 节。"隆茂"号性能优越，贴合川江流域的航行条件，因此受到川江航业界的欢迎，在 1919—1922 年的 3 年间就建造了同型船 10 艘。除国内业务外，江南造船所凭借其优良技术，积极承揽国际业务。1918 年夏，美国因第一次世界大战急需一批远洋运输船，与江南造船所签订建造 4 艘远洋运输船的合同。这 4 艘船是全遮蔽甲板型蒸汽机货船，总长 135 米，型宽 16.71 米，型深 11.57 米，指示功率约 2697 千瓦，排水量达 14 750 吨，安装使用的是江南造船所制造的三缸蒸汽机。这 4 艘船在 1921 年先后交付使用。这批货船是中华人民共和国成立前建造的吨位最大的船舶，虽然总工程师是英国人，但这一消息仍令中国人感到欢欣和鼓舞。《东方杂志》曾报道说："江南造船所承造的一万吨汽船除日本不计外，为远东从来所造最大之船……从前中国所需军舰及商船，多在美、英、日三国订造，今则情形一变，向之需求于人者，今能供人之需求，中国产业史上乃开一新纪元。"①其技术和性能也得到美国的肯定，美舰监造员报告称："经美国运输部次第验收，工程既称坚固，配制又极精良，美政府大为满意。"

之后，江南造船所造船业务愈益兴旺，为适应新的需求，不断扩充生产设施，扩大厂区。1925 年建成的 2 号船坞，长 153 米；1932 年又建 3 号船坞，1936 年扩建后，船坞长 197 米，宽 30.48 米，深 8 米，成为当时全国各船厂中最大的干船渠。1927 年，江南造船所改称"海军江南造船所"，是民国时期海军船舶建造的重要基地。江南造船所于 1931 年建成"逸仙"号轻型巡洋舰，全长 90 米，宽 11.3 米，舱深 5.8 米，吃水 4.1 米，排水量 1560 吨，航速 19 节；装备有 150 毫米口径前主炮一门和 140 毫米口径后主

---

① 参见《东方杂志》，第 16 卷第 2 期。

炮一门,以及 75 毫米口径高平两用炮 4 门。1936 年建成"平海"号巡洋舰,该舰总长 109.8 米,宽 11.9 米,深 6.7 米,吃水 4 米,排水量 2400 吨,航速 25 节;舰上装有 140 毫米口径双联装舰炮 3 座,80 毫米口径高射炮 3 门,60 毫米口径炮 4 门,533 毫米口径双联装鱼雷发射管 2 座。

据统计,自 1905 年至 1937 年,江南造船所共建造各种舰船 716 艘,总排水量 21.9 万吨,其中外国舰船 376 艘,计 14.28 万吨,占总排水量的 65.2%。在这 22 年中,江南造船所建设规模逐渐扩大,修造舰船不仅数量大,技术水平也较高,从而成为中国近代船舶工业的主要基地。[①] 但 1937 年日军侵占上海之后,江南造船所被日方交由三菱公司管理,后来还改称"三菱重工江南造船所"。

左宗棠创办的福州船政局是专门建造船舶的机构,在清末建造了大批船舶,为中国造船业的发展做出了很大贡献。因经费不足,福州船政局 1907 年被陆军部奏请停办,1912 年划归福建省管辖。1913 年 10 月,海军总长刘冠雄视察后,又将船政局收归海军部。船政局虽然恢复了造船业务,但建造的都是小排量的船只,如炮舰"海鸿"号、"海鹄"号的排水量只有 190 吨,发动机功率约 220 千瓦。1918 年,经北京政府批准,船政局内设飞机制造工程处,并于 1919 年 8 月制成中国第一架水上飞机,此后至 1931 年共制造了 16 架该类型的飞机。1931 年,工程处迁往江南造船所。1926 年,福州船政局改为海军马尾造船所,但它始终没有像江南造船所那样发展起来,主要原因是其没有向企业化方向发展,造成资金不足,技术滞后。

民国时期民营造船厂也有一定的发展。第一次世界大战期间,在民族轮船航运业需船迫切的情况下,沿海各港出现或扩建了一批中小型船厂。除求新船厂(后被法资企业吞并)能造 2000~5000 吨级的轮船,公茂、合兴、汇昌等厂能造上千吨的轮船外,其余各厂则仅能制造数百吨、数十吨的中小轮船。这些船厂一般规模较小,设备简陋,资力薄弱,技术较落后,生产能力较差。如 1937 年上海有民营船厂 39 家,其中没有动力设备和职工

---

① 席龙飞:《中国造船史》,武汉:湖北教育出版社,2000 年,第 318 页。

在 30 人以下的小厂即占 26 家；仅有 1 家有 1 座 79 米长的小船坞。民营船厂除受列强在华企业的排挤外，因得不到官方的资助和保护，也受本国官僚资本的竞争，发展缓慢。

轮船运输业也是以洋务运动时期的轮船招商局（简称"招商局"）为代表。轮船招商局最初为官督商办企业，通过官方的支持和保护获得垄断专营地位，发展迅速。辛亥革命后，招商局进入商办时期，先是由袁世凯、后由盛宣怀控制。1916 年，盛宣怀死后，盛氏家族与以李国杰为代表的李鸿章家族为争夺招商局，矛盾激化。而北洋政府也插手其间，致使招商局经营恶化，濒临破产。1926 年 7 月，招商局在南京的 9 艘江轮被军阀孙传芳扣押，长江航运业务被迫中断。不久，在汕头的三艘轮船也被扣留，全局轮船停运。南京国民政府成立后，成立了"清查整理招商局委员会"，由赵铁桥任总办，对招商局进行整顿。赵铁桥处治贪污腐败，培养本国航运人才，削弱外国人的势力，触动了新旧官僚的利益，致使他在 1930 年 7 月被刺杀身亡。1932 年，交通部次长陈孚木与招商局董事长李国杰贪污案被揭露，李国杰被捕下狱，李氏家族在招商局的统治才宣告结束。1932 年 10 月，国民政府行政院明令将招商局收归国营，于 11 月正式颁布招商局收归"国营"令，规定"招商局为国营企业，所有股票，照最近三年平均市价，每套计三十两零六钱六分，规定每套为五十两，由国家现款收回"，并将"监督处改组为理事会，设总经理"。至 1934 年，招商局股票逐步收回，共用银约 213 万两，但当时招商局的账面资本就达 840 万两，因此国民政府以较小代价收回了这一中国近代最大的船运企业。

轮船招商局在辛亥革命后，设备不完善，经营管理落后，营业收入减少，自 1913 年至 1917 年期间未曾添置一艘新轮。第一次世界大战期间，由于列强竞争的减少，招商局连续四年营业兴旺，每年盈利都在 100 万两以上，即使在 1919 年盈利亦有 51 万两。但战争结束后，欧美等国在华势力恢复，招商局在大战期间虽有盈利但没有扩大规模，因此无力竞争，从 1921 年起就连年亏欠，自 1922 年至 1926 年期间已无力增加新轮。国民党设立清查委员会后，招商局的航运业务开始恢复并有一定发展。在 1928

年，每周从上海开出的长江航线有 20 班船，南洋航线有 26 班船，北洋航线有 17 班船。国内军阀混战及土地革命战争期间，船舶被征用，使招商局损失惨重。1932 年收归"国营"后，由刘鸿生出任总经理。在他的主持下，招商局精简机构，裁减冗员，延揽人才；采用新式管理制度，废除买办制，建立船长负责制，严格执行财会制度等。在发展航运方面，淘汰旧轮，添置新轮，开辟新航线，组织联运，使招商局长期存在的运力衰减、航线萎缩、营业不振的局面开始改观。从 1933 年至抗战前夕，招商局航运业务有了较快发展。江海大轮经过重新配置，增为 28 艘，总吨位从 56 700 吨增至 71 177 吨，增加了 25.5%；运费收入自 1934 年至 1936 年，平均每年收入计 7 354 189 元。

民营船运业在辛亥革命后也有发展，特别是第一次世界大战期间，运量和船舶吨位都有明显增加。据统计，至第一次世界大战结束后的 1921 年，中国适合于江海及远洋航运的轮船已有 219 艘，总吨位共有 36 万余吨，约相当 1911 年的 2~4 倍。南京国民政府建立后，民营船运业发展也十分迅速。著名的民生实业公司由卢作孚创办于 1926 年，当时仅有一艘 70 吨的小货轮，往来于重庆与合川之间。在 1935 年，民生公司在压价竞争中击垮长江上游的外国船运公司太古、怡和以及日清三家公司，基本统一了川江流域的民营航运运输。至 1937 年，民生公司船只增加到 35 艘，业务扩展到上海等地，承担了长江 70% 的运输业务。上海是全国航运中心，许多船运公司的总部或分支机构即设在这里。据上海市航业同业公会 1934 年的调查，从 1872 年到 1911 年的 40 年中，包括招商局在内，共只成立 5 家轮船公司，平均 8 年才有 1 家；从 1911 年民国成立到 1926 年的 15 年间，共成立 20 家，平均每年 1.3 家；从 1927 年国民党建都南京到 1934 年这 8 年中共成立 34 家，平均每年 4.25 家。①

海洋渔业是中国的古老产业之一，虽然产生很早，但发展缓慢。中国第一家近代渔业公司是张謇在 1905 年创办的江浙渔业公司。江浙渔业公司

----

① 彭德清：《中国航运史（近代航海史）》，北京：人民交通出版社，1989 年，第 254 页。

在成立时向德国购买了中国第一艘 150 吨的蒸汽机单船拖网渔轮，取名"福海"号，主要于春秋两季在东海进行捕鱼作业。江浙渔业公司的成立以及"福海"号的购置，成为中国机轮渔业的起始，标志着中国渔业近代化的开端。[①] 江浙渔业公司成立后，沿海省份也相继成立了一些渔业公司，这些公司除经营渔业外，还帮助政府承担渔税征收、渔船保护、渔具渔法改良等工作。单船拖网技术生产能力不高，在中国的应用不多，据统计，从 1905 年至 1936 年，单拖渔轮仅 15 艘左右。1921 年后，开始引进日本的双拖渔轮，这种船一般以柴油内燃机为动力，吨位较小，一般为 30～50 吨。烟台是全国最大的双拖渔轮集中港口。1921 年，烟台政记轮船股份有限公司和大连原田公司集资从日本购买了 2 艘发动机功率为 22 千瓦的双拖渔轮，名为"富海"号和"贵海"号，并从日本雇佣船长和轮机长进行生产。双拖渔轮生产能力较高，因此发展迅速。从 1922 年至 1936 年，仅在烟台的黄海、渤海渔轮合作社就有渔轮 197 艘，常年出海的有 156 艘。而这些渔轮大部分是在大连建造的，柴油机则大部分为日本生产。

辛亥革命后，为加强渔业管理，北洋政府成立了渔政局，负责渔政工作，1915 年改为渔牧司，隶属于农商部。为促进渔业发展，北洋政府于 1914 年公布了《公海渔业奖励条例》，规定："凡本国人民以公司或个人名义，购买渔船，经公海渔船检查规则合格，取得登记证书者，依本规定给予奖励金。"同时为打击海盗，保护渔业发展，还公布了《渔船护洋缉盗奖励条例》，规定："凡本国人民以公司或以个人名义，购买渔船，经本部立案者，许可其在洋面护洋缉盗之权……政府给予护洋缉盗奖励金"。1917 年，北洋政府还公布了《渔业技术传习章程》筹办渔业技术传习所和渔业实验场，分期召集渔民进行技术训练、试验和改进捕捞方法。北洋政府执政时期政局混乱，政府官员频繁更换，因此这些奖励政策难以实现，但作为最早的保护和促进渔业发展的法律条规，其积极意义还是不可忽视的。

南京国民政府成立后，也采取了许多措施促进海洋渔业发展。南京政

---

① 杨文鹤，陈伯镛：《海洋与近代中国》，北京：海洋出版社，2014 年，第 423 页。

府在农业部下设渔政科，在山东、江苏和浙江等地设立水产试验场、渔业技术传习所等。1929 年，颁布了《渔业法》，这是中国第一部有关渔业的专门法规。1930 年又制定了《渔业法实施规则》《渔业登记法规》等。1931 年，豁免了渔税。1932 年 6 月公布了《海洋渔业管理局组织条例》，决定将全国海洋渔业划分为江浙、闽粤、冀鲁、东北四区，分别进行管理。1933 年 12 月，实业部公布《实业部护渔办事处暂行规程》，决定建立指挥护渔巡航办事机构。南京政府这些法规和措施的出台，对于保护和促进渔业发展有积极意义。据 1935 年的统计，中国机轮渔船 449 艘，旧式风帆渔船 10 万余艘，渔业从业人员约 150 万人，渔获量在 1936 年达到 150 万吨。但南京政府与北洋政府一样，这些措施在执行中都很不到位，对中小渔业从业者与公司的促进和保护微乎其微。

海盐业可以说是古代的"支柱产业"，清末时每年的盐产量为 5400 万 ~ 6000 万担。其中，海盐产量大致占总盐产量的 3/4。盐税是古代政府的重要收入，地位仅次于田赋，如清宣统三年（1911 年）的财政预算中，盐税银收入为 47 621 920 两，约占全部预算的 12.5%，合银元 71 432 880 元。中国海盐业发展早，但生产技术更新缓慢，自古以来就主要采用煮和晒两种方法。这些方法生产的盐为粗盐，质量不高，耗时耗力。食盐的产销完全被政府控制，清代实行的是"引岸制度"，清政府划分各大盐区的销售范围，规定销量和销售区域，盐商不得擅自变动。盐商须持有户部印发的特许证——引票（盐票）才能进行食盐贸易。他们向政府缴纳相应的税额之后，每年可以在指定盐场购入一定的食盐前往指定地区销售。引票可以世代相传，实际上成为一种世袭的特权。盐商为牟取暴利，在食盐销售中往往缺斤短两，甚至掺沙带水。为增加财政收入，清政府一再提高食盐的销售价格，食盐的售价从清康熙三十年（1691 年）的 10 文钱一斤涨到清光绪二十八年（1902 年）的 74 文钱一斤。这种垄断生产和经营，自然不利于盐业生产技术和食盐质量的提高。

辛亥革命后，改革派兴起了盐务改革运动，但是盐业仍掌握在政府手中。袁世凯为巩固政权向列强大举借款，而列强提出的条件就是用中国全部盐税作为担保，任用外国人直接监督、管理盐税的稽征和使用，并由外国人指导中国进行盐务改革。1913 年，袁世凯与英国、法国、德国、日本和俄国签订了《善后借款合同》，五国银行团推荐英国人丁恩参与中国的盐务管理。在此之前，北洋政府已经成立了盐务署，丁恩参与之后，建立起稽核总所—稽核分所—盐场三级管理的盐政体系，稽核总所为最高盐务管理机关，负责盐税的审计和监督以及盐务改革事务，由盐务署长任总办，洋员任会办。丁恩任会办后，开始按照西方的资本主义经营方式对盐务进行改革，就场征税、任人运销、自由贸易和自由竞争。但北洋政府官员和盐商不想失去这一暴利行业，对丁恩的改革阳奉阴违。直到 1922 年 1 月，北洋政府才在《整顿盐务大纲》中规定："除必要时间，仍须专商行引外，此后进行计划，要以自由贸易为归。"北洋政府的改革遭到各地军阀和大盐商的反对，整顿盐务最后不了了之。

　　盐务改革失败，但民国时期的盐业技术和质量在西方的影响下有了很大提高，在这方面做出巨大贡献的是近代化学家和实业家范旭东。范旭东毕业于东京都帝国大学，辛亥革命后在北洋政府任职，后来被派往欧洲考察盐务。但外国公司害怕中国学习其技术，处处为难，仅允许其有限地参观一些机器设备，这对他刺激很大。因此，范旭东决定辞职开设盐场，改进中国食盐生产技术和质量。1915 年，他在天津塘沽设立了久大精盐厂，次年 4 月竣工投产。久大精盐厂的锅炉由上海求新工厂制造，其他主要设备由范旭东亲自在日本采购。久大精盐厂生产的氯化钠含量高的精盐，结束了中国食用粗盐的历史。久大精盐厂的商标为"海王星"，最初年产量仅1800 余吨，每年赢利近五六十万元。1919 年，久大精盐厂扩大规模，年产量达 62 000 多吨。精盐制造的一种方法是将粗盐融化成卤后过滤泥沙，再把卤水抽到专门容器中蒸发成盐，烘干筛去盐块后的盐就是精盐。也有采用粉碎洗涤法，将粗盐放在卤水中用洗涤机不断粉碎冲洗，之后再将这些盐碾碎成精盐。还有一种是真空罐制盐法，将粗盐融化、过滤后采用三效真空蒸发析出盐粒，再脱水干燥成精盐。精盐制造法使中国脱离煮与晒的原始制盐法，使中国制盐工业进入了近代化发展阶段。

久大精盐公司创建后，其他精盐公司纷纷应运而生。20世纪20—30年代，中国境内有十几个精盐公司相继建立，精盐年产量达200多万吨。但食盐销售仍延续旧的引岸制度，而引岸商人销售的是粗盐，因此全国要求废除引岸、解除对精盐销售限制的呼声愈益高涨。1924年盐务署专门召集会议，仍规定全国精盐最高销售额每年不得超过300万担，同时还限定各精盐公司的销售额。南京政府建立后，继承了北洋政府的盐务政策。引岸商人销售的是粗盐，与机器生产的精盐无法比拟。1931年，南京政府颁布了新盐法，规定统一税率，就场征税，任人自由买卖，无论任何人不得垄断，废除引商、包商、官运官销及其他类似制度。这个新的销售制度遭到引岸商人的抵制，直到1937年抗日战争前，引岸等各种旧制度销售的盐仍约占40%。引岸等旧制度的抵制，阻碍了近代制盐业的发展。

范旭东在发展制盐业的同时，着手创办中国的制碱业。制碱是当时一个新的海洋产业，碱的学名为碳酸钠，是生产玻璃、搪瓷、造纸等工业品以及食品和日常生活用品等的重要原料。1862年，比利时人苏尔维发明了利用食盐、氨和二氧化碳制碱的方法，并投入生产。这种技术被西方几个大公司所控制，他们封锁技术，垄断市场，因此中国工业和日常生活长期使用的是洋碱。第一次世界大战爆发后，欧洲成为主要战场，产业下滑，加之当时欧亚交通不畅，外国公司哄抬碱价，即使如此也难以满足供应，中国许多以此为原料的工厂纷纷关门倒闭。面对如此困境，一些爱国人士呼吁中国自己发展制碱业，但当时既没有生产技术，以食盐为主要原料制碱的方法在中国也很难行得通，因为中国的盐价虽然低，但是盐税却很高，生产成本很高。中国海盐业虽有很大发展，但不解决盐税问题，发展制碱业就困难重重。范旭东一边与化工专家陈调甫等研究苏尔维制碱法，一边申请工业用盐免税。1917年冬，范旭东等试验成功，同时经过争取，北洋政府也批准了制碱用原盐免税的政策。1918年11月，范旭东募集到40万银元，在天津成立了永利制碱公司，在塘沽兴建永利制碱厂，但仍缺乏工厂建造的技术。因此，陈调甫决定赴美进修，范旭东要求他在美国多物色人才。陈调甫在美国走访了许多制碱业的人士，并因此认识了在美国留学的侯德榜，侯德榜当时还在哥伦比亚大学攻读博士学位，但他学的是制革。陈调甫在美国取得一套工厂图纸后即回国，并向范旭东极力推荐侯德榜。1921 年春，正准备博士论文的侯德榜接到范旭东的邀请信，范旭东详述当时的复杂形势，竭诚邀请他回国为祖国制碱事业共同奋斗。侯德榜深受感动，在获得博士学位后立即回国，出任永利制碱公司的工程师，开始了他的制碱事业。

塘沽的永利制碱厂在 1919 年开始施工，占地约 30 亩①。碱厂的主要厂房是两座钢筋水泥高楼：蒸吸厂房和碳化厂房，这是制碱厂的"心脏"。除侯德榜外，还聘请美国制碱专家李佐华(G. T. Lee)。碱厂经过几年的施工和试机后，于 1924 年 8 月开始生产，从此揭开了东亚和中国制碱史的第一页。但首批出产的碱技术不达标，色泽红黑相间，与洋碱无法相比，令不少人大失所望。继续生产必须要有资金进行技术改进，碱厂的股东却不愿再投资。为发展中国自己的制碱业，范旭东说服股东继续投资，维持生产。后来，侯德榜和李佐华查明影响碱质量的原因是冷却水管被碱水腐蚀，侯德榜建议必须将水管换成耐腐蚀的铸铁管。已经债台高筑的范旭东为支持侯德榜，还是决定花巨资更换水管。碱厂使用的苏尔维制碱法，虽然原料便宜，但工艺和设备复杂，难以掌握，因此范旭东和侯德榜着手对此技术进行改进。开工不久，碱厂因船式煅烧设备损坏而停工，英国卜内门公司为维护垄断利益也乘机发难。它先通过盐务稽核总所会办丁恩强行公布《工业用盐征税条例》，规定工业用盐每百斤征税 2 角，以提高制碱成本，压垮永利制碱公司。但永利一方以"用盐免税"批文将盐务署告倒，丁恩只好同意"暂免一年"。卜内门又提出进行合作，借机吞并永利，被范旭东和侯德榜断然拒绝。

为维持公司运转，范旭东决定派技术人员到美国进行技术考察，寻找失败原因；同时继续使用久大精盐厂资金解决经济困难，并裁减员工，节省开支。侯德榜等研究之后发现，在美国购买的船式煅烧炉质量低劣，而

----

① 1 亩≈666.7 平方米。

且欧洲已经淘汰了这种设备，全部使用回转型外热式煅烧炉。为此，范旭东又耗巨资更新煅烧炉。更新设备后，侯德榜在李佐华的协助下，对苏尔维制碱技术和设备进行改进。1926 年 6 月，永利碱厂重新开工，终于生产出纯白的产品，其碳酸钠含量超过 99%。范旭东十分激动，他说："诸位，今天我们总算制出了合格的中国碱。这是我们梦寐以求的夙愿。为此我们付出多少心血，尝尽人间辛酸，经过整整八年苦干，才降伏了这条流水作业的长龙。用苏尔维法制碱，在世界上我们永利是第三十一家，而在远东、在亚洲我们则是第一家。"为区别土法生产的"口碱"和进口的"洋碱"，范旭东将自己生产的碱称为"纯碱"，并使用"红三角"牌商标。中国自此打破外国公司的垄断，建设了中国自己的制碱工业。

1926 年 8 月，在美国费城举办的万国博览会上，"红三角"牌纯碱荣获大会金质奖章，被誉为"中国工业进步的象征"。1930 年，在瑞士举办的国际商品博览会上，"红三角"再次获得金奖，侯德榜也有了"中国制碱工业大王"的美誉。永利公司的制碱技术是通过近十年的摸索和实践发明、改进的，是当时为数不多的掌握核心技术的企业之一。为打破苏尔维集团的垄断，侯德榜和范旭东决定将永利的技术公之于众。1932 年，侯德榜花费一年时间，用英文完成了《纯碱制造》这一巨著，并于 1933 年在纽约出版。《纯碱制造》公开了苏尔维制碱技术，并有侯德榜在实践中的改进方法，使这一技术成为人类共享的财富。抗战期间，侯德榜在岷江畔建立永利川西化工厂，利用四川井盐进行制碱。他攻克井盐卤浓度低的难关，研究出了制碱的新工艺。这种工艺将制碱与制氨结合起来，将制碱技术推向了一个新的高度，这就是在国际上享有盛誉的"侯氏联合制碱法"。

二、海洋教育与研究的初步展开

鸦片战争之后，西方近代海洋学开始传入中国，在洋务运动时期开始了近代海洋教育与研究活动。民国建立后，新兴资产阶级兴起了"实业救国"与"教育救国"两大思潮，北洋政府与南京政府也出台了一些促进海洋实业发展的政策，在沿海地区兴建了各种学校、社团，海洋教育与研究初步展开。

　　首先是海洋水产教育。1911 年，孙凤藻创办直隶水产学堂，1929 年改称河北省立水产专科学校，是全国第一所水产高等学校。学校设有海洋捕捞、水产制造和水产养殖三个学科，主要招收初中毕业生，学制为五年，但水产养殖专业始终没有招生。1931 年，学校创办了中国最早的水产学术刊物《水产学报》。抗战爆发后学校停办，1946 年复校。1911 年，江苏省临时议会就将水产教育列入国民技术教育的范畴，次年 12 月，委任日本留学生张镠创办江苏省立水产学校，1913 年学校迁入吴淞炮台北部，因此也称为吴淞水产学校。学校招收高小学生，学制五年，最初开设了渔捞、制造两科，1923 年增设养殖科，1924 年增设航海专科，1925 年又增设远洋渔业专科，1931 年停办航海与远洋渔业科。学校附设有渔具、编网、罐头机械、贝壳加工机械等实习工场以及"松航"号和"海丰"号两艘实习船。1916 年，浙江省在台州临海县创办甲种水产学校，1927 年迁往定海，与省立水产品制造厂合并，改称浙江省立水产职业学校。学校设施较齐全，有海上实习用的拖网渔轮、冷藏库、各种实习室以及图书馆，但学校因 1934 年发生学潮而停办。1920 年，爱国华侨陈嘉庚在厦门集美学校内增设水产科，1924年改为水产部，招收小学毕业生，学制为五年。次年，水产部改组为高级水产航海部，招收初中肄业生，教授渔业与航海技术。1927 年，正式分立为私立集美高级水产航海学校，学校有实习轮船一艘，还从法国购入 274吨的拖网渔轮一艘。1932 年，学校改招收初中毕业生，学制缩短为三年，1935 年，学校更名为"私立集美高级水产航海职业学校"。1935 年，广东汕头成立水产学校，设渔捞科，分高级组和初级组，高级组招收初中毕业生，初级组招收小学毕业生。

　　其次是航海教育。1923 年，轮船招商局在上海设立航海专科学校。学校以"华甲"舰作为实习船，预定全球航行，以培养船长人才，但该船行至日本横滨时，因产权纠纷，被北洋政府编入海军渤海舰队，学校因此宣告解散。1928 年，招商局总办赵铁桥在上海创办招商公学航海专修科，设驾驶、轮机两科，学制为三年半，其中一年为实习期。该校在 1932 年停办，肄业生转入吴淞商船专科学校。1929 年，上海吴淞商船专科学校复校，设驾驶科，次年增设轮机科，学制均为四年，学习两年，实习两年。1932 年学校被日军炸毁，1933 年重建，抗战后再次被炸毁，随后内迁至重庆。1927 年，张作霖命沈鸿烈在哈尔滨创办东北商船学校，设轮机科，共开办了三期。"九一八"事变后，迁往葫芦岛与警校合并，后又迁往青岛并入海军学校，抗战胜利后，改为葫芦岛商船专科学校，不久又改为辽宁商船专科学校。

清末一些欧美国家开始在中国沿海进行调查和研究，中国自己的海洋调查和科学研究则起步很晚。洋务派等设船厂、造军舰、办学校、派遣留学生，注重技术，对海洋的研究则很少。辛亥革命尤其是新文化运动时期，"民主"与"科学"成为两大思潮，破除了封建束缚，促进了中国的觉醒，西方的科学知识广泛传入中国，近代海洋的调查与研究才至此起步。

青岛是中国近代海洋学发展的重要地区。19 世纪末，德国人在青岛建立测候所，自 1911 年开始即把潮汐观测列为主要业务之一。测候所后来由日本人管理，1924 年 2 月，著名气象学家蒋丙然代表中央观象台接收测候所，更名为青岛观象台，出任首任台长。1925 年 5 月，青岛观象台开始了由中国学者主持的、包括潮汐观测与推算在内的海洋观测。1928 年 11 月，在近代海洋学先驱宋春舫倡议下成立海洋科，是中国第一个包括海洋水文、气象和生物观测的海洋研究机构。1928 年，青岛观象台开始编纂青岛港潮汐表并发布沿海天气、风暴警报等，为地方及沿海服务。1930 年，创办了中国第一份海洋科技期刊——《海洋半年刊》。1930 年秋，中国科学社在青岛开会。会上，蔡元培、李石曾、胡若愚、宋春舫、蒋丙然等倡议在青岛成立中国海洋研究所，并成立以胡若愚、蒋丙然、宋春舫为常务委员的筹备委员会。1931—1932 年，以中国海洋研究所的名义建起中国第一个海洋博物馆——青岛水族馆，作为中国海洋研究所的研究、实验、办公场所，同时兼作宣传海洋知识的基地。1935 年，中央研究院进行了青岛至秦皇岛一线的近海海洋调查。1935—1936 年，北平研究院动物研究所的张玺领导胶州湾海产动物采集团，与青岛市合作对胶州湾进行了调查。这是中国首次进行的系统的大型海洋调查。1936 年冬，中央研究院、北平研究院、中国科学社、山东大学等 8 个团体和青岛市政府筹集 13 000 银币，准备在青岛筹建海洋生物研究所，旋因抗日战争爆发而搁浅，直到 1946 年才成立了山东大学海洋研究所，所长童第周，副所长曾呈奎。

厦门也是中国近代海洋学的一个重要发祥地。20 世纪 20 年代，动物学家秉志和植物学家钟心煊等以厦门大学为基地，在福建沿海各地采集了大量海洋动物和海洋植物标本，在中国最先开展了现代海洋生物学研究。1930 年，遗传学家陈子英等在厦门大学成立了中华海产生物学会，这是中国第一个群众性海洋学术组织。1930 年开始，厦门大学教师曾呈奎对厦门的海藻进行了调查，1933 年在《岭南科学杂志》上发表了题为《厦门的海萝及其他经济海藻》的研究成果。1934 年，厦门大学生物系完成了对福建沿海 17 个县的渔业调查。1941—1943 年，中国地理研究所海洋组与福建省政府合作组织福建海洋考察团，进行了抗日战争期间唯一的一次海洋考察——福建东山海洋考察。1944—1945 年，海洋组单独在福建南安县石井设海洋工作站。1945 年，海洋组扩充为中国海洋研究所，所长唐世凤。同年，厦门大学设海洋系，中国海洋研究所由中英文化教育基金董事会与教育部合作办理，由后者指拨员额 6 名投入厦门大学员额预算之内，每年拨专款由厦门大学转拨支用。主要工作为调查盐场、岛屿，测量沿海地形，研究台湾海峡和厦门港潮汐、气象及福建沿海的渔业。

此外，1917 年，山东省在烟台创建了山东省立水产试验场，以改良渔具渔法、研究海产品和加工技术为宗旨，这是中国最早的水产科研机构，也是中国最早的涉海科研单位。之后，江苏省、广东省、浙江省也相继成立了省立水产试验场。1922 年，民国海军成立海道测量局，在近海进行水道测绘与海洋调查。1934 年，中央研究院与中国科学社等 6 家学术团体组织了南海生物调查团，分为海洋队和陆地队开展对南海的调查。这是中国第一次对南海及其岛屿进行调查，意义重大。1935 年，太平洋科学协会海洋科学组中国分会在南京成立，丁文江任主席。根据该会决议，在烟台、青岛、定海和厦门四处设立海洋生物研究室。根据中国分会成立时的研究计划，海军部、水产界及海洋界数十名学者聚集南京，商定由中央研究院动植物研究所负责组织中国沿海海洋调查，由伍献文、唐世凤主持。调查首先从渤海及北黄海海洋和渔业项目开始，历经半年，最后由唐世凤以中央研究院的名义撰写了数万字的《渤海海洋调查报告》。

民国时期虽然国内动荡不堪，但海洋实业与海洋教育、研究仍取得了一定的发展，尤其是制碱业取得了举世瞩目的成绩。这些发展和成绩，奠定了新中国海洋事业和海洋空间发展的有利基础。